魔訓9週
計概滿分秘笈

燃燒教學熱情的補教名師

　　王豪老師一直是我敬愛的合作夥伴，從老師身上所散發的教學熱忱，無一不在教案中的字行間顯露無遺，老師邀我為他的巨作寫序，我立即允諾，因為我知道這本書將對未來考四技計概的學生，甚至想對計概有一初步認識的自學者，無疑會是一本首選的教科書。

　　在書中，老師不僅以過去試題的題型為例，說明過程中的理論基礎及變化方式，揭露了考生自己遭遇相似類型考題時，如何充容應答及從中獲得的經驗啟發。本書是王豪老師的生命智慧結晶，上市後長銷不墜，千載難逢，十分慶幸自己能有機會拜讀此書，並為之作序。

陳政山

行動學習科技股份有限公司董事長
行動學習網址：twstudy.com

愛好運技股份有限公司執行董事
愛好運命理網址：iluckystudy.com

序

　　最後衝刺九週青年學子不知如何準備計算機概論，當無助徬徨時，豪義工作室隆重推出創世紀計概考前衝刺滿分秘笈。作者本身是台灣科技大學資管系畢業校友，當年也是參加四技二專統測全國第一名、全國各大補習班計概授課名師，累積 20 年功力整理計概必考重點，讓考生集中火力式的唸重點及練習各種題型。只要將整理的重點讀熟，一定可以考到不錯的分數，因為已經證明，基礎不穩或懼怕計概的同學，讀完後可考到 70 分以上；基礎不錯的同學，更可考到 80~100 分。我們不喜歡浮誇，我們實實在在為同學整理出重點，讓同學的讀書效率加倍。同學加油，相信自己，為自己創造人生的傳奇故事吧！等你喔！

豪義工作室

目錄

1 考前衝刺 **計算題型 1：電腦使用的單位換算** **001**

一、速度快 001

二、記憶容量大 001

三、準確度高：與 WORD（字組、字語）長度有關 002

2 考前衝刺 **計算題型 2：數字系統、補數及資料表示法** **006**

一、數字系統基底轉換 006

二、補數 006

三、文數字編碼 007

3 考前衝刺 **計算題型 3：硬體常考計算題型** **012**

一、CPU 時脈與指令運算 012

二、磁碟、硬碟計算題型 012

三、光碟容量及存取速度 014

4 考前衝刺 **計算題型 4：影像、聲音、視訊數位化** **019**

一、色彩數位化 019

5 考前衝刺 **計算題型 5：網路傳輸時間及速率** **024**

6 考前衝刺 **電腦發展簡史** **029**

7 考前衝刺 **電腦科技應用名詞** **034**

一、數位學習 034

二、數位生活 034

三、網路技術 036

四、教學輔助 038

五、工業自動化 038

六、資訊取得與傳遞 038

七、社群網站 / 微網誌 / Blog 039

8 考前衝刺 **資訊安全、病毒與智慧財產權** **042**

一、資訊安全 042

二、資訊安全的應用 042

三、網路犯罪行為及電腦病毒 044

9 考前衝刺 **電腦的組成及記憶體** **048**

一、電腦的組成 048

二、電腦的記憶體 050

10 考前衝刺 **電腦主機 I/O 埠與零組件** **055**

一、電腦的主機背面 I/O 埠 055

二、電腦的零組件 055

三、輸出入連接 058

11 考前衝刺 **電腦周邊設備與連接及操作與保養** **063**

一、周邊設備之考型 063

二、介面（Interface） 063

三、常用周邊設備 064

四、硬體常用單位整理 065

12 考前衝刺 **電腦作業系統的分類** **069**

一、作業系統的作業方式 069

二、軟體的分類 069

三、作業系統功能及分類 070

13 考前衝刺 **常用作業系統的基本操作** **075**

一、Windows 作業系統特性 075

二、Windows 檔案類型及副檔名 076

三、Windows 系統操作工具 076

四、Windows 快速鍵 077

14 考前衝刺 **其他常用作業系統** **082**

一、Unix 簡介 082

二、Linux 簡介 082

三、Android 簡介 082

四、Apple macOS、iOS 及其他作業系統簡介 083

五、作業系統彙整表 083

15 智慧財產權、軟體授權、創作 CC 及封閉 / 開放格式 **087**

一、智慧財產權 087

二、軟體授權 087

三、創作 CC 088

四、封閉 / 開放格式 089

16 常用軟體的應用簡介 **093**

一、常用軟體、用途及副檔名 093

二、WebApp 雲端應用程式 096

17 電腦通訊簡介 **099**

一、網路規模 099

二、網路存取型態 099

三、網路傳輸模式 100

四、連上網際網路的方式 100

18 網路組成要素 **104**

一、網路 3 種類型 104

二、網路傳輸媒介（線路） 104

三、重要名詞中英對照表 105

四、資料交換技術 106

五、網路拓樸：節點與節點連接方式 106

19 全球資訊網與資料搜尋 **110**

一、WWW 與資料搜尋 110

二、終端設備連上 Internet 流程 111

20 網際網路之服務及商業應用 **115**

一、電子郵件 E-MAIL 115

二、電子郵件常用之協定 115

三、檔案傳輸的方式 116

四、關於瀏覽器常用的設定 116

21 網路通訊協定 TCP/IP 與 OSI **120**

一、TCP/IP、OSI 通訊協定 120

22 IP 位址與網域名稱 **125**

一、IPv4 及 IPv6 125

二、台灣的網域名稱 (Domain Name) 127

三、URL（一致性資源定址器） 127
四、網路常用的指令 128

23 雲端 Cloud 應用 **131**

一、雲端硬碟線上備份 131
二、雲端運算 131

24 網頁設計及 HTML 語法 **135**

一、網頁設計概念 135
二、HTML 語法 135
三、CSS（串樣式列表） 137

25 社群網站及網誌 Blog **141**

一、社群網站 141
二、網誌、部落格（Blog） 142

26 電子商務基本概念、架構與經營模式 **145**

一、電子商務的型態 145
二、電子商務的四流 146

27 Word 文書處理 **150**

28 PowerPoint 簡報設計操作 **159**

一、PowerPoint 操作 159

29 Excel 電子試算表基本操作 **164**

一、Excel 操作 164
二、基本操作 166

30 Excel 公式與函數的應用 **170**

一、Excel 公式與函數 170

31 Excel 統計圖表、排序、小計、篩選、樞紐分析表 **175**

一、排序 175
二、資料驗證 175
三、資料篩選 175
四、小計 175
五、樞紐分析表 176
六、資料剖析 176
七、圖表 176

32 色彩原理與影像類型 **180**

一、色彩原理 180

二、影像類型 181

三、常考圖檔案格式 181

四、點陣圖檔案由大到小 182

33 影像的尺寸與解析度設定 **185**

一、影像解析度 185

二、圖片尺寸與像素大小 186

34 PhotoImpact 軟體環境介紹及基本操作 **189**

一、PhotoImpact 介紹 189

二、PhotoImpact 基本操作 189

35 聲音數位化原理、取樣 **193**

一、聲音的概念 193

二、聲音檔介紹 193

36 影音的品質與影音的剪輯及輸出格式 **197**

一、MPEG（動態圖像壓縮） 197

二、視訊影音檔介紹 197

三、串流技術檔案格式 198

37 程式語言的發展與種類 **202**

一、語言分類 202

二、高階語言介紹 202

三、結構化程式 203

四、物件導向程式 204

38 程式開發流程及常數、變數與運算式 **206**

一、演算法及流程圖 206

二、語言翻譯程式（器） 207

三、常數、變數 207

四、算術 > 關係 > 邏輯運算式 208

39 VB 基本指令及輸入與輸出 **212**

一、MsgBox 及 InputBox 212

二、工具箱控制物件 212

三、基本指令 213

40 考前衝刺　程式語言的基本結構 - 選擇結構 IF、SELECT 215

　　一、If..Then..Else 215

41 考前衝刺　程式語言的基本結構 - 重覆結構 FOR...NEXT、DO...LOOP..............219

　　一、For...Next 219
　　二、For...Next 對照 Do...Loop 220

42 考前衝刺　雙迴圈進階應用 FOR...NEXT、DO...LOOP 224

　　一、雙迴圈應用三種考型 224
　　二、混搭雙迴圈題型 225

43 考前衝刺　陣列及其程式應用 229

　　一、陣列（Array） 229

44 考前衝刺　排序及搜尋 234

　　一、排序 234
　　二、搜尋法 235

45 考前衝刺　數值及文字函數 238

　　一、數值函數 238
　　二、文字函數 238

46 考前衝刺　副程式及自訂函數 242

　　一、自訂函數 242
　　二、副程式 243

47 考前衝刺　考前猜題第一回 251

48 考前衝刺　考前猜題第二回 257

49 考前衝刺　考前猜題第三回 262

50 考前衝刺　考前猜題第四回 267

51 考前衝刺　考前猜題第五回 273

52 考前衝刺　考前猜題第六回 279

53 考前衝刺　考前猜題第七回 **284**

54 考前衝刺　考前猜題第八回 **289**

55 考前衝刺　考前猜題第九回 **294**

56 考前衝刺　考前猜題第十回 **298**

57 考前衝刺　考前猜題第十一回 **303**

58 考前衝刺　考生混淆題型及重點最後提醒 **308**

59 考前衝刺　**104 年統測歷屆試題** **310**

60 考前衝刺　**105 年統測歷屆試題** **316**

61 考前衝刺　**106 年統測歷屆試題** **322**

62 考前衝刺　**107 年統測歷屆試題** **329**

63 考前衝刺　**108 年統測歷屆試題** **335**

計算題型 1：
電腦使用的單位換算

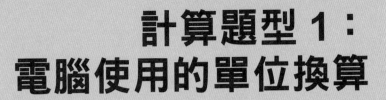

一、速度快

時間單位：由慢到快

評估硬碟、液晶　**ms** = 毫秒 = 10^{-3}s = 千分之一秒

μ**s** = 微秒 = 10^{-6}s = 百萬分之一秒

評估 RAM、CPU　**ns** = 奈秒 = 毫微秒 = 10^{-9}s = 十億分之一秒

ps = 微微秒 = 披秒 = 10^{-12}s

二、記憶容量大

1945 年 6 月，馮紐曼發表計算機史上著名的「101 頁報告」，規定用二進制替代十進制運算，並將計算機分成 5 大組件，此思想為電腦的邏輯結構設計奠定了基礎，已成為電腦設計的基本原則。

容量單位由小到大

| 必 | **bit** = 位元 = 由 0 或 1 組成 = 電腦儲存最小、基本單位 = 以 2 進位表示 |

bit = 位元 = 由 0 或 1 組成 = 電腦儲存最小、基本單位 = 以 2 進位表示

Byte = B = 位元組 = 由 8 個 bit 組成 = 記憶容量表示單位

Kilo Bytes = **KB** = 千 (10^3) 位元組 = 2^{10} Byte = 1024 Byte

Mega Bytes = **MB** = 百萬 (10^6) 位元組 = 2^{20} Byte = 1024KB

Giga Bytes = **GB** = 十億 (10^9) 位元組 = 2^{30} Byte = 2^{33}bit

Tera Bytes = **TB** = 兆 (10^{12}) 位元組 = 2^{40} Byte = 1024GB

Peta Bytes = **PB** = 拍 (10^{15}) 位元組 = 2^{50} Byte = 1024TB

Exa Bytes = **EB** = 艾 (10^{18}) 位元組 = 2^{60} Byte = 1024PB

Zetta Bytes = **ZB** = 皆 (10^{21}) 位元組 = 2^{70} Byte = 1024EB

必敗奇摩子台北EZ

如何區分

主記憶體 RAM 是以 2 的次方

例如：1GB = 2^{30} Byte = 1024MB

硬碟廠商及其他儲存媒體是以 10 的次方，例如 500GB 是指 500×10^9Byte

三、準確度高：與 WORD（字組、字語）長度有關

N 位元電腦： bit（位元） → 可存 **0/1**

Byte（位元組） → **8 bits** 組成 }固定不變

Word（字組） → **N** bit = N/8 Byte = **N** 條資料匯流排，因 CPU 而異

即 CPU 一次傳送資料的位元數（線數）為雙向傳輸

Quiz & Ans

( ) 1. 16GB 等於 2^N Bytes，則 N= ？
(A) 26　　　　　　　　　　(B) 32
(C) 34　　　　　　　　　　(D) 64

( ) 2. 下列描述的電腦記憶體容量大小，哪一個最大？
(A) 4 GB　　　　　　　　　(B) 4096 KB
(C) 2^{10} MB　　　　　　　(D) 8192 bits

( ) 3. 電腦處理資料的單位中，100 奈秒（Nano Second）式代表下列哪一個值？
(A) 10^6 秒　　　　　　　　(B) 10^{-6} 秒
(C) 10^7 秒　　　　　　　　(D) 10^{-7} 秒

( ) 4. 一篇純文字檔、容量大小為 4 KB 的文章（每個字元採 UniCode 編碼，無壓縮）傳送給 40 CPS 的點陣式印表機列印，則約需多少時間才印完成？
(A) 5 秒　　　　　　　　　　(B) 50 秒
(C) 10 秒　　　　　　　　　(D) 100 秒

( ) 5. 電腦常用的時間單位有：微秒（μs）、披秒（ps）、毫秒（ms）及奈秒（ns），請問下列哪一項數值所代表的時間長度最短？
(A) 0.5 ms　　　　　　　　　(B) 500 μs
(C) 512 ns　　　　　　　　　(D) 50000 ps

( ) 6. 半導體 IC 的製程進展神速，台灣公司開始製造 5 nm（奈米）製程，試問 nm 是多少米？
(A) 10^{-3} 米　　　　　　　(B) 10^{-6} 米
(C) 10^{-9} 米　　　　　　　(D) 10^{-2} 米

( ) 7. 小義電腦的位址匯流排共有 36 位元、資料匯流排共有 64 位元，則該電腦：
(A) 一次傳送 64 位元，可定址記憶空間 64 MB
(B) 一次傳送 8 位元組，叫定址記憶空間 64 GB
(C) 一次傳送 64 位元，可定址記憶空間 36 GB
(D) 一次傳送 8 位元組，可定址記憶空間 36 MB

(　　) 8. 電腦記憶體容量大小的單位常用 GB、KB、EB、MB、TB、PB 等來表示，請問 8 GB、1024 KB、1 EB、512 MB、16 TB、2 PB 由小到大的排列為何？
(A) I EB < 2 PB < 16 TB < 8 GB < 256 MB < 1024 KB
(B) 2 PB < 1 EB < 16 TB < 8 GB < 256 MB < 1024 KB
(C) 1024 KB < 256 MB < 8 GB < 16 TB < 1 EB < 2 PB
(D) 1024 KB < 256 MB < 8 GB < 16 TB < 2 PB < 1 EB

(　　) 9. 下列敘述中，哪耶一個「G」所代表的意義不是「2^{30}」？
(A) 申請行動上網網路封包量為 5 GB
(B) Google 雲端硬碟免費提供 15 GB 儲存空間
(C) 購買一支 64 GB 隨身碟儲存資料
(D) 將 3G 網路升級為 4G 網路

(　　) 10. 請將下列儲存單位由大至小排列：
① TB　② EB　③ GB　④ PB
(A) ①②③④　　　　　　　　(B) ②①④③
(C) ②④①③　　　　　　　　(D) ④③②①

(　　) 11. 在時間單位中，下列哪一種表示法和 100 μs 的百萬分之一的意義相同？
(A) 10 ts　　　　　　　　　(B) 0.1 ms
(C) 1000 ns　　　　　　　　(D) 100ps

(　　) 12. 下列何者相當於 1 秒的一兆分之一？
(A) 毫秒　　　　　　　　　(B) 微秒
(C) 微微秒　　　　　　　　(D) 奈秒

(　　) 13. 100 ns（奈秒）相當於多少 us（微秒）？
(A) 0.01　　　　　　　　　(B) 0.1
(C) 10　　　　　　　　　　(D) 100

(　　) 14. 有關電腦速度的時間單位，請問 10 奈秒（ns）是 100 微秒（us）的幾倍？
(A) 10^{-4} 倍　　　　　　　(B) 10^{-6} 倍
(C) 10^{-8} 倍　　　　　　　(D) 10^{-10} 倍

(　　) 15. 電子計算機記憶體容量的大小與 2 的次方有關係，所謂 1 EB 是指 2 的幾次方 Bytes？
(A) 30　　　　　　　　　　(B) 40
(C) 50　　　　　　　　　　(D) 60

(　　) 16. 下列何者不是電腦記憶體儲存容量的單位？
(A) Byte　　　　　　　　　(B) bps
(C) KB　　　　　　　　　　(D) MB

(　　) 17. 下列哪一項描述的電腦記憶體容量最小？
(A) 2 GB　　　　　　　　　(B) 2048 KB
(C) 10 的 3 次方 MB　　　　(D) 1024 MB

( ) 18. 下列有關時間單位的敘述何者**錯誤**？
(A) 1000 毫秒（millisecond）為 1 秒
(B) 00.1 微秒（microsecond）為 10^{-8} 秒
(C) 100 奈秒（nanosecond）為 10^{-9} 秒
(D) 4 G 時脈訊號的週期是 0.25 奈秒

( ) 19. 電腦常用的時間單位有：ms、μs、ns 及 ps，請問下列哪一個選項所代表的時間長度最短？
(A) 100ms
(B) 10,24μs
(C) 0.01 ns
(D) 10,000 ps

( ) 20. 電腦常用的時間單位有：微秒（μs）、披秒（ps）、毫秒（ms）及奈秒（ns），請問下列哪一項數值所代表的時間長度最長？
(A) 1 ms
(B) 500 ns
(C) 1024 μs
(D) 100,000 ps

 解答

1	2	3	4	5	6	7	8	9	10
C	A	D	B	D	C	B	D	D	C
11	12	13	14	15	16	17	18	19	20
D	C	B	A	D	B	B	C	C	C

解析

1. $16GB = 2^4 \times 2^{30} = 2^{34}$ Bytes

2. $4GB = 4 \times 1024MB = 4096MB$，8192 bits=1024 Bytes

3. 100 奈秒 $= 10^2 \times 10^{-9} = 10^{-7}$ 秒

4. UniCode 每個字元佔 2 Bytes，所以共有 4KB/2B = 2000 個字元
   2000 字元，每秒印 40 個字，則 2000/40 = 50 秒

5. (A) 0.5ms $= 5 \times 10^{-1} \times 10^{-3}$ 秒 $= 5 \times 10^{-4}$ 秒
   (B) 500μs $= 500 \times 10^{-6}$ 秒 $= 5 \times 10^2 \times 10^{-6}$ 秒 $= 5 \times 10^{-4}$ 秒
   (C) 512ns $= 5 \times 10^2 \times 10^{-9}$ 秒 $= 5 \times 10^{-7}$ 秒
   (D) 50000ps $= 5 \times 10^4 \times 10^{-12}$ 秒 $= 5 \times 10^{-8}$ 秒

7. 資料匯流排共有 64 位元則該電腦：資料匯流排＝傳送位元＝64 位元
   位址匯流排共有 36 位元可定址記憶空間 236 位元組＝64 GB

9. (D) 3G 網路升級為 4G 網路，其中的 G 是指 Generation

10. E＝2 的 60 次方、P＝2 的 50 次方、T＝2 的 40 次方、G＝2 的 30 次方

11. μs $= 10^{-6}$，百萬分之一＝ 10^{-6}。所以 100μs 的百萬分之一＝ $100 \times 10^{-6} \times 10^{-6} = 100 \times 10^{-12} = 100$ ps

12. 微微秒 $= 10^{-12}$ 秒，即一兆分之一秒 $= 10^{-12}$。

13. 100ns $= 10^2 \times 10^{-9} = 10^{-7} = 10^{-1} \times 10^{-6} = 0.1us$

14. $(10 \times 10^{-9}) / (100 \times 10^{-6}) = 10^{-4}$

17. (A) 2×10^9 Byte

    (B) $2^{11} \times 10^{10} = 2^{21}$ Byte

    (C) 約 $2^{10} \times 2^{20} = 2^{30}$ Byte

    (D) $2^{10} \times 2^{20}$ Byte $= 2^{30}$ Byte

18. 100 奈秒 $= 100 \times 10^{-9} = 10^{-7}$

19. 100 ms $= 10^2 \times 10^{-3} = 10^{-1}$ 秒，1024μs $=$ 大約 $10^3 \times 10^{-6} = 10^{-3}$ 秒，0.01ns $= 10^{-2} \times 10^{-9} = 10^{-11}$ 秒

    10000ps $= 10^4 \times 10^{-12} = 10^{-8}$ 秒

20. 將單位統一換為 μs 比較（將 10 的次方湊出 10^{-6}）：

    1 ms $= 1 \times 10^{-3}$ s $= 10^3 \times 10^{-6}$ s $= 1000\mu$s；

    500 ns $= 500 \times 10^{-9}$ s $= 500 \times 10^{-3} \times 10^{-6}$s $= 0.5\mu$s；

    1024μs；

    100,000 ps $= 100,000 \times 10^{-12}$s $= 10^5 \times 10^{-6} \times 10^{-6}$s $= 10^{-1} \times 10^{-6}$s $= 0.1\mu$s；

    故 1024μs 為四個選項之中時間最長的。

計算題型 2：數字系統、補數及資料表示法

一、數字系統基底轉換

1. 數字系統有很多種，基底 R 即 R 進位則由 0,1,......(R-1) 所組成。（最大）

2. 基底轉換公式：

   (1) 通用型： ( )任何 ──乘──→ ( )10 整：除取餘 ( )任何
   　　　　　　　　　　　　　 再加　　　　　　 小：乘取整

   (2) 2 的家族： ( )8 ──$8^1=2^3$──→ ( )2 ──$2^4=16^1$──→ ( )16
   　　　　　　　　　 1 位變 3 位　　　　 4 位變 1 位
   　　　　　　　　　 口訣：**421**　　　　 口訣：**8421**

   (3) R 進位運算，進 1 扣 **R**，借 1 得 **R**，不會 +-*/ 時可先化成 10 進位來解

二、補數

補數 Complement 即表示負數，MSB（最高有效位元）表示符號

符號位元	數值

正 (0)、負 (1)

1.
　　　　　　　　11111112　　正解：先求 1's 補數再加 1 即 2's 補數

　　　2's 補數：－ $(00110011)_2$　　速解：由右至左，遇到第 1 位非 0 用 2 減，其餘用 1 減

　　　　　　　　$(11001101)_2$

基底 2

　　　　　　　　11111111

　　　1's 補數：－ $(11001101)_2$　　速解：全部用 1 去減即 0/1 相反

　　　　　　　　$(00110010)_2$

2.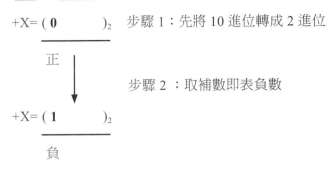

$+X= (\mathbf{0}\ \ \ \ \ \ \ )_2$　步驟 1：先將 10 進位轉成 2 進位

正

步驟 2：取補數即表負數

$+X= (\mathbf{1}\ \ \ \ \ \ \ )_2$

負

3.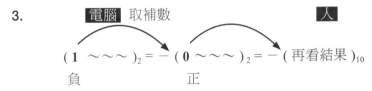

$(\mathbf{1} \sim\sim)_2 = \ ^- (\mathbf{0} \sim\sim)_2 = \ ^- (再看結果)_{10}$

負　　　　　　正

4. 人做減法 = 電腦取補數相加（因為 ALU 計算原理為加法）

運算後	R's 補數 =2's	(R-1)'s 補數 =1's
有進位 大－小＝正數	捨去，較快，電腦採用	端迴進位，較慢
沒進位 小－大＝負數	結果為電腦看 再取 R'S 還原給人看之負數	結果為電腦看 再取 (R-1)'S 還原給人看之負數

5. n 位元整數範圍（通常以定點數表示整數）

2's 補數：作減法快，正負零內碼相同，範圍 $-2^{n-1} \sim 2^{n-1}-1$

1's 補數或符號大小：作減法慢，正負零內碼不同，範圍 $\pm (2^{n-1}-1)$

無號數範圍（不考慮正負時）：$0 \sim 2^n -1$

6. 目前電腦大多採用 2'S 系統來表達整數

溢位　　$-2^{n-1} \sim 2^{n-1}-1$　　溢位（不合理現象，正＋正＝負或負＋負＝正）

三、文數字編碼

1. 電腦可以處理的資料型態：

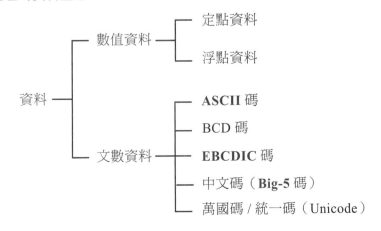

2. ASCII 即美國標準資訊轉換碼：

    (1) 個人電腦（微電腦）普遍使用

    (2) 標準 7 bit 組成，區域位元為 3bit，數值位元為 4bit

    (3) 目前大都使用 ASCII-8，每字元佔 **8 bit = 1 Byte**

    (4) 特殊< 數字<大寫<小寫<中文內碼

    (5) 最常見通訊碼，前 32 碼為通訊用

| ASCII 由小到大　　　　　　　　　　　　　　　　　　　→ 中文佔 16bit | | | | |
特殊	數字	大寫	小寫	中文內碼
! @ $	0~9	A~Z	a ~ z	使用 BIG-5 碼
10 進位	48~57	65~90	97~122	佔 2Bytes
16 進位（H）	30H~39H	41H~5AH	61H~7AH	8000H~FFFFH

3. 編碼問題：**L** 位元（**bit**）最多可編 2^L 的碼、位址、顏色、符號

   若編碼數需 L 位元則用 2^L >= 編碼數代入

4. 傳送端→偵測錯誤→接收端，但無法偵測兩個位元以上的錯誤

    (1) 偶同位檢查位元：資料及同位元中 "1" 的總和必須為偶數。

    (2) 奇同位檢查位元：資料及同位元中 "1" 的總和必須為奇數。

5. **(1)** 中文內碼 = 儲存碼（BIG-5，公會碼，通用碼）佔 2Byte（16bit）可編 65536 個碼

    (2) 輸入碼 = 外碼　例：倉頡、注音、行列、大易、嘸蝦米。

    (3) 交換碼 = 通訊碼：通用漢字標準交換碼 CISCII 佔 2Byte

    (4) UNICODE 碼 = 萬國 / 統一碼：解決外國軟體在中文軟體下衝碼問題，用 **2Byte = 16 bits** 編碼，最多可編 2^{16} = **65536** 個各國常用的內碼。

    (5) 1 點佔 1bit，所以 24 ×24 點矩陣字型佔 (24×24bit)/8bit = 72 Byte，放大呈鋸齒狀，較佔記憶空間。

    (6) 伸縮字型有向量字、筆劃組字、外框字，例 Windows 中安裝 .ttf 字型。

Quiz &Ans

(　) 1. 艾迪高中每年級有 1000 位同學，共有三個年級，請問需要幾個位元（bit）才能幫每位同學編一個唯一的號碼？

    (A) 12　　　　　　　　　　　　　　　　(B) 11

    (C) 10　　　　　　　　　　　　　　　　(D) 9

( ) 2. 在網頁上同時呈現不同國家的語文，必須使用哪一種內碼？
(A) BIG5   (B) ASCII
(C) Unicode   (D) EBCDIC

( ) 3. 若安東尼大學的大一學生人數有 2020 人，則至少需要幾位元來編碼才可以表示數目 2020？
(A) 4 位元   (B) 10 位元
(C) 11 位元   (D) 15 位元

( ) 4. Unicode 可容納 65536 個字元符號，包括 128 個 ASCII 字元、英文、中文、日文及非英語系國家常用文字，其係利用多少位元組來表示？
(A) 1   (B) 2
(C) 3   (D) 4

( ) 5. 2000 個 24×24 點矩陣字型佔需多少 KBytes 儲存？
(A) 72KB   (B) 144KB
(C) 288KB   (D) 576KB

( ) 6. 關於同位元檢查（Parity Checking），下列哪個字元的代碼是**錯誤**的奇同位元？
(A) 11010101   (B) 11000011
(C) 01100001   (D) 01010100

( ) 7. 以 8 位元之二補數法表示 $(-11)_{10}$，其值為
(A) 11110101_2 (B) 11110100_2
(C) 00001011_2 (D) 11101011_2

( ) 8. 下列何者二進位碼的「2 的補數」為其本身者？
(A) 0111   (B) 1001
(C) 0110   (D) 1000

( ) 9. 若英文字母「A」的 ASCII 值是 65，則「Y」的 ASCII 值在電腦儲存方式是？
(A) 01100001   (B) 10100001
(C) 01011001   (D) 01101001

( ) 10. 大多數中文系統用 2 Bytes 而非 1 Byte 來代表一個中文字，以下敘述何者是合理原因？
(A) 1 Bytes 只能表示 256 個中文字，而 2 Bytes 可表示 65536 個中文字
(B) 2 Bytes 中，用 1 Byte 放字型，另外 1 Byte 放注音
(C) 中文字型大小為 16×16 而非 24×24
(D) 電腦處理 2 Bytes 中文比處理 1 Byte 中文的速度快

( ) 11. 一個電腦的文數字系統用以表示 26 個英文大寫字母，26 個英文小寫字母和 10 個數字（0、1...9），請問至少需用幾個 bit 來表示？
(A) 5   (B) 6
(C) 7   (D) 8

( ) 12. 假設有一個外星物種叫 α 族，其溝通的文字符號如下圖所示。若以人類二進制的方式來思考 α 族的電腦化，在每個符號使用相同位元數的條件下，最少要用多少位元（bits），才足以完整表示 α 族的文字符號？

!@#$%^&*※ ◎●€

(A) 2 bits   (B) 3 bits

(C) 4 bits   (D) 5 bits

( ) 13. 若欲表示 -1000 至 1000 之間的所有整數，至少需要幾個位元（bit）？

(A) 9   (B) 10

(C) 11   (D) 12

( ) 14. 二進位數「01111」等於「十進位數」的

(A) 10   (B) 16

(C) 15   (D) 1000

( ) 15. 二進位數值 $(1001110.11)_2$ 等於十進位的

(A) 76.625   (B) 77.5

(C) 78.75   (D) 79.25

( ) 16. 下列敘述何者**錯誤**？

(A) ASCII 碼使用 7 個位元編碼

(B) 「a」與「A」之 ASCII 碼相距 26

(C) 「a」之 ASCII 碼值比「Z」之 ASCII 碼值大

(D) 「A」之 ASCII 碼值比「9」之 ASCII 碼值大

( ) 17. 在 ASCII Code 的表示法中，下列之大小關係何者為**錯誤**者？

(A) A > B > C   (B) c > b > a

(C) 3 > 2 > 1   (D) p > g > e

( ) 18. 若以 16 位元來表示一個整數，並以「2 的補數」來表示負數，則能表示的整數範圍為

(A) 0 ～ 65536   (B) -32767 ～ 32768

(C) -32767 ～ 32767   (D) -32768 ～ 32767

( ) 19. 若以 8 個位元來編碼，最多可以表示多少個**不同**的符號？

(A) 1024   (B) 512

(C) 256   (D) 2048

( ) 20. 下列數值中，何者的值最大？

(A) $2F_{16}$ (B) 10_{38}

(C) 78_{10} (D) 一樣大

解答

1	2	3	4	5	6	7	8	9	10
A	C	C	B	B	B	A	D	C	A

11	12	13	14	15	16	17	18	19	20
B	C	C	C	C	B	A	D	C	C

解析

1. 共 3000 位學生，而 2 的 12 次方 = 4096 ≥ 3000，故 12 個 bit 可以幫每位學生編一個唯一的號碼

2. Big-5 為中文內碼，ASCII、EBCDIC 為英文內碼

3. 2 的 10 次方 = 1024、2 的 11 次方 = 2048，所以至少需 11 位元

4. $65536 = 2^{16}$ 需 16bit = 2Byte

5. 2000 = 2K，1 字型 = (24×24bit)/8 = 72Byte，2K×72Byte = 144KB

6. 奇同位檢查 1 的個數為奇數，11000011 為偶數個 1

7. 先將 11 轉成 8bit 的 2 進位 00001011，再轉成 2's 補數 11110101

8. 1000 取 2's 補數為 1000

9. A → 65，B → 66...Y → 89，再轉成 2 進位 01011001

10. 1Byte = 8bit 表示 2^8 = 256，2Byte = 16bit 表示 2^{16} = 65536

11. 26 個英文大寫字母 + 26 個英文小寫字母 + 10 個數字（0、1...9）= 62，$2^N ≥ 62$，n=6

12. 12 個符號需使用 $2^n ≥ 12$ 個，n = 4。

13. -1000~1000 共用 1000-(-1000)+1 = 2001，$2^n ≥ 2001$，n = 11

17. ASCII 碼中的大小順序為：空白 < 0 < 9 < A < Z < a < z。

18. $-2^{16-1} \sim 2^{16-1}$ -1 → -32,768 ~ 32,767。

19. 2^8 = 256，可以表示 256 種符號。

20. $2F_{16} = 47_{10}$，$103_8 = 67_{10}$

計算題型 3：
硬體常考計算題型

一、CPU 時脈與指令運算

1. CPU 利用算術邏輯單元 ALU 進行加法運算，減法運算則使用補數運算，而乘法則使用連加法，除法則使用連減法進行計算。

2. 速度單位：MIPS=10^6 指令／秒 → 評估微電腦運算的速度

   MFLOPS=10^6 浮點運算／秒

   Intel i7 四核心 3G = 3GHz = 3000MHz = 內部時脈頻率 = 3×10^9 時鐘脈衝／秒
   ・・Giga・・・・・Hz

   執行 1 個時脈週期（倒數）$= \dfrac{1}{3 \times 10^9}$ 秒 = 0.33ns

2.4GHz = 2400MHz（時脈／秒）	500MIPS（指令／秒）
↓ /4CPI（Clock/Instrution）	↓ × 8CPI（時脈／指令）
600MIPS（指令／秒）	4000MHz = 4GHz（時脈／秒）

二、磁碟、硬碟計算題型

1. 磁碟：（速度：SSD 固態＞ HD ＞隨身碟＞ BD ＞ DVD ＞ CD ＞軟碟）

   (1) 磁碟存取時間＝找尋時間（找軌／柱，花費時間最長）＋迴轉延遲時間（找磁區即轉速）＋資料傳輸時間。

   (2) 硬碟轉速愈快→旋轉時間愈快＝ 7200RPM 即 1 分鐘轉 7200 轉

RPM	平均旋轉時間（1/2 圈）	旋轉 1 圈時間
5400RPM	5.6ms	11.1ms
7200RPM	4.2ms	8.3ms
10000RPM	3ms	6ms

(3) 容量計算：碟面（讀寫頭）× 磁軌數 × 磁區數 × 每區的 Bytes

　　硬碟機 = 16 面（讀寫頭）× 32768 軌 × 640 區 × 512Byte = 160GB

(4) 磁碟、光碟、RAM、ROM：可隨機存取，亦可作循序存取。

(5) 虛擬記憶體：將輔助記憶體（如硬碟空間）模擬成主記憶體使用，以解決空間不足

　　虛擬磁碟機：將主記憶體模擬成磁碟機使用，以加快存取速度

(6) 磁碟構造：由小至大：磁區＜磁簇＜磁軌＜磁柱（每面的磁軌數 = 磁柱數）

磁柱（cylinder）	碟片中編號相同的磁軌組成
磁軌（track）	在磁碟上半徑不同的同心圓，最外圈為第 0 軌
磁簇 = 叢集（cluster）	1. 磁碟存取單位在格式化時決定 Cluster 的大小 2. 由數個磁區組成，若設定愈大會較浪費儲存空間
磁區（sector）	磁碟機的基本存取單位，各磁區的容量相同

(7) 硬碟或光碟機透過排線接主機板介面

介面	說明	速度	是否支援熱插拔
SCSI	1. 並列傳輸，需另行安插於 SCSI 介面卡。 2. 最多可接 15 個周邊設備。 3. 同時裝設多顆 SCSI 硬碟則利用磁碟陣列（RAID）做到所有硬碟同時讀寫。	速度： 640MB/ 秒	否
Serial ATA	1. 序列傳輸，內建在主機板上。 2. 一條 SATA 排線最多可接 1 個周邊設備，但透過 Port Multiplier 可串接 15 個。 3. 具熱插拔，但不可充電。	速度： SATA2 → SATA3 300MB → 600MB/ 秒	是
IDE（ATA）	1. 並列傳輸。 2. 內建在主機板上，通常有兩組。 3. 一條 IDE 排線最多可接 **2** 個周邊設備。	速度： 133MB/ 秒	否

(8) 固態硬碟（SSD）與傳統硬碟（HD）的比較：

	讀寫速度	耗電量	噪音	重量	價格
傳統硬碟（HD）	慢	高	有	重	便宜
固態硬碟（SSD）	快	低	無	輕	較貴

延伸

學習

(1) SSD 的構造：只有 NAND Flash 與一個控制晶片，不需要馬達就可以驅動，所以不會有轉速。

(2) SSHD 的構造：是傳統硬碟與快閃記憶體，組合而成。硬碟內的架構分成兩階，固態硬碟的部份，屬於第二階，是速度極快的緩衝快取記憶體。而大容量所儲存的實體資料，則在第一階的 HDD 構造內，只有寫入讀取時才會使用。

三、光碟容量及存取速度

1. 光碟類型：資料以螺旋狀方式儲存資料

光碟類型	使用雷射	唯讀型	寫 1 次讀多次（WORM）	讀寫多次（覆寫式光碟）
CD 光碟 單倍速 = **150KB** / 秒 單層容量 = 650~700MB	紅光雷射 （780nm）	CD-**ROM** AUDIO-CD CD-I	CD-**R** 可燒錄 1 次	CD-**RW** 可重複燒錄
DVD 數位影音光碟 單倍速 = **1350KB** / 秒 單層容量 = 4.7GB	紅光雷射 （650nm）	DVD-**ROM**	DVD-**R**	DVD-**RAM** DVD-**RW**
BD 藍光光碟 單倍速 = **4.5MB** / 秒 單層容量 = 25GB 雙層容量 = 50GB 四層容量 = 100GB	藍色光束雷射 （405nm）	BD-**ROM**	BD-**R**	BD-**RE**

(1) DVD 光碟燒錄機規格中有 24R-8RW-16W（24 倍速讀取 -8 倍速覆寫 -16 倍速燒錄）

(2) N 倍速 Blu-ray Disc 光碟機 = N×36Mbit(4.5MB) / 秒，容量：N 層 BD = N×25GB

　　N 倍速 DVD 光碟機 = N×1350KB(1.35MB) / 秒

　　N 倍速 CD 光碟機 = N×150KB/ 秒，而 **DVD** 是 **CD** 的 **9** 倍快，**BD** 是 **CD** 的 **30** 倍快

(3) DVD 規格

　　　　　　　　　　　　　　　　　　　差 2 倍

碟片規格	DVD-5	DVD-9	DVD-10	DVD-18
碟片結構	單面單層	單面雙層	雙面單層	雙面雙層
最大容量	**4.7GB**	8.5GB	9.4GB	**17GB**

　　　　　　　　　　　　　　差 2 倍

Quiz & Ans

(　　) 1. 某微處理器時脈頻率為 1 GHz，假設執行 1 個指令需要 3 個時脈，則執行該指令需要多少時間？
(A) 0.3 ns

(B) 3 ns

(C) 30 ns

(D) 300 ns

(　　) 2. 7200 RPM 硬碟的平均旋轉時間與 12 倍速 DVD 讀取 2 MB 資料量所花的時間，何者較短？
(A) 硬碟平均旋轉時間

(B) 讀取 DVD 時間

(C) 一樣快

(D) 無法比較

(　　) 3. 有兩顆 CPU，時脈頻率分別為 4 GHz 與 5 GHz，若同時啟動，則多久時間後，震盪頻率會再一次同步？
(A) 2 ms

(B) 0.5 μs

(C) 1 ns

(D) 4 ps

(　　) 4. 一台標準的 64 位元電腦，其 CPU 的位址匯流排有 64 支接腳，若主機板上的晶片組沒有做定址限制，且它安裝 64 位元的作業系統，若作業系統也沒有定址的限制，請問該台電腦可定址的最大記憶體空間應為多少？
(A) 16 EB

(B) 16 TB

(C) 8 MB

(D) 8 GB

(　　) 5. CPU 執行一個指令需要 40 ns，表示該 CPU 的執行速度為多少？
(A) 25 MIPS

(B) 50 MIPS

(C) 150 MIPS

(D) 200 MIPS

(　　) 6. 一磁碟機的規格為：找尋 1 時間（Seek time）為 10 毫秒，每分鐘轉速（rpm）為 7200 轉，資料移轉速率（Data transfer rate）為每秒 6 Gbps，則存取同一磁柱內的 6 M 位元組之隨機存取時間為多少毫秒？
(A) 18.2 毫秒

(B) 24.2 毫秒

(C) 28.2 毫秒

(D) 34.2 毫秒

(　　) 7. 有一台由 6 個碟片所組成的硬式磁碟機，其中最上與最下兩個磁面沒有磁頭，若每個碟片有 65,536 個磁柱（Cylinder），每一磁柱有 255 個磁簇（Cluster），且每一磁簇可儲存 2K 位元組，試問此磁碟機容量約為多少位元組（Bytes）？
(A) 410 GB

(B) 340 GB

(C) 256 GB

(D) 240 GB

(　　) 8. 新一代的作業系統進行磁碟資料存取時，磁碟機的磁頭讀寫資料的最小單位是：
(A) 磁簇（cluster）

(B) 磁面（surface）

(C) 磁軌（track）

(D) 磁柱（cylinder）

( ) 9. 三顆不同的筆電的 CPU 規格分別為：
①：2.4 GHz
②：500 MIPS、CPI（Clock Per Instruction）= 6
③：時脈週期為 0.3 奈秒
若不考慮其他條件，將此 3 部筆電的 CPU 時脈頻率由快而慢排列，結果為何？
(A) ③①②　　　　　　　　　　(B) ③②①
(C) ①②③　　　　　　　　　　(D) ②③①

( ) 10. 某 CPU 的工作頻率為 3 GHz，執行某一個指令需 6 個時脈週期，該 CPU 的執行速度為何？
(A) 30 MIPS　　　　　　　　　(B) 100 MIPS
(C) 300 MIPS　　　　　　　　 (D) 500 MIPS

( ) 11. 目前市面 DVD 雙面雙層規格光碟片，最高儲存容量可達多少？
(A) 4.7 GB　　　　　　　　　　(B) 9.4 GB
(C) 17 GB　　　　　　　　　　 (D) 50 GB

( ) 12. 若一微電腦具有 24 條位址線與 32 條資料線，則其中央處理器（CPU）可直接存取的記憶體位址空間，最大可達下列何者？
(A) 24 KB　　　　　　　　　　(B) 16 MB
(C) 32 MB　　　　　　　　　　(D) 4 GB

( ) 13. 有關硬碟的敘述，下列何者正確？
(A) 某硬碟標示 CHS:16383/16/63，表示共有 63 個讀寫頭
(B) 基本上固態硬碟的存取速度比傳統硬碟快，SSD 硬碟沒有讀寫頭的機械構造
(C) 硬碟的單位容量大小比較如下：磁柱（Cylinder）> 磁叢（Cluster）> 磁軌（Track）
(D) SSD 的轉速可到 20000 RPM，故使用中不能移動以免造成損傷

( ) 14. 某硬碟標示 7200 RPM，資料傳輸速度 600 MB/sec，平均搜尋時間為 12 ms，若存取 12 MB 的資料，則其平均存取時間約為：
(A) 26.2 ms　　　　　　　　　 (B) 28.2 ms
(C) 35.2 ms　　　　　　　　　 (D) 36.2 ms

( ) 15. 已知一顆 10000 RPM 硬碟，使用 200 MB/s 的傳輸率傳輸 2 MB 的資料，總共使用了 18 ms 的存取時間，請問它花了多少平均搜尋時間？
(A) 2 ms　　　　　　　　　　　(B) 3 ms
(C) 4 ms　　　　　　　　　　　(D) 5 ms

( ) 16. 高階筆記型電腦硬碟規格逐漸採用 SSD，有關 SSD 的敘述，下列何者**錯誤**？
(A) SSD 硬碟儲存的速度較 SATA 硬碟快
(B) SSD 硬碟沒有讀寫頭的機械構造
(C) SSD 硬碟較 SATA 硬碟的重量較輕
(D) SSD 硬碟與 SATA 硬碟相同容量時，SSD 價格較便宜

( ) 17. 某台電腦執行速度為 100 MIPS，試問如果要執行 1 千萬個指令，需要花多少時間？
(A) 1 秒　　　　　　　　　　　(B) 2 秒
(C) 1 毫秒　　　　　　　　　　(D) 1 微秒

( ) 18. 一般若在光碟片上看到標示「BD-RE」，這個標示代表該光碟片：
　　　(A) 可重複燒錄　　　　　　　　　(B) 是唯讀 BD
　　　(C) 可燒錄一次　　　　　　　　　(D) 儲存容量最大為 17 GB

( ) 19. 20 倍速的 DVD-ROM，請問其讀取資料的速度與以下何種倍速的 BD 相同？
　　　(A) 2 倍速　　　　　　　　　　　(B) 4 倍速
　　　(C) 6 倍速　　　　　　　　　　　(D) 8 倍速

( ) 20. 用 DVD 燒錄機複製一片單面單層 DVD-5 光碟片，若以 16X 燒錄，不考慮其他耗時，約需多少時間？
　　　(A) 218 秒　　　　　　　　　　　(B) 228 秒
　　　(C) 328 秒　　　　　　　　　　　(D) 424 秒

解答

1	2	3	4	5	6	7	8	9	10
B	A	C	A	A	B	B	A	B	D

11	12	13	14	15	16	17	18	19	20
C	B	B	D	D	D	A	A	C	A

解析

1. 3 GHz 除以 3 個時脈 = 1 GIPS

   執行 1 指令 = $1/10^9$ 秒 = 1 ns

2. 7200 RPM 硬碟的平均旋轉時間為 60s 除以 7200/2 = 0.0042 s = 4.2ms

   12 倍速 DVD 2MB 資料量的時間為 20MB/(12×1350KB) = 2000KB/16200KB = 0.1235 s = 123.5 ms

3. 4 GHz 的週期是 0.25 ns，5 GHz 的週期是 0.2 ns，經過 1 ns 後會再次同步

4. 2^{64} Bytes = $2^4 × 2^{60}$ Bytes = 16 EB

5. CPU 執行一個指令需要 40 ns，因此 1 秒可執行

   $1/40 × 10^{-9}$ = 25,000,000 個指令，所以 CPU 的執行速度為 25 MIPS

6. 找尋時間 = 12 ms

   旋轉時間 = (1/7200)×60×(1/2) 秒 ≒ 0.0042 秒 ≒ 4.2ms

   傳送時間 = 6MByte/6000Mbps = 48Mbit/6000Mbit = $8×10^{-3}$ 秒 = 8ms

   隨機存取時間 = 12 + 4.2 + 8ms = 24.2ms 7.6 個碟片扣除上、下兩面後，剩下 10 面硬碟容量 = 10×65,536×255×2048 Bytes = 342,255,206,400 Bytes ≒ 340.0 GB

8. Windows 7 格式化預設 NTFS，每個磁簇有 4KB 即 8 個磁區

9. ① 2.4 GHz = 2400MHz

   ② 500 MIPS → 500M×6 時脈（Clock）= 3000MHz

   ③ 時脈週期為 0.3 奈秒→ 1 秒（倒數）= $3.33×10^9$ = 3330MHz

10. 3 GHz = 3000 MHz ÷ 6 = 500 MIPS

11. DVD 雙面雙層規格光碟片 17 G、一般 4.7 G 為單面單層

12. 記憶體位址空間以位址線計算空間大小，2 的 24 次方 = 16 MB

13. (A) CHS 分別為 C：Cylinder 磁柱、H：Head 讀寫頭、S：Sector 磁區，H 為 16 個讀寫頭

    (B) SSD 為 Flash ROM 若損壞難修復

    (C) 容量大小為磁柱 > 磁軌 > 磁叢

    (D) SSD 固態硬碟是由控制晶片及 Flash memory 組成，故無轉速

14. (1) 隨機找尋時間 = 12ms

    (2) 隨機旋轉時間 = 4.2ms

    (3) 隨機傳送時間 = 12MB/600MB = 1/50 = 20ms

    故隨機存取時間 = (1)12 + (2)4.2 + (3)20 = 36.2ms

15. 存取時間 = 平均旋轉時間 + 平均搜尋時間 + 傳輸時間

    平均旋轉時間 = 60 / 10000 / 2s = 0.003 s = 3 ms

    傳輸時間 = 2 / 200 s = 0.01 s = 10 ms

    所以平均搜尋時間為 18ms - 3ms - 10 ms = 5ms

16. SSD 硬碟與 SATA 硬碟相同容量時，SSD 價格較貴

17. 10^8 個指令 /(100×10^6 個指令) = 1 秒

18. 「BD-RE」代表該光碟片可重複燒錄，其儲存容量達 25GB

19. DVD 速度為 20×1.35MB / 秒即 27MB / 秒，BD 單倍速 = 4.5MB / 秒

20. 16 倍速 $\times 1.35$MB / 秒 = 每秒燒錄 21.6MB，4.7GB = 4700MB / 21.6M = 218 秒

計算題型 4：
影像、聲音、視訊數位化

一、色彩數位化

黑白 = 2^1 色即 **1bit** 即 $\frac{1}{8}$ Byte

灰階 = 256 階層 = 2^8 色即 **8 bit = 1 Byte**

彩色 = 256 色 = 2^8 色即 **8 bit = 1 Byte**

高彩 = 65536 色 = 2^{16} 色即 **16 bit = 2Byte**

全彩 = RGB 各佔 8bit = 2^{24} 色即 **24 bit = 3Byte**

更高全彩 = 2^{32} 色即 **32bit = 4Byte**

題型 1 若把 8 百萬像素全彩圖檔轉成灰階時，佔空間為_____MBytes？

8M 全彩 = 8M×3Byte = 24MB

8M 灰階 = 8M×1Byte = 8M

> 兩者空間差 3 倍，但全彩變成灰階

題型 2 若把 8 百萬像素黑白圖檔轉成全彩時，佔空間為原來_____倍？
顏色為_____種色彩？

8M 黑白 = 8M × $\frac{1}{8}$ Byte = 1MB

8M 全彩 = 8M×3 Byte = 24MB

> 兩者空間差 24 倍，但黑白不會變彩色

題型 3 若把 5 百萬像素用 CMYK 分色存檔，佔空間為_____MB？

CMYK 每色需要 7bit 表示 0%～100% 色階，故 7 + 7 + 7 + 7 = 28bit = 4.5Bytes

5M×4 色 = 5M×4.5 Bytes = 22.5MB

題型 4 200×200 像素灰階圖檔不壓縮佔多少_____KBytes？

圖檔佔空間：

$$\frac{像素量}{200×200} × \frac{色彩\,bit}{8bits} = 所佔大小$$

$$= 40×10^3 × \quad 1Bytes \quad = 40KBytes$$

題型 5　像素 vs 尺寸換算

1. iPHONE 螢幕 400ppi 即每英吋顯示 400 像素

   像 素 量：　2000×1600

   ↓ ÷400 ↓

   尺寸大小：　5" × 4" ＝ 20 平方英吋

2. 印表機列印解析度 300dpi 即每英吋列印 300 點

   尺寸大小：　5" × 7"

   ↓ ×300 ↓

   像 素 量：　1500×2100 ＝ 3150000 像素

題型 6　若長寬比 4：3 的 10 吋平板電腦，其螢幕解析度為 400PPI，若色彩設定為 RGB 各佔 8bits，則擷取（PrintScreen）全螢幕畫面需多少 MB ？

1. 斜邊 $= \sqrt{(3^2+4^2)} = 5$，故 4×2=8" 及 3×2=6"

2. 8"×400 = 3200 像素及 6"×400 = 2400 像素

3. 擷圖大小 = 3200×2400×24 bits

   　　　= 7680 K×3Bytes

   　　　= 23040 KB

   　　　≒ 23 MB

題型 7　若豪叔叔用電話對義哥哥談話，若以 22050Hz 錄音 10 分鐘，取樣大小為 8 位元，則需要多少 MB 儲存錄音檔？

數位音訊大小＝取樣頻率 × 取樣大小 × 聲道 × 秒數

　　　　22050Hz ×　8bit　×　1　× 10×60

　　= 22K　　× 1Byte ×　1　× 600

　　= 13200KB = 13.2MB

題型 8　若以 Full HD 1920×1080，全彩 24bits，30fps，錄 5 分鐘需要約_____GB ？（不壓縮情況）

數位影片大小＝取樣影格畫素 ×（影片色彩）× 影格率 fps× 影片長度秒數

　　　　　　1920　×　1080　×　24bit　× 30 格 × 5×60 秒

　　=　　2000　×　1000　× 3Byte × 30 格 × 300 秒

　　=　　　　2M　　　× 3Byte × 30 格 × 300 秒

　　=　　　　2M　　　× 3Byte × 30 格 × 300 秒

　　= 54000MB = 54GB

Quiz &Ans

( ) 1. 電競顯卡內建顯示記憶體（VRAM）有 16MByte，若螢幕採 RGB 全彩 32bits，則最高可以設定解析度為？
(A) 1024×768
(B) 1920×1080
(C) 2560×1440
(D) 3840×2160

( ) 2. 若將取樣頻率設定為 20,000 Hz，請問取樣一次需要花多少時間？
(A) 0.05 ms
(B) 0.25 ms
(C) 0.05 μs
(D) 0.5 μs

( ) 3. 一張 800×600 像素的圖形以 16 色影像來呈現，在沒有壓縮的情形下，則其實際佔用的記體空間約為多少？
(A) 240 KB
(B) 480 KB
(C) 1.2MB
(D) 2.4MB

( ) 4. 若一張全彩（24 bit）數位相片已知在不壓縮的情況下佔了 6 MB，請問該相片的解析度為？
(A) 1280×1080
(B) 1920×1080
(C) 3840×2160
(D) 8096×3840

( ) 5. 使用不壓縮的方式儲存一部 1 分鐘的短片，若影格速率設定為 20 fps，畫質為 1920×1080，每個像素可使用的顏色為 65536 色，則此部短片約需佔用多少儲存空間？
(A) 632 MB
(B) 4.6 GB
(C) 37 GB
(D) 316 GB

( ) 6. 20 秒的廣告宣傳影片的解析度為 720×480，以全彩色來儲存每個像素，並採用 60 fps 來播放（不壓縮），所需的儲存資料量約為多少（不壓縮）？
(A) 1244 MB
(B) 2488 MB
(C) 3776 MB
(D) 4500 MB

( ) 7. 阿豪所攜帶的數位相機上插了一張 4 GB 記憶卡，若每張照片 8 百萬像素全彩，無壓縮之下，請問最多拍幾張照片，就必須更換記憶卡？
(A) 170 張
(B) 250 張
(C) 320 張
(D) 480 張

( ) 8. 音樂 CD 的取樣頻率 44.1 KHz、取樣大小 16 位元、雙聲道，則錄製 10 秒的音樂需要多少空間？
(A) 0.86 MB
(B) 1.76 MB
(C) 2.23 MB
(D) 3.5 MB

( ) 9. 若使用影像處理軟體將一張全彩的影像檔轉換為 256 色灰階的影像檔，在不考慮其他的限制條件下，這個檔案的大小會如何改變？
(A) 變小 3 倍
(B) 變大 3 倍
(C) 不變
(D) 變為 256 KB

( ) 10. 32 吋 Full HD 16：9 的 LED 背光顯示器，若將顯示器的解析度設定為 1920×1080，色彩品質設為最高（32 位元），則電腦主機上的顯示卡至少需要多大容量的記憶體？
(A) 2 MB
(B) 4 MB
(C) 6 MB
(D) 8 MB

( ) 11. 某快閃記憶體廠商推出一款高速記憶卡 128GB microSDXC，讀取速度最高每秒 95 MB、寫入速度最高每秒 45 MB，適合高速連拍效能、快速資料傳輸、高速動態攝影、連續拍攝功能與高速檔案傳輸，支援 4K 高畫質影音錄放。現在若想儲存 3 個大小同為 1.5 GB 的影片檔，請問最快需耗時多久？
(A) 102.4 秒
(B) 51.2 秒
(C) 32.6 秒
(D) 10 秒

( ) 12. 若要將 3600×2400 像素的灰階影像，以解析度為 300 PPI 的方式列印，則其列印尺寸為何？
(A) 96 平方英吋
(B) 12 公分 ×8 公分
(C) 12 公吋 ×8 公吋
(D) 96 公吋

( ) 13. 一張 18 英吋 ×12 英吋的相片，以 300 PPI 解析度的掃描器進行掃描，得到的影像大約為多少 M 像素？
(A) 5M 像素
(B) 8M 像素
(C) 13M 像素
(D) 20M 像素

( ) 14. 匯哥有一部 2000 萬畫素的相機，當他拍完照後，下載到電腦準備作後製處理。請問一張全彩 2000 萬畫素的圖片，未經壓縮處理的原始資料（RAW data）會占用多少記憶體空間？
(A) 12MB
(B) 36 MB
(C) 60 MB
(D) 120 MB

( ) 15. 若需錄製解析度為 1920×1080 的全彩、播放標準為 30 fps 的影片，錄製 30 秒，並以 200：1 壓縮比進行壓縮，則得到的影片檔案大小為何？
(A) 90 MB
(B) 160 MB
(C) 250 MB
(D) 270 MB

( ) 16. 同一張影像，以全彩（24bits）模式儲存，其所佔記憶體的容量，是以 256 色之色彩模式儲存記憶體容量的幾倍？
(A) 1.5 倍
(B) 2 倍
(C) 3 倍
(D) 4 倍

( ) 17. 若要將拍攝的照片能沖洗成 4 吋×6 吋的大小，請問在拍攝相片時，至少應該將像素尺寸設定為下列何者，才能在以 600ppi 解析度來沖洗照片時符合他的需求？
(A) 600×800
(B) 768×1,024
(C) 1,200×1,800
(D) 2,400×3,600

( ) 18. 某位婚紗攝影師使用 2,304×1,728 解析度來拍攝新人的婚紗照，每張數位相片需使用 4MB 的儲存容量，若該位攝影師準備了數個容量為 2GB 的記憶卡，請問平均拍幾張照片，就必須更換記憶卡？
(A) 512 張
(B) 1,024 張
(C) 1,536 張
(D) 2,048 張

(　　) 19. 若一個視訊影片一秒鐘共 24 張解析度為 640×480，24 位元的數位影像，每秒約需多少記憶容量（未壓縮）？
　　　　(A) 22MB 　　　　　　　　　　　　(B) 32MB
　　　　(C) 42MB 　　　　　　　　　　　　(D) 52MB

(　　) 20. 一張 6×4 吋照片，利用 300DPI 的掃描器掃描至電腦裡，再以 100DPI 的解析度將影像輸出，則印出的大小為多少？
　　　　(A) 3×2 　　　　　　　　　　　　(B) 8×10
　　　　(C) 12×8 　　　　　　　　　　　　(D) 18×12

解答

1	2	3	4	5	6	7	8	9	10
C	A	A	B	B	A	A	B	A	D

11	12	13	14	15	16	17	18	19	20
A	A	D	C	D	C	D	A	A	D

解析

1. N×4 Byte = 16 MB → N = 4 M ≦ 2560×1440

2. 20000 Hz = 20000 次 / 秒，所以取樣一次的時間為 1/20000 秒 = 1/20 毫秒 ms

3. 16 色（2^4）像素佔用 4 bits（0.5 Byte）
    圖檔大小 = 800×600×0.5 Byte = 240 KB

4. N×3 Bytes = 6 MB，則 N = 2 M = 1920×1080

5. 65536 色為 16 bits（65536 = 2 的 16 次方）
    1920×1080×16×20×16 bits 約為 4.63 GB

6. 720×480×24bits×60 影格×20 秒 = 約為 1244 MB

7. 4 GB = 4096 MB/(每張 8 M×3 Byte)= 170 張

8. 44.1K×2Byte×2(雙聲道)×10 秒 = 1764 KB = 1.76 MB

9. 全彩 24bit/ 灰階 8bit = 3 倍

10. 至少需記憶體 1920×1080×32bit = 2 M×4 Byte = 8 MB

11. 1.5 GB×3 / 45 MB = 4.5×1024 MB /45 MB = 102.4 sec

12. 圖檔列印尺寸 = (3600/300) 吋×(2400/300) 吋 = 12 英吋×8 英吋 = 96 平方英吋

13. (18×300)×(12×300) = 1944 萬像素約 20 M

14. 1 M 即 1 百萬，2000 萬即 20 M×全彩的圖片每個畫素需占 3 個 Bytes，所以共需 = 60 MB

15. 1920×1080×24bit×30 影格×30 秒 = 2 M×3 Byte×30×30 = 5400 MB
    5400 MB/200 = 270 MB

16. 全彩模式使用 24bits 儲存色彩；256 色使用 8bits 儲存色彩，所以 24bit÷8bit = 3 倍。

17. 像素尺寸＝列印尺寸×影像解析度；寬＝ 4×600 = 2,400；高＝ 6×600 = 3,600。

18. 2 GB÷4 MB = 2×1024 MB÷4 MB = 512（張）。

19. (640×480)×24 fps×(24÷8) Bytes ＝ 22,118,400÷1024÷1024 MB ＝ 21.09 MB

20. 6×300÷100 = 18，4×300÷100 = 12，故為 18×12。

計算題型 5：
網路傳輸時間及速率

計算公式：資料傳輸時間 $= \dfrac{\text{傳輸資料量 Byte}}{\text{傳輸率 Bit/ 秒}}$

題型 1 小明使用 ADSL 2M/512Kbps 連上影片伺服器使用光世代 300M/100Mbp 頻寬，請計算出小明的下載及上傳速率分別為多少 KB/s ？

通常 ADSL 2M/512K 前者 2M 是下載，後者 512K 是上傳：

下載速率為 2Mbit/ 秒 = 2048Kbit/ 秒 = 256KB/ 秒

上傳速率為 512Kbit/ 秒 = 64KB/ 秒

題型 2 影片伺服器使用光世代 300M/100Mbp 頻寬，請計算出主機最快提供_____MB/ 秒 的速率供小明下載影片？

對主機而言，頻寬 300M 是指自己下載速率，100M 是上傳速率即使用者下載影片的速率，因此提供 100Mbps 供使用者下載影片，但注意題目是問 MB / 秒，所以供下載速率為 100Mbit/8 = 12.5MB/ 秒

題型 3 小明使用 ADSL 2M/512Kbps 連上影片伺服器，請計算出小明下載 40MB 影片後傳給小豪至少要_____秒

下載時間：$\dfrac{40\text{MByte}}{2\text{Mbit/ 秒}} = \dfrac{40\text{M} \times 8\text{bit}}{2\text{Mbit/ 秒}} = 160$ 秒

上傳時間：$\dfrac{40\text{MByte}}{512\text{Kbit/ 秒}} = \dfrac{40\text{M} \times 8\text{bit}}{0.5\text{Mbit/ 秒}} = 640$ 秒

$160 + 640 = 800$ 秒

題型 4 小豪使用 ADSL 512K/64Kbps，傳給客服中心 8000 個 UNICODE 文字客訴服務不佳，請問需要多秒？

小豪傳給主機 8000 個 UNICODE 每個字佔 2Byte，共傳 16000Byte

上傳時間：$\dfrac{16000\text{Byte}}{64\text{Kbit/ 秒}} = \dfrac{16\text{K} \times 8\text{bit}}{64\text{Kbit/ 秒}} = 2$ 秒

題型 5 利用非同步傳輸模式傳輸速率 24Mbps 傳送 40Mbyte 資料，已知每個封包為 8bit，加上 1bit 開始位元及 2bit 結束位元採奇同位傳輸，請問傳輸需要多少秒？

40MByte 即 40M 的封包，每封包有 1 + 8 + 2 + 1 = 12bit

1bit	8bit	2bit	1bit
開始	資料 Byte	結束	同位元

傳輸時間：$\dfrac{40M \times 12bit}{24Mbit/秒} = 20$ 秒

Quiz & Ans

( ) 1. 小豪向電信公司申請安裝寬頻網路，速率為 200M/40M，而小豪欲下載一部 1 GB 的影片，下載完成後立刻傳給朋友小義。請問完成該影片下載與上傳總共最快約需要多少時間？
(A) 30 秒
(B) 50 秒
(C) 3 分鐘
(D) 4 分鐘

( ) 2. 艾迪使用 iPhone Xs 手機，從 Apple Store 下載 App 軟體 3 MB 約 1 分鐘。請問網路的傳輸速度約為多少？
(A) 30 Kbps
(B) 80 Kbps
(C) 240 Kbps
(D) 400Kbps

( ) 3. 早期網路連線是透過電話撥接方式上網，其速度為 56 Kbps，請問該網路的傳輸速度是多少？
(A) 每分鐘的傳輸速度為 7 Kbits
(B) 每分鐘的傳輸速度為 56 Kbits
(C) 每秒鐘的傳輸速度為 56 KBytes
(D) 每秒鐘的傳輸速度為 7 Kbytes

( ) 4. 高雄市政府申請 Hinet 的光世代網路，速率為 300M/100M，那麼韓市長要上傳愛情摩天輪的影片共 200 Mbytes，請問大約要多少時間才能完成？
(A) 2 秒
(B) 8 秒
(C) 12 秒
(D) 16 秒

( ) 5. 利用非同步傳輸模式傳送 100MBytes 資料，已知每個封包為 8 bit，加上 1 bit 開始位元及 2bit 結束位元採奇同位傳輸，共花費 10 秒請問傳輸需要多少秒？
(A) 14 秒
(B) 16 秒
(C) 18 秒
(D) 20 秒

( ) 6. 若網路下載平均速度為 2,202Kbps；請問若依此速度下載 10MB 的檔案，大約需花用多少時間？
(A) 25.6 秒
(B) 37.3 秒
(C) 40.8 秒
(D) 5.9 秒

( ) 7. 下列 4 個數值中，何者與其他三個不同？
(A) (768×2^{20})bps
(B) (0.75×2^{30})bps
(C) 0.75Gbps
(D) 786,432bps

( ) 8. 要將 20 張照片上傳至網路相簿中，假設每張照片約 400KB，若花用了 160 秒上傳檔案，請問網路傳輸速率約為多少？
(A) 400Kbps
(B) 512Kbps
(C) 2Mbps
(D) 20Mbps

( ) 9. 有 512M Bytes 的資料，若使用目前市面上 2M 的 ADSL 下載這些資料，大約需要多少時間？
(A) 約 40 分鐘
(B) 約 4 分鐘
(C) 約 1 小時
(D) 約 3 小時

( ) 10. 下列網路傳輸速率中，何者速度最快？
(A) 3,000 bps
(B) 3 Mbps
(C) 0.005 Gbps
(D) 600 Kbps

( ) 11. 某 8 位元串列通訊協定速度為 9600 bps，且每傳送一位元組，另需使用一個起始位元和一個結束位元，使用此通訊協定來傳送 4800 Bytes 的資料，需費時多少秒？
(A) 5.5 秒
(B) 5 秒
(C) 4 秒
(D) 0.2 秒

( ) 12. 小義家中的網路下載速度為 50 Mbps，在不考慮其他條件下，請問每分鐘可以傳送多少資料量？
(A) 3000 MB
(B) 375 MB
(C) 50 MB
(D) 6.25 MB

( ) 13. 奶奶家中的網路速度為 8M/640K，舅舅家中的網路速度為 5M/384K，請問若奶奶上傳一個 40MB 的檔案給舅舅下載，請問他們分別要花多久時間上傳和下載？
(A) 5 秒，13 分 53 秒
(B) 40 秒，1 分 44 秒
(C) 1 分 3 秒，8 秒
(D) 8 分 20 秒，1 分 4 秒

( ) 14. 假設每位元之傳輸速度為 40 Kbps，則 200 KB 資料理論上應該在多少時間內傳完？
(A) 40 秒
(B) 20 秒
(C) 10 秒
(D) 5 秒

( ) 15. 小豪利用 iPhone 下載 App Store 軟體共 10 MBytes，而小豪花了 10 秒下載完成，請問該伺服提供小明下載的平均速率為多少 Mbps？
(A) 8 Mbps
(B) 10 Mbps
(C) 20 Mbps
(D) 40 Mbps

( ) 16. 阿義家中的網路是 100M/20M 的光世代，阿義想要將一個 50MB 的影片上傳至 YouTube，則約需花費多久的傳輸時間呢？
(A) 0.5 秒
(B) 4 秒
(C) 2.5 秒
(D) 20 秒

(　　) 17. 請問新申辦 60M/15M 的光世代服務，請問上傳 30MB 的資料理論上需要花費幾秒？
   (A) 1 秒　 (B) 8 秒
   (C) 16 秒　 (D) 24 秒

(　　) 18. 學校的網路頻寬是 100Mbps、100Mbps 是指
   (A) 一分鐘可下載 100MB　 (B) 一秒鐘可下載 100MB
   (C) 一分鐘可下載 12.5MB　 (D) 一秒鐘可下載 12.5MB

(　　) 19. 微電腦系統以 RS-232C 串列方式傳輸資料至周邊裝置，其傳輸格式為 1 位元起始位元，
   8 位元資料，1 位元同位元，2 位元結束位元。若以 2400 鮑率（Baudrate）連續傳送
   1000 個位元組（Byte）之資料，假設每位元組間沒有延遲，所需之時間為？
   (A) 5 秒　 (B) 2.4 秒
   (C) 100 秒　 (D) 2400 秒

(　　) 20. 若某資料 100KB 以非同步方式傳輸，每個封包中資料為 8 個位元，加上 1 個起始位元，
   2 個結束位元，採奇同位檢查，若傳輸速率為 48Kbps，則需多久？
   (A) 15 秒　 (B) 25 秒
   (C) 30 秒　 (D) 35 秒

💡 解答

1	2	3	4	5	6	7	8	9	10
D	D	D	D	B	B	D	A	A	C
11	12	13	14	15	16	17	18	19	20
B	B	D	A	A	D	C	D	A	B

📄 解析

1. 下載時間：$\dfrac{1\text{GByte}}{200\text{Mbit/秒}} = \dfrac{1000\text{M} \times 8\text{bit}}{200\text{Mbit/秒}} = 40$ 秒

  上傳時間：$\dfrac{1\text{GByte}}{40\text{Mbit/秒}} = \dfrac{1000\text{M} \times 8\text{bit}}{40\text{Mbit/秒}} = 200$ 秒

2. 傳輸時間：$\dfrac{3\text{MByte}}{X \text{ bps}} = \dfrac{3000\text{K} \times 8\text{bit}}{X\dfrac{\text{bit}}{秒}} = 60$ 秒

  $X \text{ bps}：\dfrac{3000\text{K} \times 8\text{bit}}{60} = 400\text{Kbps}$

3. 56 Kbps 即每秒傳輸 56 Kbit = 8 Kbytes，每分鐘 480 KBytes

4. 上傳時間：$\dfrac{200\text{Mbyte}}{100\text{Mbps}} = \dfrac{200\text{M} \times 8\text{bit}}{100\text{Mbit/秒}} = 16$ 秒

5. 傳輸時間：$\dfrac{100\text{M} \times (1+8+2+1)\text{bit}}{x \text{ bps}} = \dfrac{200\text{M} \times 8\text{bit}}{100\text{Mbit/秒}} = 16$ 秒

6. 設 x 為下載 10MB 檔案所需花費的秒數：

$$\frac{資料大小}{下載速度} = \frac{10MB}{2202Kb} = \frac{10 \times 1024 \times 8}{2202} \fallingdotseq 37.2\ 秒。$$

7. $0.75Gbps = (0.75 \times 2^{30})bps = (768 \times 2^{20})bps$； $786,432bps = (0.75 \times 2^{20})bps$。

8. 20 張 400KB 的照片，其檔案總容量為 8,000KB。花用 160 秒傳輸檔案，

傳送速率：$\frac{8000KB}{160\ 秒} = 50KB\ /\ 秒 = 400kbit\ /\ 秒。$

9. $\frac{512Mbyte}{2Mbps} = 2,048secs \fallingdotseq 35mins$，大約 40 分鐘。

10. 傳輸速度由快至慢分別為：$0.005Gbps > 3Mbps > 600Kbps > 3,000bps$。

11. 計算出所需的起始位元和終止位元數：$4,800\ Bytes \div 1\ Bytes \times 2 = 9,600\ bits$；計算出需花費的總時間：$(4,800 \times 8 + 9,600) \div 9,600\ bps = 5\ 秒$。

12. $50\ Mbps \times 60\ s = 3000\ Mbits = 375\ MB$

13. 上傳速度：$40\ MB \div 640\ Kbps \fallingdotseq 40 \times 1000 \times 8\ Kbits \div 640\ Kbps = 320000\ Kbits \div 640\ Kbps = 500\ 秒 = 8\ 分\ 20\ 秒$

下載速度：$40\ MB \div 5\ Mbps \fallingdotseq 40 \times 8\ Mbits \div 5\ Mbps = 320\ Mbits \div 5\ Mbps = 64\ 秒 = 1\ 分\ 4\ 秒。$

15. $10\ Mbytes/\ 速率 = 10\ 秒$，故速率 $= 10\ M \times 8bits/10 = 8\ Mbps。$

16. $50\ MB = 400\ Mb$，$400\ Mb\ /\ 20\ Mbps = 20。$

17. $30\ MB\ /15\ Mbps = 30\ MB \times 8/15\ Mbps = 16(s)$

18. $100\ Mb/8\ bit = 12.5\ MB$

19. $\frac{1000 \times (1+8+2+1)bit}{2400bps} = 5\ 秒$

20. $1\ Byte = 1\ 封包 = 1 + 8 + 2 + 1\ bits$，而傳輸速率 $=$ 每秒 $48\ Kbits$，傳輸速率 $= (100\ KB = 100\ K \times 12\ bits)/\ 48\ Kbits = 25\ 秒。$

電腦發展簡史

1. 電腦發展的重要事蹟

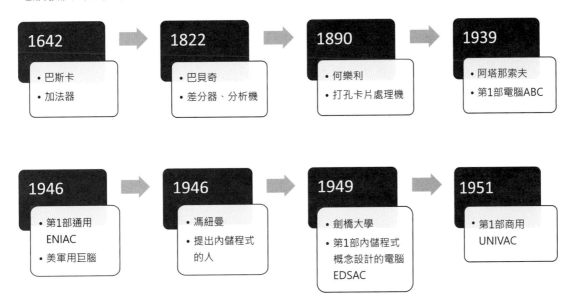

1642
• 巴斯卡
• 加法器

→

1822
• 巴貝奇
• 差分器、分析機

→

1890
• 何樂利
• 打孔卡片處理機

→

1939
• 阿塔那索夫
• 第1部電腦ABC

1946
• 第1部通用 ENIAC
• 美軍用巨腦

→

1946
• 馮紐曼
• 提出內儲程式的人

→

1949
• 劍橋大學
• 第1部內儲程式概念設計的電腦 EDSAC

→

1951
• 第1部商用 UNIVAC

2. 時代之比較表

時期	第一代	第二代	第三代	第四代	第五代
電子元件	真空管	電晶體	積體電路（IC）	超大型積體電路（VLSI）	AI 人工智慧生物晶片
重要事件	ENIAC（第 1 部通用） EDSAC（第 1 部內儲） UNIVAC（第 1 部商用）	TRADIC（第 1 部）	IC（積體電路） OS（作業系統） IBM 360	各類桌上／筆記型電腦 微處理器 Intel 4004 AppleII PC	AI 電腦 深藍電腦
發展趨勢	差 ——— 體積愈小，容量愈大，速度愈快，準確度愈高，複雜愈高 ——→ 好 內含電子元件愈多，能源替代率愈佳				

3. 積體電路（IC，Integrated Circuit）：將電晶體，二極體，電容，電阻等元件濃縮在矽晶片中。

(1) IC 卡，又稱為晶片卡、智慧卡、智能卡、Smart Card 等。

(2) 積體電路的種類一般是以內含電晶體等電子元件的數量來分類：

規格	電子元件數量
小型 SSI	100 以下
中型 MSI	100 ~ 1,000
大型 LSI	1,000 ~ 10,000
超大型 VLSI	10,000 ~ 1,000,000
特超大型 ULSI	1,000,000 以上

4. 電腦分類

(1) 依處理訊號分成：數位電腦、類比電腦。

- 數位電腦：處理 0 和 1 兩種資料單位的電腦，處理非連續性的資料，例如會計帳目、人事薪資資料、文書檔案等。

- 類比電腦：處理連續性的資料，速度快，但無法儲存，例如氣象局處理溫度的電腦、醫院的心電圖。

(2) 依功能分成：

依功能分	簡介
嵌入式電腦 Embedded Computer	將電腦晶片隱藏在各種設備中，如翻譯機、電子錶、行動電話、影印機、POS 系統、資訊家電 IA（如：智慧型洗衣機、智慧型吸塵器、智慧型電冰箱等）。
微電腦 Micro Computer	1. 又稱為個人電腦（personal computer），使用的電子元件為 VLSI。 2. 如平板電腦、筆記型電腦、IBM 相容 PC 如 Intel Pentium 4、Core2 Duo、蘋果麥金塔 i-Mac、個人筆記型電腦（Notebook）。
工作站	1. 為規模較小的多人多工作業系統，讓一群使用者能夠在同一部電腦系統中共享磁碟、CPU、印表機和其他周邊設備資源。 2. 如 IBM 的 AS/400、Digital 的 VAX。
大型電腦 mainframe Computer	1. 又稱大型主機，如 IBM System/360 一系列電腦。 2. 用於大量資料和關鍵專案的計算，如銀行金融交易及資料處理、人口普查、企業資源規劃…等。
超級電腦 Super Computer	1. 利用多顆處理器陣列平行演算，功能強大，計算速度快。 2. 例如氣象局預測天氣、飛彈試射等的研究。

(3) 人工智慧（Artificial Intelligence,AI）：

利用電腦來模擬人類的思考、動作…等一切行為的科學，利用 AI 科技與類神經網路發展出的電腦硬體或軟體具備推理、學習能力。其特性如下：

- 專家系統（Expert System）：又稱知識庫系統，以龐大資料庫，提供交談介面，並透過推論引擎來提備建議。

- 資料探勘（Data mining）：從巨量資料中搜尋出有用的資訊。

- AI 語音助理：將人類的話語轉換成機器能理解的語言，例如 Amazon Alexa、Google Assistant、Apple Siri、Microsoft Cortana 及 Samsung Bixby。

- 類神經網路（Neural Network）：利用晶片來模擬生物的行為、思考，進而創造出類似人類思想的電腦。

- 生物辨識（Biometric）：利用每個人獨有的生物特徵作為辨識使用者的依據，如指紋、虹膜、人臉、聲紋等辨識。

- 模糊邏輯（Fuzzy Logic）：不提供一個標準的、正確的、固定的答案，而是採用一種模稜兩可、似是而非的表達方式。

- AI 的應用：Tesla 電動車自動駕駛、掃地機器人、機器翻譯技術、動態人臉辨識、智慧語音助理、無人駕駛、關聯式廣告、癌症診斷、圍棋對奕程式…等。

Quiz & Ans

( ) 1. 下列有關電腦第一～四代所使用的電子元件，何者正確？
(A) 第一代：積體電路
(B) 第二代：電晶體
(C) 第三代：VLSI
(D) 第四代：真空管

( ) 2. 第三代電腦是以積體電路為主要元件發展出來的，而一顆中型積體電路晶片（MSI）上可包含多少個電子元件？
(A) 100 ～ 1,000
(B) 1,000 ～ 10,000
(C) 10,000 ～ 1,000,000
(D) 1,000,000 以上

( ) 3. 下列何者不屬於人工智慧（AI）的主要技術？
(A) 專家系統
(B) 生物辨識
(C) 模糊邏輯
(D) 群組軟體

( ) 4. 資訊家電（Information Appliance），例如：智慧型冰箱或冷氣機，通常利用下列何種電腦，來執行特定的監控或運算功能？
(A) 迷你電腦
(B) 掌上型電腦
(C) 嵌入式電腦
(D) 個人電腦

( ) 5. 蘋果公司推出的 iPad 平板電腦，擁有 9.7 吋的觸控式螢幕，可用來上網、聽音樂、看電子書、玩遊戲等。根據以上的敘述，請判斷此一電腦應歸屬於下列哪一種類型的電腦？
(A) 個人電腦
(B) 大型電腦
(C) 工作站
(D) 超級電腦

( ) 6. 某賣場推出數位微波爐，可讓使用者在微波食物的同時，也可利用微波爐的面板來觀看電視，請問這台微波爐中應內建有下列哪一類型的電腦？
(A) 超級電腦
(B) 個人電腦
(C) 迷你電腦
(D) 嵌入式電腦

( ) 7. 下列敘述何者正確？
(A) 桌上型電腦是一種微電腦，而筆記型電腦（Notebook Computer）則是一種嵌入式電腦
(B) 個人數位助理（PDA）是超級電腦的一種
(C) 電晶體、電容、電阻都是積體電路的電子元件
(D) 華碩發表電子手錶可監測血壓、心率，此為小型電腦

( ) 8. 請問氣象局要觀測最近寒流的動態，哪一類的電腦最適合？
(A) 超級電腦
(B) 個人電腦
(C) 迷你電腦
(D) 嵌入式電腦

( ) 9. 下列敘述何者正確？
(A) All-in-One PC 屬於大型電腦
(B) ENIAC 是以電晶體為主要元件製作
(C) 智慧型冰箱電屬於嵌入式電腦
(D) UNIVAC 以積體電路為主要元件製作

( ) 10. 數位相機中的臉部自動對焦功能，是藉由下列何種技術所達成？
(A) 類神經網路
(B) 專家系統
(C) 模糊理論
(D) 影像辨識

( ) 11. 超級電腦適合下列何種用途？
(A) 個人的資料取得
(B) 太空科學的研究
(C) 水電公司的收據印製
(D) 內建在資訊家電中

( ) 12. 為了提供更安全的操控性能，許多高級房車都裝有電子操控系統，以降低在路況不佳時，發生打滑失控的風險。這類高級房車最可能內建有下列哪一種電腦？
(A) 超級電腦
(B) 工作站
(C) 個人電腦
(D) 嵌入式電腦

( ) 13. 「TRADC」是第一部所採用的基本元件為何？
(A) 超大型積體電路
(B) 積體電路
(C) 電晶體
(D) 真空管

( ) 14. 超輕薄筆記型電腦，機身厚度不到 2 公分，重量僅有 1.2 公斤，超輕薄的設計一推出即受到許多電腦迷的喜愛。請問筆記型電腦可歸屬為下列哪一種類型的電腦？
(A) 超級電腦
(B) 大型電腦
(C) 個人電腦
(D) 工作站

( ) 15. 下列何者與人工智慧最無關？
(A) 助理軟體 Siri
(B) 保全人臉辨識系統
(C) 電晶體
(D) 真空管

( ) 16. 下列何項電腦的應用並非採用嵌入式電腦？
(A) 數位冷氣機或數位冰箱　　　(B) 磁碟陣列備份
(C) 智慧型吸塵器　　　(D) Apple Watch

( ) 17. 電腦界最轟動的事件之一是：世界圍棋棋王和 AlphaGo 機器人對戰，AlphaGo 是採用「AI」開發的圍棋程式。請問題目中的 AI 是指：
(A) 嵌入式電腦　　　(B) 資訊家電
(C) 人工智慧　　　(D) 奈米科技

( ) 18. 在參觀科學博物館 APPLE-II 電腦，該電腦是屬於哪一代電腦？
(A) 第一代　　　(B) 第二代
(C) 第三代　　　(D) 第四代

( ) 19. AI 語音助理幫助將人類的話語轉換成機器能理解的語言，下列何者非 AI 助理？
(A) Amazon Alexa　　　(B) Google Assistant
(C) Apple Siri　　　(D) Microsoft Surface

( ) 20. 目前許多企業利用物聯網收集大數據進行資料分析來決策，請問物聯網的英文？
(A) Inside Of Things　　　(B) Internet Of Things
(C) Information Of Things　　　(D) International Of Things

 解答

1	2	3	4	5	6	7	8	9	10
B	A	A	A	D	A	C	C	A	D
11	12	13	14	15	16	17	18	19	20
D	B	D	C	C	B	C	D	D	B

電腦科技應用名詞

一、數位學習

1. 虛擬實境（**VR**）

    (1) 必須是由電腦產生。

    (2) 3D 立體空間，具互動性及臨場感。

    (3) 要有融入感及參與感，採用 **VRML** 的語言格式。

    (4) 可以模擬視覺、聽覺、觸覺，甚至感官效果。

2. 擴增實境（**AR**）

    (1) 一種將虛擬資訊擴增到現實空間中的技術，在現實空間中添加一個虛擬物件，藉由攝影機的辨識技術與電腦程式的結合，當設定好的圖片出現在鏡頭裡面，就會出現對應的虛擬物件。

    (2) 用於平板電腦、智慧型手機或穿戴式裝置，例如：Pokemon GO、IKEA 室內設計。

3. 混合實境（**MR**）：現實世界與虛擬世界合併在一起，建立出一個新的環境，使得現實的物與數位世界的物件共存並產生互動。

二、數位生活

1. **4C**：Computer（電腦）、Communication（通訊）、Consumption（消費性電子產品，即家電）、數位內容（Digital Content）。

2. 辦公室自動化（OA，Office automation）：

    (1) 文書處理（OA 之核心）。

    (2) 資料（DATA）：未經處理的文字、數字、符號…等事實陳述。如四技二專各校的報名表。

    (3) 資訊（Information）：將資料經過處理後，所得到的結果。如四技二專各校的榜單。

    (4) 電子資料處理（EDP）：各種資料經過有系統的處理，產生有用的資訊。

    (5) 垃圾進，垃圾出（Garbage In Garbage Out, GIGO）：強調輸入資料時正確性之重要。

3. 奈米科技（Nanometer）：一奈米是 10^{-9} 公尺，即千萬分之一公分，可製作防水、抗菌的衣服、奈米碳管顯示器等，奈米元件使電子產品變小。

4. 自動櫃員機（ATM，Automatic Teller Machine）/eATM（網路銀行）→ 銀行提供的一種 24 小時無人銀行的簡易服務，具有連線、即時、分散之特性。網路銀行無法提領現金。

5. 電子錢包：是一種軟體，可以讓消費者進行線上交易與儲存交易記錄，使用時必須先輸入帳號與密碼，身份驗證正確才能繼續進行交易。

6. 認證授權單位（Certifi cate Authority，CA）：一個具有公信力的第三者，可以對個人及機關團體提供認證及配發認證資料，透過認證資料可以確認通訊雙方的身份。

7. 加密貨幣：又稱數位貨幣，每種加密貨幣都有自己產生的機制，常見的有比特幣、萊特幣、乙太幣…等，這些貨幣在部分國家裡可在網路上自由地交易流通。

8. 自然人憑證：發卡單位為內政部，此憑證就是「電子身分證 IC 卡」，就是「網路上的身分證」可用來網路申報綜合所得稅，必須由憑證中心（**CA**）進行認證利用網際網路享受政府 E 化服務，完全不用擔心個人資料外洩。

9. **IC** 智慧卡（Smart card）：IC 卡是利用 IC 晶片記錄資料，如 IC 電子票卡（悠遊卡、一卡通）、IC 金融卡（電子錢包）、IC 健保卡。

10. 個人數位助理（PDA，Personal Digital Assistant）

    (1) Palm PC（掌上型電腦）：其作業系統有 Palm OS

    (2) Pocket PC（口袋型電腦）：其作業系統 Windows CE（微軟開發嵌入式系統）

    (3) SmartPhone（智慧型手機）：其作業系統為 APPLE **iOS**、Windows Phone、Google **Android**、Symbian（Ericsson、Panasonic、Siemens、Nokia 公司共有）

11. 物聯網（**IoT**，**Internet of Things**）

    (1) 物聯網一般為無線網，利用電子標籤將真實的物體上網聯結，透過中心計算機對家庭設備、汽車進行遙控，以及搜尋位置、防止物品被盜等。

    (2) 應用領域主要包括以下幾個方面：運輸和物流領域、健康醫療領域範圍、智慧環境領域、個人和社會領域。

12. 數位內容權利管理（**DRM**，Digital Rights Management）：指的是智財權的所有者用來控制與管制合法存取智財權數位產品（包含數位化內容：軟體、音樂、電影及硬體）的一切技術謂之。

13. VOD（Video On Demand）：隨選視訊。

14. MOD（Multimedia On Demand）：多媒體互動式隨選視訊，透過寬頻進行。

15. RFID（無線射頻辨識）：是一種透過無線電傳送資料的近距離通訊技術，應用：Visa Wave 信用卡、國內 ETC（國道電子收費系統）的 eTag 採用紅外線（IrDA）、悠遊卡、大眾運輸電子收費的 Taiwan Money 卡、餐飲點餐、人員進出控管、無人圖書館管理、倉儲管理等。

16. NFC（Near Field Communication）：

    (1) 稱之「近距離無線通訊」或「近場通訊」，是運用 **RFID** 技術。

    (2) 利用點對點功能（約 0 ～ 20 公分），常結合感應式讀卡機、感應式卡片等功能。

    (3) 運用在具有 **NFC** 功能的手機信用卡支付、Apple Pay、Line Pay、電子錢包等行動支付。

17. 全球定位系統（**GPS**，Global Positioning System）：每個衛星均持續著發射載有衛星軌道資料及時間的無線電波，提供地球上的各種接收機來應用做導航或追蹤。

18. 輔助性全球定位系統（AGPS，Assisted Global Positioning System）：透過網路連線，利用電信業者所提供之訊號來定位，適用於平板電腦、智慧型手機等行動裝置。如 Google Maps 便內建 AGPS。

19. 地理資訊系統（GIS，Geographical Information System）：地理資訊系統（Geographic Information system 簡稱 GIS），是一套能將地圖上座標與該地相關資訊結合，並將龐大地理資料轉換為電腦格式，建立地理資料庫的一套系統，如網路電子地圖之類日常生活中的 GIS 應用、車輛導航與監控、都市計畫及土地測量管理。

20. 適地性服務（LBS，Location-Based Service）：此服務可以用來辨認一個人或物的位置，並透過行動終端用戶的位置訊息，在 GIS 平台的支援下，為用戶提供相應服務。如最近的加油站、書局、便利商店…等。

21. ITS（Intelligent Transportation System）：智慧型運輸系統，例如交通號誌控制、查詢即時路況、估計行車時間、行車速度、告知公車抵達的時間…等。

22. 雲端的服務模式：

(1) 基礎架構即服務（IaaS）：以租用的方式透過網路提供「儲存或伺服器運算」能力等的基礎設施。如主機託管、租用網路硬碟。

(2) 平台即服務（PaaS）：由軟體業者建置軟體或作業系統平台，讓他們可在其中開發、管理與提供應用程式。如 Google Play 商店、Apple Store、MS Azure、Amazon Web Services、Google Cloud Platform。

(3) 軟體即服務（SaaS）：使用者僅要透過網際網路便能使用雲端平台所提供的軟體，可透過應用程式儲存與分析資料並協同進行專案。如 MS Office 365、Google doc、Adobe Creative Cloud 等。

23. **Big Data**（大數據）：又被稱為「巨量資料」，不只是資料處理工具，更是一種企業思維和商業模式。大數據的特性歸類為「4V」，包括資料量（Volume）、資料類型（Variety）、資料傳輸速度（Velocity）及真實性（Veracity）。

24. 銷售點系統（POS，Point of sale）：管理者可以更明確地掌握各類商品銷售狀況、即時回報庫存量、明列消費明細…等，用於超商超市、大型賣場、餐飲服務、精品百貨、書店…等。

25. 綠色電腦：具有環保概念的電腦，低噪音、低污染、低輻射、可回收、省電、符合人體工學。

26. 能源之星：即省電計畫，由美國環保署（EPA）為節約電腦及周邊產品的電力使用量所公佈。

三、網路技術

1. 通訊世代發展：

（WCDMA）（HSDPA）

2G	<	2.5G	<	3G	<	3.5G	<	4G (LTE)	>	5G
（GSM=9.6Kbps）		（GPRS=115Kbps）		（2Mbps）		（3.6Mbps）		（100M/50Mbps 以上）		（490 Mbps 以上，約 4G 的 5 倍）

2. 藍牙技術（Blue tooth）：用在短距離 10~100 公尺之內的無線通訊技術。藍牙與其他無線傳輸之比較如下表所示。

比較項目	IrDA （紅外線）	藍牙 （Bluetooth）	IEEE802.11b/g （Wi-Fi）	IEEE802.16 （Wi-Max）
傳輸方式	850~900 奈米 的紅外光傳輸	2.4GHz 無線頻段 短距離無線傳輸	2.4GHz 無線頻段 室內無線上網	2G~11GHz 用在戶外無線上網
傳輸速率	最快可達 16 Mbps	721Kbps	11 /54Mbps	最快約達 75Mbps
穿透力	無	有，但訊號會減弱	有，但訊號會減弱	有，但訊號會減弱
網路協定	無法真正構成 網路	構成網路 （8 個藍牙）	透過 AP 基地台	透過無線基地台
移動性	不佳	佳	佳	佳

3. 無線區域網路（Wireless Local Area Network）：由 IEEE 802.11 所制定的一種無線區域網路的技術即 **WI-FI**，具利用低功率的微波來傳輸，使用的無線電波具穿透力，可穿透牆壁，無接收角度的限制，但設備需加購無線網路卡、無線接取設備（Access Point）來連接實體線路。目前已有下列 5 種：

無線區域網路的技術	傳輸速度	使用無線頻段
IEEE 802.11a	54Mbps	5GHz
IEEE 802.11b	11Mbps	2.4GHz
IEEE 802.11g	54Mbps	
IEEE 802.11n	600Mbps	2.4G 或 5GHz
IEEE 802.11ac	1Gbps 以上	5GHz

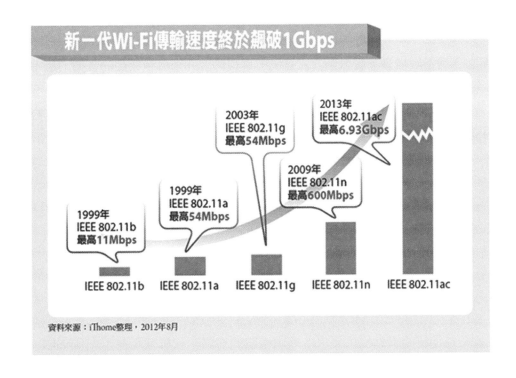

四、教學輔助

1. 電腦輔助教學（CAI，Computer Aided Instruction）：透過電腦來進行輔助教學，來代替一般正式教學，可增進學習效率。

2. MOCC（磨課師）：是遠距教學的最新發展，在網路提供各種開放式教育資源，讓任何人都可以學習。

3. Google Classroom：可協助老師快速建立及管理作業、追蹤課程進度、有效提供意見回饋、並輕鬆與班上學生交流。

4. 遠距教學：分成 2 種。

   (1) 同步遠距教學：相同的時間，不同地點的教學。如透過視訊等設備進行「即時」教學互動。

   (2) 非同步遠距教學：不同時間，不同地點的教學，學習者可以主控自己的學習時間，透過數位教材進行「非即時」討論及學習。如網路教學或線上學習。

5. 遠距醫療：結合醫療、通信和電腦科技，使患者的資料與醫師的專業知識，可跨越時空進行遠距診斷、治療…等。

五、工業自動化

1. 電腦輔助設計（CAD，Computer Aided Design）：應用在建築、工程、汽車、太空計畫和室內等設計方面，繪製的圖形大多為向量圖。

2. 電腦輔助製造（CAM，Computer Aided Manufacturing）：CAD 是先前的步驟，再用 CAM 製造。

3. 電腦輔助工程（CAE，Computer Aided Engineering）：與 CAM、CAD 皆屬於工廠自動化（FA）。

4. 3D 列印：通過逐層堆疊（用填充方式呈現）累積的方式來構造物體的技術，應用在珠寶、鞋類、工業設計、建築、工程、施工、汽車、航空等。是 CAM 應用之一。

六、資訊取得與傳遞

1. 搜尋引擎：使用者可透過搜尋引擎輸入關鍵字，引擎會搜尋出相對應的搜尋項目，如 Google、百度、Yahoo、微軟 BING。

2. 入口網站：

   (1) 入口網站本身就是一個網站，消費者查詢的結果是網站本身所提供。

   (2) 網站已經把某領域中諸多資訊仔細的統整分類，如登入購物網就可以瀏覽許多產品資訊，可以細分款式、價位等分析，快速找到符合自己需求的商品。

3. 知識查詢：透過特定網站提供使用者查詢相關的知識，如維基百科（Wikipedia）、Yahoo 知識+ 等。

4. 即時通（網路電話、傳訊息）：What's APP、LINE、Yahoo Messenger、WeChat（微信）、Facebook Messenger 及 Skype。

5. 網頁的進化 Web 1.0 〜 3.0

   (1) Web 1.0（網路→人屬單向資訊）的「單純讀取」如政府、學校及各公司的官方網站，大多為唯讀內容的網路世界。

   (2) Web 2.0 屬分享型態的內容著重於「讀寫交流」，更重視網友的互動體驗。
   例如：Yahoo 知識＋、YouTube、Wikipedia、各種部落格服務等。

   (3) Web 3.0（人工智慧、關聯資料和語義網路構建，形成人和網路以及網路與人之間的溝通）主要精神為「個人化的資訊整合與跨平台同步」，網站依使用者的瀏覽習慣，提供個人化的服務，如手汽車整合語音、定位及地圖、依預算規劃行程、Facebook 的動態網頁可同步至用戶的 iPad 或 iPhone 等其他裝置。

七、社群網站 / 微網誌 / Blog

1. 社群網站：虛擬社群（virtual community）是社群網站的主軸，如 Facebook、Line、YouTube、PTT、WeChat（微信）、Instagram、Twitter（推特）、Snapcha、LinkedIn…等。

2. Blog（部落格）：部落格就是網誌，如 Blogger（Google 提供）、痞客邦（又稱 Pixnet）、樂多日誌…等。

3. 微網誌：是網誌的一種，允許使用者及時更新簡短文字（通常少於 200 字）並可以公開發布的部落格形式，如 Twitter（推特）、新浪微網誌…等。

Quiz &Ans

( ) 1. 哪一種電腦科技可提供旅遊服務內容與位置資訊等的資訊系統？
   (A) RFID　　　　　　　　　　(B) IoT
   (C) MIS　　　　　　　　　　(D) LBS

( ) 2. 豪義與同學相約出遊，便利用平板內的 Google Maps 規劃好路線，來一趟東部知性之旅，請豪義是利用哪一項的電腦科技？
   (A) RFID　　　　　　　　　　(B) NFC
   (C) POS　　　　　　　　　　(D) AGPS

( ) 3. 下列關於擴充實境的敘述，何者為非？
   (A) 在 3D 立體環境中運作
   (B) 以純粹虛構的環境來模擬真實世界
   (C) 能夠做到即時性互動
   (D) 是由虛擬實境演化而來

( ) 4. 下列關於虛擬實境的敘述何者**不正確**？
   (A) 虛擬實境不具備互動性　　　　(B) VRML 是一種虛擬實境語言
   (C) 虛擬實境與 3D 動畫有所差　　(D) 可經由數台投影機投影形成虛擬場景

( ) 5. 有關目前資訊應用服務與其主要相對應的資訊技術，下列配對何者**錯誤**？
　　(A) eTag 高速公路電子收費系統— RFID
　　(B) 悠遊卡超商感應付款— NFC
　　(C) 警車勤務管制系統— GPS
　　(D) iPhone 的 Touch ID 指紋解鎖—生物辨識

( ) 6. 以電腦系統模擬開刀房手術的情形，提供醫師教育訓練有身歷其境的感覺，是下列哪一種技術的應用？
　　(A) 語音處理（Voice Processing）
　　(B) 影像處理（Image Processing）
　　(C) 虛擬實境（Virtual Reality）
　　(D) 自然語言處理（Natural Language Processing）

( ) 7. 根據統計「在 Twitter 上，每秒鐘平均有 6000 多條推文發布，每天平均約五億條推文」，請問上述的統計數字，是利用下列哪項資料所統計出來的？
　　(A) 問卷調查　　　　　　　　(B) 電話抽樣調查
　　(C) 大數據　　　　　　　　　(D) 個人數位助理

( ) 8. 可用來描述、產生三度空間互動世界的檔案格式，並且能與全球資訊網結合的是下列哪一項？
　　(A) HTML　　　　　　　　　(B) VRML
　　(C) DHTML　　　　　　　　(D) SGML

( ) 9. 許多智慧型手機具備「指紋辨識」、「臉部辨識」等功能，請問這是屬於哪一種技術？
　　(A) 專家系統　　　　　　　　(B) 模糊理論
　　(C) 生物辨識　　　　　　　　(D) 大數據

( ) 10. 小王最近買了 1 支 iPhone，他將自己的信用卡加入 Apple Pay 內，利用手機進行刷卡付費，請問 apple pay 是利用哪一項技術來完成費用的支付？
　　(A) QR code　　　　　　　　(B) NFC
　　(C) Bluetooth　　　　　　　(D) Wi-Fi

( ) 11. 請問小豪在家透過網路利用 Google 試算表的工具完成統計，請問這是屬於雲端架構服務？
　　(A) IasS　　　　　　　　　　(B) PasS
　　(C) SasS　　　　　　　　　　(D) 以上皆是

( ) 12. 台北悠遊卡、高雄一卡通、e-TAG 是利用下列哪一項技術？
　　(A) GPS　　　　　　　　　　(B) RFID
　　(C) Wi-Fi　　　　　　　　　(D) VR

( ) 13. 小義利用網路選修了某一個大學教授在網路所開設的課程，請問這類的學習是屬於下一類的學習？
　　(A) 課後輔導　　　　　　　　(B) 廣播教學
　　(C) MOCC（磨課師）　　　　(D) 電腦輔助教學

( ) 14. 有關物聯網 (The Internet of Things) 的敘述，下列何者不是其主要特徵？
    (A) 全面感知，即利用 RFID、感測器、二維碼等，隨時隨地獲取物體的信息
    (B) 可靠傳遞，通過各種網路的融合，將物體的信息迅速準確地傳遞出去
    (C) 物流控制，透過衛星定位等技術將網路交易的貨物，正確傳送到對方指定的地點
    (D) 智能處理，利用雲計算等各種技術，對巨量的數據進行分析和處理，對物體實施智能化的控制

( ) 15. 將現實世界與虛擬世界合併在一起，建立出一個新的環境，使得現實的物與數位世界的物件共存並產生互動，這種技術稱之為？
    (A) AR   (B) VR
    (C) MR   (D) GPS

( ) 16. KKBOX 為了保障音樂人的創作，所有的音樂都只能用專用播放器在線上收聽，應信用卡扣款是即使下載至電腦也不能將音樂存至其他裝置收聽，這是因為哪種技術的保護？
    (A) POS   (B) MOD
    (C) DRM   (D) HDTV

( ) 17. 下列何者不是利用地理資訊系統（GIS）技術能達成的工作？
    (A) 網路電子地圖   (B) 查詢台南正興街的地理資訊
    (C) 車輛導航與監控   (D) 人員的訓練

( ) 18. 利用 3D 印表機印製的公仔，可視為下列哪一個領域的應用？
    (A) CAM   (B) CAI
    (C) CAD   (D) C2C

( ) 19. 在書局購買計概參考書，服務人員能快速的以條碼機掃描書上的 ISBN 條碼完成結帳動作，這是利用了下列哪種技術？
    (A) RFID   (B) QR Code
    (C) MIS   (D) POS

( ) 20. 交通局與中華電信合作推出「智慧型衛星計程車」，整合了全球衛星定位與下列何種技術，準確了解地理位置，提高業者的派遣效率、減少油耗？
    (A) RFID   (B) GPS
    (C) GIS   (D) Bluetooth

解答

1	2	3	4	5	6	7	8	9	10
D	D	D	A	B	C	C	B	C	B

11	12	13	14	15	16	17	18	19	20
C	B	C	C	C	C	D	A	D	C

解析

5. 目前悠遊卡使用技術為 RFID，而 NFC 近場通訊則應用在手機感應式電子錢包。

8 考前衝刺　資訊安全、病毒與智慧財產權

一、資訊安全

1. 實體安全：門禁、網路線、硬體設備、消防設備、電纜鎖（Cable locks）等。

2. 系統安全：維護電腦系統正常運作。

    (1) 定期備份系統重要資訊並存放不同安全地點（為最積極的動作）。

    (2) 安裝防毒軟體，不要使用來源不明的資料或軟體。

    (3) 在系統上設定使用者帳號和使用的權限。

3. 資料安全：確保資料的完整性與私密性，並預防非法入侵者的破壞。例如：資料備份、資料加密、權限分級、密碼設定、人員記錄等。

4. 程式安全：限制非法軟體使用。

二、資訊安全的應用

如何保護資訊安全

1. 資料加密：在資料傳輸的過程中經由特殊的編碼技術，將資料加密（Encryption）成為不具意義的內容，以達保護資料的目的。

2. 加密的方法

    (1) 對稱式加密法：加密與解密皆用同一把金鑰（key）。

    ● 寄方與收方使用雙方都認可的加密金鑰來加密及解密（同一把私密 key）例如 DES、AES（Wi-Fi 加密用 WEP、WPA、WPA2 個人 PSK、企業 Enterprise）

    (2) 非對稱式加密法：加密與解密使用不同的金鑰（key），又稱為公開金鑰加密法（Public Key Encryption）。

    ● 這兩把金鑰是相對應的，用公開的金鑰將訊息加密，用私人的金鑰將訊息解密，即使中途被截取，也較無法揭露訊息的內容。

    ● 加密技術將明文經過 Hashing Function（雜湊函數）產生訊息摘要形成密文，避免被竊取機密。

● 應用時機：

應用時機	傳送端－加密	接收端－解密
數位簽章 （不可否認）	傳送端自己私密金鑰 （Private Key）	傳送端的公開金鑰 （Public Key）
秘密通訊	以接收端公開金鑰 （Public Key）	接收端自己私密金鑰 （Private Key）

資訊安全協定

1. **SSL**（Secure Sockets Layer）安全傳輸協定：是一種網際網路採公鑰技術辨識對方身分的安全協定，即 **https**://~，使用者端之瀏覽器會傳送自己的公開金鑰給伺服器，而伺服器端就會以安全機制將一個私密金鑰傳送到客戶端之瀏覽器，建立起一個安全資料交換的傳輸環境，但不具交易的不可否認性。如目前電子商務網站或登入帳號、密碼時，其協定為 https。

2. **SET**（Secure Electronic Transactions）：用來保護在網路上的付款交易，是目前公認 Internet 上的電子交易安全標準，它包含交易雙方的身分認證及傳送資料加密。在 SET 規格中，確認了以下四個目標：

   (1) 私密性（Confidentiality）：交易資料可使用金鑰予以加密，以達到保密的安全功效。

   (2) 完整性（Integrity）：交易雙方透過「數位簽章」之驗證可確保交易資料的完整性，避免被竄改。

   (3) 身分確認（Authentication）：交易雙方可確認交易傳送方的身分，避免被冒名傳送假資料。

   (4) 不可否認（Non-Repudiation）：確認交易雙方正確及完整性。

3. SSL 與 SET 之差異

	SSL	SET
特色	只在 Server（伺服端）與 Client（用戶端）之間的加解密（https://~），以 128 bit SSL/TLS 方式加密。	數位認證、交易安全（買賣雙方＋信用卡或第三方支付等共三方）
差別	無法確認傳送端即買方身份	具有不可否認性，ex. 買方刷卡了不能說沒刷不買、賣方交易完成了不能不出貨。
共同點	資料傳輸隱密性、資料加密	

防火牆（Firewall）

1. 以硬體及軟體的搭配，隔絕內部及外部網路，使外部網路的使用者無法入侵或破壞內部網路的資料。防火牆具備了下列三種重要的基本功能：1. 存取管控（Access Control）、2. 身分識別（Authentication）、3. 安全稽核。

2. 缺點：無法阻隔來自內部的攻擊，不可能完全阻隔外來病毒的攻擊，網路存取變慢。

三、網路犯罪行為及電腦病毒

1. 電腦病毒簡介

    ● 開機型病毒：破壞檔案分割表（FAT）、開機啟動區，使電腦無法開機，例如：米開朗基羅。

    ● 檔案型病毒：寄生在 .EXE、.COM、.SYS 中，在執行時再傳染，例如：木乃伊病毒。

    ● 混合型病毒：綜合開機型＋檔案型病毒的特性，例如：大榔頭。

    ● 巨集病毒：利用視窗應用軟體的巨集能力，利用如 VBA 語言的撰寫巨集之文件檔（如 Office 系列軟體），例如 Taiwan No.1 利用 Word（.doc）、Excel（.xls）散播病毒。

2. 網路釣魚（Phishing＝Phone＋fishing）：利用偽裝的網站及假郵件騙取消費者其帳號及密碼進行犯罪，不需要高超的資訊技術，是利用人性弱點。

3. 阻斷服務（DoS）：攻擊透過大量合法的請求佔用大量網路資源，以達到癱瘓網路的目的，若多台被植入惡性程式集體發動攻擊即為分散式阻斷服務（DDoS），常稱為殭屍網路（Botnet）。

4. 紅色警戒（Code Red）：專門找微軟 IIS 伺服器攻擊，走後門程式，透過 80Port 入侵。

5. 木馬病毒（**Trojan horse**）：程式設計者在軟體中設下可供自己使用的暗道（Trap），當受害者經由網路取得具有木馬屠城功能的軟體，只要一執行，會將使用者的帳號、密碼等資訊傳至駭客端，進而從事不法的行為。

6. 電腦蠕蟲（**WORM**）：具不斷自我複製及散播的特性。透過網頁中的程式碼（**VB 或 Java Script**），或透過 **E-mail** 附加檔案方式散播，甚至將自己寄給通訊錄名單的其他人而快速散播，例 iloveyou、梅莉莎（melissa）。

7. 殭屍網路（**Botnet**，亦譯為喪屍網路、機器人網路）：是指駭客利用自己編寫的分散式阻斷服務攻擊程式將數萬個淪陷的機器，即駭客常說的殭屍電腦或肉雞，組織成一個個控制節點，用來傳送偽造包或者是垃圾封包，使預定攻擊目標癱瘓並「拒絕服務」。

8. 零時差漏洞（Zero-day exploit）：通常是指還沒有修補程式的安全漏洞，駭客在發現軟體安全漏洞後，立即發動攻擊。提供該漏洞細節或者利用程式的人通常是該漏洞的發現者。

9. 網頁掛馬攻擊（XSS）：網頁惡意程式是利用網頁來破壞的惡意程式碼，它存在於網頁之中，是使用 Script 語言編輯的惡意碼，利用 IE、FireFox 或其他瀏覽器的漏洞來植入惡意程式或木馬。

10. 字典攻擊法：將字典裡面所查的到的任何單字或片語都輸入的程式中，然後使用該程式一個一個的去嘗試破解你的密碼，因現今的電腦運算速度很快，字典攻擊法的操作效率基本上是很高的！

11. 暴力攻擊法：直接使用鍵盤上面任何可以使用的按鍵，然後依照組合，以 1 個、2 個、3 個…密碼組合的方式去破解你的密碼！

Quiz &Ans

( ) 1. 下列描述何者**有誤**？
(A) 數位簽章就是將手寫簽名掃描成數位格式，方便在網路上流通
(B) SSL 機制因為使用上較方便，所以是目前較常用的線上安全機制
(C) 數位憑證所使用的加密技術為公開金鑰密碼技術
(D) 電子支票是屬於後付式電子支付方式

( ) 2. 小美接到一通自稱是公司網管部門的電話，宣稱將在下班時間幫員工整理電子郵件信箱，請他先提供個人的帳號與密碼。小義有可能碰到哪一類型的資安問題？
(A) 社交工程　(B) 阻斷服務　(C) 電腦病毒　(D) 字典攻擊

( ) 3. 在醫院資訊系統毀損時，可即時修復並正常運作，則平時需執行下列何項措施？
(A) 遠端遙控　(B) 遠端監視　(C) 異地採購　(D) 異地同步備援

( ) 4. 設計與某知名網站仿真的假網站，讓使用者誤以為是真正的該知名網站，進而詐取個資或公司機密的犯罪手法稱為：
(A) 網路釣魚（Phishing）　(B) 網路蠕蟲（Worm）
(C) 間諜軟體（Spyware）　(D) 阻斷服務（Denial of Service）

( ) 5. 怪客將所有被植入木馬程式的電腦集結起來，遠端操控這些電腦進行網路犯罪，稱之為？
(A) 阻斷服務攻擊（DOS）　(B) 跨站腳本攻擊（XSS）
(C) 殭屍網路攻擊（Botnet）　(D) 零時差攻擊（Zero-day exploit）

( ) 6. 下列何者不是為防止來自網際網路的入侵行動而採取的主要作為？
(A) 設置防火牆　(B) 安裝入侵偵測系統
(C) 限制遠端存取　(D) 加密傳輸資料

( ) 7. 電腦入侵方式中的網路釣魚（Phishing），是指下列何者？
(A) 更改檔案的大小，讓使用者沒有感覺
(B) 偽造與知名網站極為類似的假網站，誘使用戶在假網站中輸入重要個資
(C) 蒐集常用來作為密碼的字串，以程式反覆輸入這些字串來入侵電腦
(D) 散佈具有遠端遙控能力的惡意軟體，並且集結大量受到感染的電腦進行攻擊

( ) 8. 下列何者是屬於對巨集型病毒的描述？
(A) 是以 VBA 語言所寫成的巨集程式
(B) 隱藏在磁碟的 Boot Sector 中
(C) 隱藏在可執行檔中
(D) 每次都會以不同的病毒碼傳染給其他檔案

( ) 9. 下列敘述何者**不正確**？
(A) 防火牆是一種可以過濾資料來源的網路安全防護設施
(B) 製作相似的銀行網站以騙取使用者帳號和密碼的行為稱之為網路釣魚
(C) 使用 HTTP 協定在網路上傳輸的資料會進行加密，確保使用者連線安全
(D) 阻斷服務（DoS）攻擊是藉由不斷發送大量訊息，造成被攻擊網站癱瘓而無法提供服務的攻擊手法

( ) 10. 下列有關 SSL 與 SET 機制之敘述,何者**有誤**?
　　(A) SSL 機制必須配合信用卡業務來進行
　　(B) SET 機制必須另外向認證中心取得憑證
　　(C) SET 較 SSL 機制來得安全
　　(D) SSL 較 SET 機制來得方便

( ) 11. 小義剛去不知名的網站註冊,註冊後,資料即被不法人士竊取,該網站可能忽略資訊安全的
　　(A) 機密性　(B) 完整性　(C) 可用性　(D) 神祕性

( ) 12. 下列何種行為不會遭遇到網路危險?
　　(A) 在網路上分享自己私密的照片
　　(B) 透過網路轉帳購買來路不明的手機
　　(C) 在網路遊戲中與人組隊共享帳號密碼
　　(D) 確實使用網路安全機制進行加密處理後,才在網路上傳遞檔案或訊息

( ) 13. 對於「零時差攻擊(Zero-Day Attack)」的描述,下列何者正確?
　　(A) 在軟體弱點被發現,但尚未有任何修補方法前所出現的對應攻擊行為
　　(B) 在午夜 12 點(零點)發動攻擊的一種病毒行為
　　(C) 弱點掃描與攻擊發生在同一天的一種攻擊行為
　　(D) 攻擊與修補發生在同一天的一種網路事件

( ) 14. 在網路上發表騷擾或詆毀他人之言論是屬於下列哪一種行為?
　　(A) 網路詐騙　(B) 網路霸凌　(C) 網路交友　(D) 網路成癮

( ) 15. 「Cross-Site Scripting 攻擊」無法達到下列何種行為?
　　(A) 強迫瀏覽者轉址　　　　　　　　(B) 取得網站伺服器控制權
　　(C) 偷取瀏覽者 Cookie　　　　　　(D) 騙取瀏覽者輸入資料

( ) 16. 在網路交易過程中,有所謂公開金鑰(public key)和私密金鑰(private key),下列有關公開金鑰和私密金鑰的敘述,何者**錯誤**?
　　(A) 兩者都是由一連串的數字組成
　　(B) 發送方將資料發送給接收方前,先用接收方的公開金鑰將資料加密
　　(C) 在同一演算法下,金鑰越長,加密的強度就越強
　　(D) 公開金鑰和私密金鑰分別打造,彼此有配對關係

( ) 17. 對於數位簽章的敘述,下列何者**錯誤**?
　　(A) 傳送前透過雜湊函數演算法,將資料先產生訊息摘要
　　(B) 以傳送方的私鑰將訊息摘要進行加密產生簽章,再將文件與簽章同時傳送
　　(C) 收到資料後,使用接收方的公鑰對數位簽章進行運算,再比對訊息摘要驗證簽章的正確性
　　(D) 加密和解密運算,都是使用非對稱式加密演算法

( ) 18. 下列何者最符合「特洛依木馬」惡性程式之特性?
　　(A) 本身不具破壞性也不會自行傳播,卻會竊取重要資訊
　　(B) 會寄生在可執行檔或系統檔上,當執行時便會常駐記憶體內,並感染其他的程式檔案

(C) 當開啟 Microsoft Office 時，會自動啟動某些巨集，藉以危害系統安全

(D) 會透過網路自行散播

( ) 19. 熱門的社交網站因遭怪客攻擊而導致一時無法提供網站服務，你認為怪客應該是用下列何種攻擊手法呢？

(A) 電腦病毒　　　　　　　　　　(B) 阻斷服務攻擊

(C) 特洛伊木馬　　　　　　　　　(D) 字典式攻擊

( ) 20. 有關惡意軟體及網路攻擊的敘述，下列何者**錯誤**？

(A) 網頁惡意程式是利用網頁來破壞的惡意程式碼，它存在於網頁之中，是使用 Script 語言編輯的惡意碼，利用 IE、FireFox 或其他瀏覽器的漏洞來植入惡意程式或木馬，稱之為網頁掛馬攻擊（XSS）

(B) 直接使用鍵盤上面任何可以使用的按鍵，然後依照組合，以 1 個、2 個、3 個…密碼組合的方式去破解你的密碼，稱之為分散式阻斷服務攻擊

(C) 是將字典裡面所查的到的任何單字或片語都輸入的程式中，然後使用該程式一個一個的去嘗試破解你的密碼，稱之為字典攻擊

(D) 在軟體弱點被發現，但尚未有任何修補方法前所出現的對應攻擊行為，稱之為零時差攻擊

解答

1	2	3	4	5	6	7	8	9	10
A	A	D	A	C	D	B	A	C	A

11	12	13	14	15	16	17	18	19	20
D	D	A	B	B	D	C	A	B	B

解析

1. 數位簽章是一種電子安全交易要件，是一項依附於電子文件中，用以辨識及驗證簽署者的身分與電子文件真偽的資訊。

5. 若多台被植入惡性程式集體發動攻擊即為分散式阻斷服務（DDoS），俗稱「殭屍網路」。

8. (B) 是開機型病毒；(C) 是檔案型病毒；(D) 是千面人病毒。（千面人病毒可怕的地方，在於每當它們繁殖一次，就會以不同的病毒碼傳染到別的地方。每一個中毒的檔案中所含的病毒碼都不同，對於掃描固定病毒碼的防毒軟體來說，無疑是一個嚴重的考驗！）

10. (A) SSL 機制不一定要使用信用卡，但 SET 機制客戶端須有實體信用卡才能申請電子錢包以進行交易。

15. 跨站指令攻擊常會暗藏在網頁的 HTML 原始碼中，強迫使用者開啟廣告網頁，進一步騙取使用者輸入資料，或是竊取使用者的 Cookie 隱私資料等；取得網站伺服器控制權則是透過如緩衝區溢位、命令注入或 SQL 注入等技巧的攻擊行為。

19. 在同一期間發送大量且密集的封包至特定網站，迫使該網頁伺服器因為忙於大量封包而導致癱瘓，進而造成網路用戶無法連上該網站，稱為阻斷服務（Denial of Service, DoS）攻擊。

20. (B) 直接使用鍵盤上面任何可以使用的按鍵，然後依照組合，以 1 個、2 個、3 個…密碼組合的方式去破解你的密碼，稱之為暴力攻擊法。

電腦的組成及記憶體

一、電腦的組成

1. 五大單元

    ● Arithmetic Logic Unit, ALU（算術邏輯單元）

    ● Control Unit, CU（控制單元）

    　　　　　　　　　　　　　　　CPU 最主要的兩部份

    ● Memory Unit, MU（記憶單元）——— 資料傳輸之中樞

    ● Input Unit, IU（輸入單元）

    ● Output Unit, OU（輸出單元）

電腦硬體五大單元

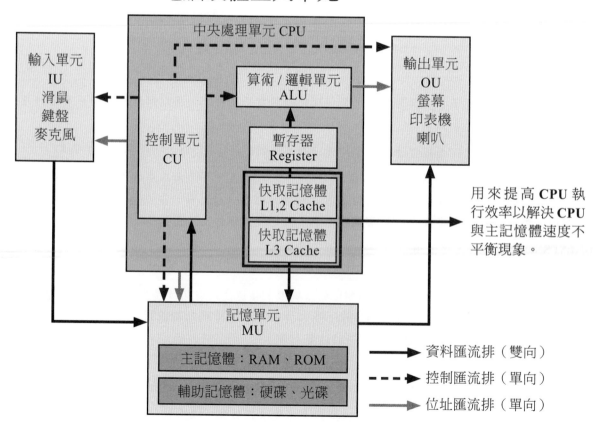

2. CPU（中央處理單元）：包含 CU、ALU、暫存器、快取記憶體（Cache）

   (1) 快取記憶體（Cache）：其功能是提高 CPU 執行效率，以解決 CPU 與主記憶體速度不平衡現象。

   (2) 八核心（Dual core）：是指將八個微處理器核心整合在同一顆晶片上（而非指擁有八顆 CPU），藉由八個核心協同運作來提高處理效能與多工能力即平行處理。

   (3) H.T 技術（超執行緒）：將一顆 CPU 模擬成 2 顆 CPU，八核心＋H.T＝16 個執行緒。

   (4) 管線技術（Pipeline）：讓不同的 instruction 能同時重疊起來執行，其目的在節省時間。

3. 電腦匯流排（BUS）連接個人電腦內部硬體之 I/O、CPU 與 MU，為 0 或 1 的並排導線，依傳遞的內容分為：

依傳遞內容 Bus 名稱	傳輸方向	相關考型
(1) 資料匯流排	雙向	X 位元電腦＝X 位元 CPU＝X 位元（條）資料線 ＝ WORD 為 X 位元
(2) 位址匯流排	單向	選擇正確裝置 N 位元（條）址線＝2^NByte 決定記憶體定址的大小
(3) 控制匯流排	單向	負責控制信號之傳送，有 M 位元決定 2^M 個控制指令

延伸

學習

- 位址（address）：指電腦主記憶體中資料存放的位置編號。
- 將 CPU 與其他設備（如 RAM）間的專用資料匯流排稱為（前端匯流排，FSB），其工作的時脈頻率愈高也會間接提升 CPU 效能。
- CPU 時脈頻率即內頻＝外頻 × 倍頻，例如：3.2GHz 即內頻 3200MHz＝外頻 800MHz × 4 倍。

4. 影響 CPU 速度因素、電腦效能，其原因如下：

   (1) CPU 時脈頻率 MHz/GHz

   (2) MIPS（指令數）/MFLOPS（浮點運算數）

   (3) 資料匯流排位元數（如 64 bits）

   (4) CPU 採用指令集：RISC（精簡指令較快），應用在 MAC、ARM、Power PC/ CISC（複雜指令較慢），應用在 IBM PC

   (5) 採用專門指令集：多媒體延伸指令（MMX）、3D Now!、SSE

   (6) 使用平行處理架構如多核心或多 CPU 同時處理多程式

   (7) 內部快取記憶體 Cache

5. 指令週期（機器週期）＝指令提取週期＋執行週期

   (1) 提取運算子（取指令）
   (2) 指令解碼（分析指令）

   (3) 提取運算元（資料）
   (4) 執行並存回結果

6. Register（暫存器）：內建在 CPU 中的記憶體，速度最快，用來暫時存放處理中的指令、資料、位址等，通常由 SRAM 所組成。

 (1) 程式計數器：存放即將（下一個）要執行指令碼的位址

 (2) 指令暫存器：存放正在執行的指令碼（運算碼）

 (3) 指令格式包含 2 部份：運算碼（指令）＋運算元（資料）的位址

 (4) 旗標暫存器：存放執行的狀態（進位、溢位）

 (5) 一般暫存器：存放執行的中間結果

 (6) 線性資料結構：

 - STACK（堆疊）即先進後出，處理中斷、副程式及遞迴呼叫

 - QUEUE（佇列）即先進先出，OS 行程管理、工作排程中的 FCFS（先到先做）

二、電腦的記憶體

1. 記憶體層次：速度由快到慢

CPU 內部		主記憶體	輔助記憶體

Register > L1 > L2 > L3 Cache > DRAM（動態 RAM）> SSD > HDD > BD > DVD > CD > FD

| 暫存器 | 快取記憶體
SRAM（靜態 RAM） | SDRAM（168 接腳）
DDR SDRAM（184 接腳）
DDR2~3 SDRAM（240 接腳）
DDR4 SDRAM（288 接腳） | 固態 > 硬碟 | 光碟 | 軟碟 |

同步 DRAM

2. RAM vs ROM 之比較

RAM=Random Access Memory		ROM=Read Only Memory
(1) 隨機存取記憶體 (2) 電源關閉→資料消失（揮發性） (3) 可存可取：用來儲存使用者資料、程式，任何要執行的程式必先載入 RAM 中，同時，也是病毒入侵的管道。		(1) 唯讀記憶體 (2) 電源關閉→資料不會消失 (3) 不可存可讀：儲存系統資料、程式，例用 ROM-BIOS（韌體）
(4) 種類： **DRAM**（動態）	(4) 種類： **SRAM**（靜態）	(4) 種類：Mask ROM（無法更改）
Dynamic RAM a. 元件：電容 b. 會漏電→要充電 c. 需 **Refresh**（更新） d. 速度較慢 e. IC 內容量較大用來當「主記憶體」	Static RAM a. 元件：正反器 b. 不會漏電 c. 不需 Refresh d. 速度較快 e. IC 內容量較小用來當「快取記憶體」	A. PROM（P 表示可程式化，只能修改 1 次） B. EPROM（E 表示可抹除，可用多次） C. EEPROM（E 表示用 +5V 電子式存取） D. Flash ROM 的特性如 EEPROM，具 RAM 與 ROM 的優點 　(a) 應用在數位相機記憶卡、PDA、手機等記憶卡，如 CF、SD、XD、MMC 等。 　(b) SSD 固態硬碟。 　(c) 主機板上的 BIOS ROM。 　(d) iPhone 手機、iPAD 平板的儲存空間。

延伸

學習

(1) 個人電腦用動態 **DRAM** 當主記憶體，例如：DDR4 **SDRAM** 8GB

(2) 個人電腦用靜態 **SRAM** 當快取記憶體，例如：CPU 內 L3Cache（第 3 階快取）12MB

(3) 基本輸入輸出系統（Basic Input Output System, BIOS）：是載入在電腦硬體系統上的最基本的軟體程式碼，主要功能有：

　A. 開機自我測試程式（Power On self Test）：檢查 CPU 及各控制器之狀態是否正常

　B. 初始化動作：針對記憶體、主機的晶片組、顯示卡及周邊裝置做初始化動作

　C. 讀取互補金屬氧化半導體（CMOS）所記錄系統設定值：提供各元件的基本設定，如記錄硬體型號及大小、設定由硬碟開機、設定系統時間

　D. 儲存於 **Flash ROM** 可線上更新 BIOS

(4) 互補金屬氧化半導體（CMOS RAM）：一般開機時按 DEL 或 F2 或 F4 進行設定記錄硬體資訊，可儲存系統時間和日期、磁碟機的個數和容量、開機碟優先順序等，屬 RAM 的一種，靠主機板上的電池供系統時鐘運作。亦可當數位相機的感光元件（鏡頭）

Quiz
&Ans

( ) 1. 中央處理器（CPU）在執行指令時，運作的先後步驟依序為：
(A) 提取指令運算碼→解碼指令→提取指令運算元→執行指令→回存結果
(B) 提取指令運算碼→提取指令運算元→執行指令→解碼指令→回存結果
(C) 提取運算元→提取指令運算碼→解碼指令→回存結果→執行指令
(D) 解碼指令→提取指令運算碼→提取指令運算元→執行指令→回存結果

( ) 2. 一般智慧型手機或平板電腦中的螢幕可以顯示外，還可以用點選輸入資料，以電腦的架構來看是結合了哪兩項重要單元？
(A) 輸出與輸入單元 　　　　　　　　(B) 記憶單元與算術 / 邏輯單元
(C) 記憶單元與控制單元 　　　　　　(D) 控制單元與算術 / 邏輯單元

( ) 3. 某一種使用單位址指令的電腦，其指令結構只有二個欄位：運算碼和位址碼，每一指令佔用 40 bits，若此電腦之指令組共有 4000 種運算，而指令是使用直接定址模式，則可定址的記憶體空間大小（單位：byte）最接近於：
(A) 256M 　　　　　　　　　　　　　(B) 8 G
(C) 16 G 　　　　　　　　　　　　　(D) 8 T

( ) 4. 下列何者是常用來衡量 CPU 效能的指標？
(A) 1TB SSD 　　　　　　　　　　　(B) 16B DRAM
(C) 800 MIPS 　　　　　　　　　　　(D) 200Mbps

( ) 5. 有一段程式專門用來分析 CPU 型號、測試記憶體大小、設定 CMOS 內容，則此段程式通常存放在何處？
(A) 硬碟 　　　　　　　　　　　　　(B) 光碟
(C) 隨機存取記憶體（RAM） 　　　　(D) 唯讀記憶體（ROM）

( ) 6. 下列哪一種匯流排的結構屬於雙向？
    (A) 系統匯流排   (B) 位址匯流排
    (C) 資料匯流排   (D) 控制匯流排

( ) 7. 有關匯流排的敘述，下列何者**錯誤**？
    (A) 資料匯流排是各單元間用來傳送資料的管道
    (B) 64 位元的 CPU 一次最多能處理 64 位元的資料
    (C) 微處理機的匯流排可分為資料、位址及控制等 3 種匯流排
    (D) 若位址匯流排有 36 條，表示 CPU 最大可定址空間為 36 GB

( ) 8. 電競筆電 CPU 為 Intel Core i9，其規格為：時脈速度：3.60~4.50 GHz、快取記憶體：24.0 MB、核心 / 執行緒：8/16，有關 CPU 規格的敘述，下列何者**錯誤**？
    (A) 規格中 4.5GHz 是指 CPU 的最高工作頻率為 4500MHz
    (B) 它有 8 個獨立的實體運算核心
    (C) 快取記憶體 24.0 MB 是指 L3 Cache memory
    (D) 最多同時執行 16 個程式

( ) 9. 健保卡內記錄著個人的基本資料、何時就醫、到哪家醫院（或診所）就醫。醫師開了哪些藥物等，請問健保卡最可能利用下列哪一種元件來儲存資料？
    (A) RFID   (B) Flash memory
    (C) Cache memory   (D) DDR4 SDRAM

( ) 10. 微處理機依指令的多寡分為複雜指令集（CISC）及精簡指令集（RISC）兩大類，下列敘述何者**錯誤**？
    (A) RISC 內建指令數目較少，較容易最佳化，執行速度較快
    (B) CISC 指令較多編寫組合語言程式較容易
    (C) Intel 公司的 CPU 大多採用 RISC 用在桌機及筆電
    (D) RISC 目前以開發行動裝置使用的 ARM CPU

( ) 11. 關於快取記憶體的敘述，下列何者**錯誤**？
    (A) 製作元件為 SRAM
    (B) 存取速度比，L1<L2<L3
    (C) 位於 CPU 與主記體間，用來提高 CPU 執行效率以解決 CPU 與主記憶體速度不平衡現象
    (D) 運用在 BIOS ROM

( ) 12. 下列何種設備的儲存裝置與其他三者不同？
    (A) USB 隨身姆指碟   (B) 快取記憶體
    (C) 固態碟 SSD   (D) 記憶卡 SD

( ) 13. 有關個人電腦記憶單元的敘述，下列何者正確？
    (A) 快取記憶體適合用來儲存 BIOS 程式
    (B) SSD 是一種隨機存取記憶體
    (C) DDR4 SDRAM 可作為快取記憶體
    (D) BD 燒錄機無法讀寫 CD-R、DVD-R 光碟片

( ) 14. 下列何者不是用以表示電腦設備的速度？
    (A) GHz   (B) RPM
    (C) bps   (D) TBytes

( ) 15. 如果利用輸入設備將程式與資料送入電腦中，請問電腦會先將該程式資料送往哪一個單元？
    (A) 算術邏輯單元   (B) 記憶單元
    (C) 控制單元   (D) 輸出單元

( ) 16. 有關 64 位元個人電腦的敘述，下列何者**錯誤**？
    (A) CPU 的字組（Word）長度為 8 位元組   (B) CPU 的 I/O 線數有 64 條
    (C) CPU 的資料匯流排為 64 條   (D) CPU 一次可以處理 64 位元的資料

( ) 17. 某部電腦的控制匯流排有 8 位元、資料匯流排有 64 位元、位址匯流排有 32 位元，下列敘述何者正確？
    (A) 若要傳送 CPU 讀取 SATA 硬碟的訊號可由位址匯流排負責傳送
    (B) 可定址的最大記憶體空間為 32 GB
    (C) 這部電腦可以有 256 種控制訊號
    (D) WORD 長度為 4 Bytes

( ) 18. 有關 CPU 的敘述，下列何者**錯誤**？
    (A) 暫存器內建在 CPU 中
    (B) 算術邏輯單元（ALU）與控制單元（CU）合稱為 CPU
    (C) CPU 的快取記憶體是用來存放常用的資料或指令，當電源關閉時，儲存其內的資料不會消失
    (D) 一般來說，時脈頻率越高、核心數越多，CPU 運算速度越快

( ) 19. 有關電腦硬體的敘述，下列何者**錯誤**？
    (A) 中央處理單元的英文簡稱為 CPU
    (B) 指令的解碼動作由算術邏輯單元負責
    (C) 八核心 CPU 將八個獨立處理器封裝在一個單一積體電路（IC）中
    (D) 指令或資料儲存在記憶單元

( ) 20. 若一個 CPU 可定址的記憶體為 4 GB，可控制 4 種信號（讀、寫、中斷及重置），一次讀寫的字組（word）為 8 Bytes，在不考慮特殊狀況下，請問這個 CPU 的位址匯流排、控制匯流排、資料匯流排的位元數總和為多少？
    (A) 78 位元   (B) 88 位元
    (C) 98 位元   (D) 108 位元

💡 解答

1	2	3	4	5	6	7	8	9	10
A	A	A	C	D	C	D	D	B	C

11	12	13	14	15	16	17	18	19	20
B	B	B	D	B	B	C	C	B	C

📄 解析

1. (1) 提取運算子（取指令）→ (2) 指令解碼（分析指令）→ (3) 提取運算元（資料）→ (4) 執行並存回結果

3. $2^n \geq 4000$, $n = 12$

    40 bits - 12 bits = 28 bits

    2^{28} Bytes = $2^8 \times 2^{20}$ Byte = 256 MByte

6. 位址與控制匯流排：單向；資料匯流排：雙向。

10. Intel 採用 CISC。一般個人用之 x86 系列電腦屬於 CISC 架構；Apple 電腦或 Mac 電腦系列屬於 RISC 架構。

12. 快取記憶體的元件為：SRAM；其餘三者為 FLASH ROM。

13. SSD 是一 Flash ROM。

14. GHz：表 CPU 的速度。RPM：表傳統硬碟的速度。bps：表網路的速度。TB：表電腦儲存容量的單位。

17. (A) 由控制匯流排負責傳送

    (B) 位址匯流排有 32 位元，可定址 4 GB

    (C) 因為控制匯流排有 8 位元，所以 $2^8 = 256$

    (D) 資料匯流排有 64 位元，所以字組長度為 64/8 = 8 Bytes

18. 快取記憶體，當電源關閉時，資料會消失。

19. 指令的解碼動作由控制單元負責。

20. 4GB = GB → MB → KB → Byte = $4 \times 2^{30} = 2^2 \times 2^{30} = 2^{32}$

    控制 4 種信號 $= 2^2$

    字組（word）為 8 Bytes = $8 \times 8 = 64$ bits

    所以 32 + 2 + 64 = 98 bits

電腦主機 I/O 埠與零組件

一、電腦的主機背面 I/O 埠

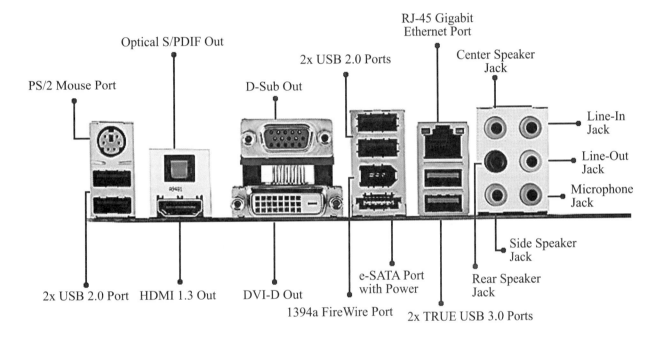

二、電腦的零組件

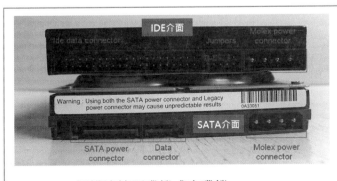

1. E-IDE 插槽連接硬碟機或光碟機
2. 目前已被 SATA 介面取代

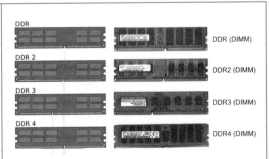

1. DDR3 SDRAM（240pin）：動態同步隨機存取記憶體
2. DDR4 SDRAM（288pin）：動態同步隨機存取記憶體

1. 圖為 PCI 擴充槽可插乙太網路卡、音效卡
2. 目前已被 PCI Express 取代，此介面可用來連接顯示卡、網路卡等。

1. 圖為繪圖顯示卡有 VGA 或 D_Sub（類比）及 DVI（數位）連接埠。
2. 目前主流是 HDMI、Display port

1. 圖為 PCI Express，其傳輸方式為串（序）列傳輸
2. 較長的為 PCI E×16 插顯示卡
3. 較短的為 PCI E×1 插網路、音效卡
4. AGP 採並列傳輸，顯示卡專用

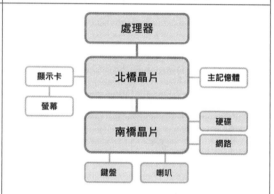

1. 為北橋晶片，與 CPU 之間有 FSB（前端匯流排，管 RAM 及 AGP 等高速裝置
2. 另一管為南橋晶片負責 I/O 介面、PCI、等介面。

1. 此為印表機連結埠 LPT 埠（並列埠）傳輸線，共 25 針
2. 一般接印表機、掃瞄器，目前已被 USB 取代

1. 此為 COM 埠（串列埠）傳輸線，共 9 針
2. 一般接滑鼠或窄頻數據機，目前已淘汰

1. 此為 PS/2 連接埠傳輸線，共 6 針
2. 一般接滑鼠、鍵盤

1. 此為 USB 傳輸線，4 針，最多串接 127 設備
2. USB3.1 速度為 10 Gbps 採串列傳輸
3. 支援隨插即用 PnP、Hot Swap（熱插拔）及可充電

 為 100 Base T 雙絞線，其接頭為 RJ-45	 1. 滑鼠可接 PS2、USB、COM 2. 無線滑鼠可透過藍牙、2.4GHz
 1. D_SUB 埠，類比訊號 2. 連接螢幕或投影機，為 15 針	 1. Serial ATA=SATA 數位訊號 2. 目前主流連接 SSD 或 HDD，為 7 針
 1. HDMI 為高解析數位多媒體介面，可傳輸音訊及視訊 2. Full HD 高畫質電視解析度： 　 1920×1080p，p= Progressive 循序掃描 　 1920×1080i，i= Interlace 交錯掃描 3. D-Sub、DVI 與 HDMI 皆可與螢幕相連接，但無法提供電力。	 內接式硬碟機、光碟機透過排線可接 SATA、E-IDE、SCSI 介面
 外接式掃瞄器、軟碟機、隨身碟通常可接 USB、eSATA（無法供電）	 1. 印表機可接 USB、RJ-45、LPT 2. 無線印表機可接 Wi-Fi、藍牙
 Thunderbolt I/O 1. 由英特爾與 Apple 公司共同研發的連接器標準 2. Mini DisplayPort 介面外形 3. 雙向 10Gb/s 傳輸數據 4. Thunderbolt 3，速度翻倍到 40Gb/s，以對抗最新版 USB 3.1（10Gb/s）。 5. 可連接外接式螢幕、螢幕及外接式硬碟。	 1. 此為 IEEE 1394 傳輸線，最多串接 63 設備。 2. 1394b 最快速度為 800Mbps 採串列傳輸，支援 PnP、Hot Swap（熱插拔）、可充電

USB Type-C 的特性如下：

1. Type-C 具電源充電能力。
2. 支援正反面都可插入。
3. 適用於平板電腦、智慧型手機等輕薄型行動載具。

Type-A　　　Type-B　　　Micro-B　　　Type-C

三、輸出入連接

連接埠規格	連接設備	補充重點
串列＝序列埠 serial port	**COM1 及 COM2** 可接滑鼠及數據機	1. 使用標準序列介面即 RS-232 2. 支援 25 針與 9 針接頭
並列＝平行埠 parallel port	**LPT** port 通常接印表機	為 25 針接頭，目前已發展出雙向傳輸的 ECP/EPP 規格
PS/2	用於連接 PS/2 規格的滑鼠及鍵盤	目前最常用
通用序列匯流排 **USB3.0 比 USB2.0** 傳輸速度快 **10** 倍 TYPE C 接頭 正反皆可插	1. USB 2.0 速率 480Mbit/s=60 MByte/ 秒 　USB 3.0 速率 = 5Gbps 　USB 3.1 速率 = 10Gbps 2. 最多可串接 127 個周邊設備 3. 支援隨插即用及熱插拔功能，可充電	1. 英文為 Universal Serial Bus 2. 目前大部份周邊皆支援但螢幕不支援
IEEE 1394 =firewire=i-link 1394a=400Mbps 1394b=800Mbps	1. 傳輸速率快，用在高速周邊傳輸介面，例如 DV 數位攝影機 2. 最多可串接 63 個周邊設備 3. 支援隨插即用及熱插拔功能，可充電	1. 接頭不相容於 USB 2. 採序列傳輸
音效卡 S/PDIF 是一種數位音訊輸出傳輸介面	1. spk out（speaker out 即接喇叭） 2. mic in（接麥克風輸入） 3. line in（接音效輸入）	1. 可插 PCI 擴充槽（並列傳輸） 2. 最新插 PCI Express×1（串列傳輸）

連接埠規格	連接設備	補充重點
eSATA 外接式的 SATA 速度達 600MB／秒	1. 傳輸速率快，用在高速周邊傳輸介面，例如外接式固態硬碟、藍光燒錄機 2. 最多可串接 1 個周邊設備 3. 支援隨插即用及熱插拔功能，不可充電	
Thunderbolt：10 Gbps Thunderbolt2：20 Gbps Thunderbolt3：40 Gbps	1. 是由英特爾與 Apple 公司共同研發 2. 可連接外接式螢幕、螢幕及外接式硬碟。 3. 具熱插拔、隨插即用、串接多台設備、提供周邊設備電力等。	採用兩種通訊協定，包括用在資料傳輸的 PCI Express，及顯示的 DisplayPort

I/O 連接埠（由快到慢）

Thunderbolt 3（提供電力）（40 Gbps）> **Thunderbolt 2**（提供電力）（20 Gbps）> **USB 3.1**（提供電力）（1.25GB/s=10 Gbps）> **DisplayPort**（1350MB/s）> **HDMI**（1275MB/s）> **Thunderbolt**（提供電力）（10 Gbps）> **USB3.0**（提供電力）（625MB/s=5 Gbps）> **eSTAT**（300MB/s）> **IEEE1394b**（提供電力）（800Mb/s）> **USB2.0**（提供電力）（60MB/s=480 Mbps）> **1394a**（提供電力）（400Mb/s）> **LPT**（1.5MB/s）> **PS/2**（1.5MB/s）

Quiz &Ans

(　　) 1. 下列哪一種介面不適合與電腦螢幕相連接？
   (A) D-Sub   (B) HDMI
   (C) DVI   (D) IDE

(　　) 2. 在電腦背面出現如圖所示之連接孔，請問此連接孔應與何種設備連接？
   (A) DVI 螢幕   (B) HDMI 螢幕
   (C) SCSI 印表機   (D) SATA 外接硬碟

(　　) 3. 下列何種 I/O 連接埠介面是使用並列的傳輸方式？
   (A) LPT   (B) USB
   (C) HDMI   (D) IEEE1394

(　　) 4. 有關個人電腦主機板上 I/O 擴充槽的敘述，下列何者正確？
   (A) 支援熱插拔   (B) 支援隨插即用的功能
   (C) 用來安插介面卡   (D) 用來安插主記憶體

( ) 5. 有關電腦的 HDMI 連接埠的敘述，下列何者正確？
(A) 只能傳輸壓縮後的動態影片訊號
(B) 主機可透過 HDMI 連接埠連到 LCD 螢幕
(C) 可以用來連接滑鼠、鍵盤
(D) 常使用 ●⟨⟩ 圖示來代表

( ) 6. 下列哪一種周邊介面提供隨插即用（Plug & play）與熱插拔的功能？
(A) AGP   (B) USB
(C) PCI   (D) IDE

( ) 7. 主機板中的那些介面插槽，需要使用排線才能連結其他元件（如硬碟、光碟等）？
(A) IDE、SATA   (B) IDE、PCI
(C) PCI、PCI-E   (D) PCI、SCSI

( ) 8. 有關 HDMI 的敘述，下列何者**錯誤**？
(A) 屬於電腦主機的輸入 / 輸出埠的一種   (B) 可用於連接數位電視機
(C) 可用來傳送未經壓縮的音頻信號   (D) 無法用來傳送未經壓縮的影像信號

( ) 9. 有關個人電腦 I/O 連接埠的說明，下列何者最適當？
(A) DVI 是序列傳輸介面，可用於個人電腦、數位音響與電視遊樂器
(B) Thunderbolt 介面可連接螢幕與滑鼠
(C) 下圖中，由左而右依序為 HDMI、D-Sub、DVI 介面

(D) HDMI 介面只可傳送視訊

( ) 10. 有關主機板的敘述，下列何者正確？
(A) SATA 可連接硬碟，傳輸速度比 IDE 更佳，且一個連接埠（Port）可以連接 1 個裝置
(B) PCI Express x16 可用來連接顯示卡，傳輸速度比 AGP 差
(C) USB Port 可以連接印表機，取代 COM Port
(D) 南橋晶片負責主機板上高速裝置的控制，目前技術可整合至 CPU 內部

( ) 11. 豪叔叔購置了一台電腦，請問下列哪一組 I/O Port 連接的周邊設備**錯誤**？
(A) USB：連接滑鼠   (B) HDMI：連接 Smart TV
(C) eSATA：連接外接式硬碟   (D) S/PDIF：連接 ADSL 數據機

( ) 12. 圖（一）是哪一種設備連接埠規格？
(A) USB
(B) HDMI
(C) Thunderbolt
(D) USB Type-C

圖（一）

( ) 13. 有關個人電腦連接埠的用途，下列敘述何者正確？
  (A) HDMI 用來連接搖桿
  (B) USB 用來連接無線網卡
  (C) IEEE 1394 用來連接印表機
  (D) RJ-45 用來連接外接式硬碟

( ) 14. 下列何項電腦的傳輸介面、連接埠只能連接輸入單元（IU）？
  (A) HDMI
  (B) USB
  (C) RJ-45
  (D) PS/2

( ) 15. 王教授的筆記型電腦其介面只有 D-Sub 介面，無 HDMI 介面，請問他只能接下面哪一個連接埠來連接他的筆電？
  (A)
  (B)
  (C)
  (D)

( ) 16. 下列哪一種周邊介面提供隨插即用（Plug & play）、熱插拔且有供電的功能？
  (A) DisplayPort
  (B) HDMI
  (C) Thunderbolt
  (D) SATA

( ) 17. 現在市售的 SSD 硬碟不支援哪種連接介面？
  (A) SATA
  (B) M.2
  (C) HDMI
  (D) PCIe

( ) 18. 下列哪一個不是滑鼠的連接介面？
  (A) USB
  (B) IDE
  (C) PS2
  (D) COM

( ) 19. 電腦主機板上的擴充插槽可以插上介面卡，請問下列哪一種介面卡主要是用來將聲音訊號傳送至喇叭？
  (A) 顯示卡
  (B) 網路卡
  (C) 數據卡
  (D) 音效卡

( ) 20. 顯示器可利用多種介面與電腦主機上的顯示卡連接，請問下列何者不是顯示卡的連接埠？
  (A) Thunderbolt
  (B) HDMI
  (C) DVI
  (D) PS/2

解答

1	2	3	4	5	6	7	8	9	10
D	A	A	C	B	B	A	D	C	A

11	12	13	14	15	16	17	18	19	20
D	D	B	D	B	C	C	B	D	D

解析

11. S/PDIF：由 Sony 和 Philips 公司共同制定的數位音訊傳輸介面。

13. (A) HDMI 傳輸影像及聲音，可用於連接電腦、機上盒、數位音響、電視機等設備

(C) 可能使用 IEEE 1394 介面的有 DV、外接式裝置（硬碟、光碟、讀卡機等）、數位影音播放器（iPod）及某些工業或軍用設備

(D) RJ-45 連接網路線（嚴格來說 RJ-45 為誤用，正確名稱應為 8P8C 連接埠）

16. 可供電、隨插即用及熱插拔：IEEE 1394、Thunderbolt、USB。

17. SSD 有 SATA、mSATA、PCIe 和 M.2 四種介面。

20. 除 PS/2 外，其餘三者皆可連接電腦的顯示器。

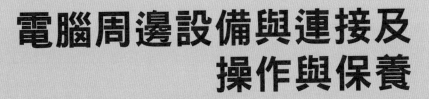

電腦周邊設備與連接及操作與保養

11 考前衝刺

一、周邊設備之考型

1. 鍵盤僅為輸入設備、雷射印表機可為輸出裝置

2. 硬碟機、事務機、MODEM、觸控式螢幕可為輸入可為輸出設備

3. 媒體 ──────────→ 設備
   條碼（輸入媒體）　　　　條碼閱讀機（輸入設備）
   光碟燒錄片　　　　　　　光碟燒錄機

一維條碼	二維條碼	行動條碼（QR Code）
Wikipedia		
一維條碼的寬度記載着數據，而其長度沒有記載數據。 例如：書的 ISBN、7-11 商品條碼	二維條碼的長度、寬度均記載着數據，有「定位點」和「容錯機制」[例] 報稅資料印在二維條碼	1. QR 碼即行動條碼為二維條碼。 2. 用手機拍照透過程式即可連上相關產品介紹及網站。

二、介面（Interface）

1. 介面的功能：緩衝速度、密碼轉換、模式轉換（串 → 並）、訊號轉換（數位 → 類比）

2. MODEM、音效卡、顯示卡是用來轉換數位訊號與類比訊號的介面

3. 插槽介面由快到慢：**PCI Express** > **AGP** > **PCI** > ISA（已淘汰）
   　　　　　　　　　　序列　　　並列（差異在於資料匯流排的多寡）

三、常用周邊設備

	OCR（光學字元閱讀機）	OMR（光學記號閱讀機）	MICR（磁性墨水字元閱讀機）
光學設備	可當文字辨識將掃描圖片辨識轉換成文字	利用鉛筆或藍、黑原子筆在預先設計好的表格或欄位上勾選或填寫答案，再經由 OMR 讀取後，將這些欄位轉換為資料儲存於電腦中。除用於考試外，樂透的選號投注、問卷調查等也常使用 OMR	用於銀行辨識支票上的墨水符號
螢幕	1. 介面：AGP，PCI Express x16。 2. 尺寸：指螢幕的對角線長度。 3. 螢幕的類別： 　　A. 傳統螢幕（CRT）：耗電、有幅射、點距為 0.25mm。 　　B. 液晶螢幕（LCD）：靠背光，輕薄、省電。 　　C. 有機發光二極體（OLED）：會自發光，曲面螢幕，更輕薄、低耗電。 4. 連結埠 　　A. 類比接頭：D_SUB 有 15 針（只能傳送影像，不能傳送聲音） 　　B. 數位接頭：DVI（只能傳送影像）、HDMI：較不失真（可傳送影像和聲音）		
印表機	1. 傳輸方式：採用並列埠 = 平行埠 =LPT1 接頭或 USB（序列埠）。 2. 類別： 　　A. 撞擊式－點距陣式 　　　(A) 耗材：色帶。 　　　(B) 列印速度：CPS（字 / 秒），LPS（列 / 秒）。 　　　(C) 特性：可複印三聯單收據。 　　B. 非撞擊式－噴墨式 　　　(A) 耗材：墨水閘。 　　　(B) 列印速度：PPM（頁 / 分）。 　　　(C) 特性：熱昇華，墨水閘，轉印紙、彩色列印、防水佳，不可複印。 　　C. 非撞擊式－雷射式 　　　(A) 耗材：碳粉閘。 　　　(B) 列印速度：PPM（頁 / 分）。 　　　(C) 特性：速度，不可複印。		
事務機	具列印、掃描、影印、傳真、讀卡等多項功能		
數位相機	1. 感光元件：CCD 或 CMOS，尺寸大小以是決定畫素多寡。 2. 鏡頭的種類： 　　A. 光學變焦是改變鏡頭焦距而產生拉近或拉遠效果，不會失真。 　　B. 數位變焦是以軟體計算方式直接放大或縮小擷取的影像，會失真。 3. 儲存裝置：採 Flash ROM（快閃）記憶卡，如 MS（Sony 專用）、SD、mini SD、MMC、CF（厚）。 4. 傳輸方式：利用 USB、藍牙將照片傳輸至電腦。		

解析度名稱	水平 x 垂直像素	其他名稱	設備
8K	7,680×4,320	沒有	概念電視
「電影」4K	4,096×2,160	4K	投影機
UHD（電視的 4K）	3,840×2,160	4K	電視機
WUXGA	1,920×1,200	寬屏超擴展圖形陣列	監視器、投影機
1080p	1,920×1,080	全高清、FHD、HD、高清晰度	電視、監視器
720p	1,280×720	高清、高清晰度	電視機

四、硬體常用單位整理

~PM（~/ 分）	~PS（~/ 秒）	~PI（~/Inch 英吋）
PPM：印表機列印速度（頁數） LPM：印表機列印速度（行數） RPM：硬碟的轉速	**BPS**：通訊設備的傳輸速度 CPS：印表機列印的速度（字元） FPS：影片每秒的顯示畫格 LPS：印表機列印的速度（行數） **IPS**：**CPU** 每秒執行的速度（指令） FLOPS：同上（浮點運算）	BPI：磁帶的儲存密度（位元組） CPI：磁帶的儲存密度（字元） TPI：磁碟的儲存密度（磁軌） **DPI**：印表機列印的品質（點數） PPI：螢幕顯示的品質（像素）

Quiz & Ans

(　) 1. 下列何者不是 QR Code 的特色？
 (A) 有三個角落會有類似「回」字的圖案
 (B) 能以多種方向掃描，資料皆可正確被讀取
 (C) 有容錯能力
 (D) 必須使用 RFID 感應器（Reader）讀取

(　) 2. 你購買相機時希望可以輸出大張的相片，購買時應特別注意哪一個規格？
 (A) 光圈大小 　　　　　　　　(B) 像素多寡
 (C) 電池大小 　　　　　　　　(D) 是否有數位變焦

(　) 3. 下列哪一種裝置較不適合透過 USB 介面傳輸？
 (A) 螢幕 　　　　　　　　　　(B) 硬碟
 (C) 滑鼠 　　　　　　　　　　(D) 鍵盤

(　) 4. 有關 DVD-RW 光碟機的敘述，下列何者**錯誤**？
 (A) 能備份硬式磁碟機中的資料 　(B) 能觀賞 DVD 影片
 (C) 可將資料儲存在 DVD 的光碟片中 　(D) 只能讀取，不能寫入

( ) 5. 某 PCHOME 電腦賣場正在促銷某一款印表機，上面的規格中標示著 20 PPM，其意義為何？
(A) 每秒鐘傳遞 20 MBytes 的列印資料
(B) 每分鐘列印 20 頁
(C) 每吋列印 20 個點
(D) 印表機的記憶體容量為 20 MBytes

( ) 6. 使用 20 PPM 的雷射印表機列印 80 張單面 A4 的報告，需耗時多久？
(A) 120 秒
(B) 180 秒
(C) 200 秒
(D) 240 秒

( ) 7. 7-11 產品上常看到有黑白條紋相間的標示，結帳時店員掃描這些標示後就可以知道其產品價格，請問這些標示是什麼？
(A) QR Code
(B) POS
(C) RFID
(D) Bar Code

( ) 8. 所謂 4K 的數位式電視機，其解析度為多少？
(A) 720×480
(B) 1280×720
(C) 1920×1080
(D) 4096×2160

( ) 9. 下列何者非數位相機解析度所使用的感光元件？
(A) CCD
(B) OLED
(C) CMOS
(D) Super CCD

( ) 10. 下列哪一種條碼系統專門是給手機、平板電腦掃瞄，資訊可以有文字、LOGO 或網址？
(A) ISDN Code
(B) Bar Code
(C) Huffman Code
(D) QR Code

( ) 11. 有關顯示器的說明，下列何者正確？
(A) PDP 顯示器是指由液晶製成的顯示器
(B) OLED 顯示器是指由有機發光二極體製成的顯示器
(C) CRT 顯示器是指由電漿製成的顯示器
(D) LCD 顯示器是指由發光二極體製成的顯示器

( ) 12. 阿財買了一台數位 LED 液晶顯示器，請問該顯示器的訊號線（介面）不可能是下列哪一種規格？
(A) IEEE 1394b
(B) Thunderbolt
(C) HDMI
(D) DisplayPort

( ) 13. 大師兄在購物網站買了一台多功能事務機，請問這台多功能事務機的連接埠不可能為下列何者？
(A) USB
(B) RJ-45
(C) Wi-Fi
(D) SATA

( ) 14. 有關電腦周邊設備，下列敘述何者正確？
(A) 藍光 BD 單面單層的容量可達 4.7 GB，且速度比 DVD 快
(B) 3D Printer 可將材料以層層相疊的方式堆疊出物品，常用來列印模型、工具
(C) 彩色雷射印表機採用減色法混色，因此列印的作品與使用加色法的電腦螢幕之間易沒有色差
(D) 電腦螢幕的反應時間愈短，產生殘影的機會愈大

(　) 15. 有關電腦操作與保養的敘述，下列何者**錯誤**？
 　　(A) 螢幕應維持在視線俯角 15~25 度之間
 　　(B) 長時間操作電腦可能造成腕隧道症候群，應改用無線滑鼠改善症狀
 　　(C) 硬碟的讀寫頭不適合自行拆開清潔
 　　(D) 裝置印表機的碳粉匣前，可先搖動碳粉匣使其均勻

(　) 16. 請問 8K 電視的解析度是 4K 電視的幾倍 ？
 　　(A) 2 倍 　　　　　　　　　　　　(B) 4 倍
 　　(C) 8 倍 　　　　　　　　　　　　(D) 16 倍

(　) 17. 有關 LCD（液晶顯示器）規格的描述，下列何者正確？
 　　(A) 螢幕大小 40 吋是指可視區域的左右寬度
 　　(B) 反應時間 5 ms 是指畫面閃爍一次所需時間
 　　(C) 對比是顏色彩度的比較，對比值越高畫質越好
 　　(D) 4K 的解析度為 3840×2160 ，解析度越高佔用的系統資源也越多

(　) 18. 下列哪一傳輸規格不是採用串列傳輸模式？
 　　(A) USB 　　　　　　　　　　　　(B) SCSI
 　　(C) SATA 　　　　　　　　　　　　(D) HDMI

(　) 19. 關於螢幕的敘述，下列哪一個是**錯誤**？
 　　(A) 螢幕解析度為 4K 解析度，比 2K 解析度螢幕畫質更好
 　　(B) 螢幕提供 HDMI、D-Sub、DVI 等接頭連接電腦，以輸出影像
 　　(C) 螢幕對比值愈高，螢幕色彩愈鮮豔
 　　(D) 該螢幕大小為 42 吋，是以水平長度來測量

(　) 20. 下列那一個選項內的 3C 產品設備兼具輸入與輸出功能，請問下列選項中何者符合要求？
 　　(A) 耳麥、硬碟、多功能事務機、手機的觸控面板
 　　(B) 數據機、藍牙滑鼠、掃描器、手寫板
 　　(C) 隨身碟、數位板、網路攝影機、BD-ROM
 　　(D) SSD、讀卡機、3D 印表機、電競搖桿

解答

1	2	3	4	5	6	7	8	9	10
D	B	A	D	B	D	D	D	B	D

11	12	13	14	15	16	17	18	19	20
B	A	D	B	B	B	D	B	D	A

解析

1. QR Code 必須使用攝影鏡頭讀取。

6. $80/20 = 4$ 分 $= 4 \times 60 = 240$ 秒

8. SD：720×480

   HD：1280×720

   Full HD：1920×1080

   4K 電視：4096×2160

9. OLED（有機發光二極體），製作螢幕面板的元件，無觀看死角、耗電量低、面板可捲曲、超廣角。

10. (A) ISBN Code 是指國際標書號

    (B) BarCode 是指一維條碼

    (C) RFID 是指無線射頻

    (D) QR Code 是指二維條碼

11. (A) PDP 是指由電漿製成的顯示器

    (C) CRT 是指由映象管製成的顯示器

    (D) LCD 是指由液晶製成的顯示器

16. 8K 解析度為 7680×4320，4K 解析度為 3840×2160，寬高皆為 2 倍，所以解析度為 $2 \times 2 = 4$ 倍。

17. (A) 應為對角線長度

    (B) 反應時間評量像素轉換顏色的速度，不同廠商計算反應時間的方式不同，一般是指像素由黑轉白及由白轉黑所需時間的平均或總合，也有部分以灰階到灰階所需時間代表反應時間

    (C) 對比為全白與全黑的亮度比

電腦作業系統的分類

一、作業系統的作業方式

1. Online（連線）

   (1) Real time = 即時系統（即時必連線，連線未必即時）：適合少量資料查詢或更新作業，利用 Random 隨機存取，速度較快。例如：網路查榜、網路訂位、ATM（即時，連線，分散）。

   (2) Time share = 分時系統：允許多使用者（終端機）同時共用一部主機（Server），CPU 以很快的速度輪流處理每個使用者的問題。例如：網路訂票、查詢成績、線上遊戲。

   (3) Multi-Processing = 多元處理系統

   - 並行作業：多 CPU 同時處理多工作，可提昇處理速度，例如：主機板裝有 4 顆 CPU

   - 同時作業：多 CPU 處理 1 項不可錯誤的工作，例如：飛彈導航不可誤差，多重驗證

   - 單獨作業：多 CPU 處理 1 項不可中斷的工作，例如：發電主機不可停頓，必須要有備用 CPU

   (4) Multi-Programming = 多元程式系統：（又稱多工處理）主記憶體同時存在多個行程（PROCCESS），由 CPU 輪流處理之系統。例如：Windows 7 採單人多工作業方式。

   (5) DDPS = 分散式資料處理系統：以工作站方式就地處理。例如：各地的鐵路售票系統、ATM、7-11 的 IBON。

2. Offline（離線）：Batch = 整批作業方式（批次處理）。例如：薪資作業、戶口普查、統一學測等週期性工作不具時效性，適用循序存取方式。

二、軟體的分類

系統軟體

1. 語言翻譯程式：編譯、解譯（直譯）、組譯程式

2. 作業系統

   - Windows XP、NT、2000、2003、Vista、7、8、10

   - OS/2、MS-DOS、macOS、Android、iOS

● UNIX、LINUX、FreeBSD、Chrome OS

3. 公用服務程式：編輯程式、載入程式、除錯程式

應用軟體

1. 套裝軟體

● 文書處理：Word、Writer

● 試算表：Excel、Calc

● 資料庫：Access、Base

● 電腦繪圖：CorelDraw、Painter、AutoCAD

● 影像處理：PhotoImpact、Photoshop

● 簡報製作：PowerPoint、Impress

● 瀏覽器：IE、Edge、Chrome、Firefox、Safari、Opera

● 網頁設計：FrontPage、Dreamweaver、Namo Webeditor、muse

2. 工具軟體

● 壓縮程式：Winzip、WinRAR 等

● 防毒軟體：趨勢 Pc-cillin、諾頓 Norton Antivirus、Anti-Virus

3. 使用者自行開發之程式

● 會計資訊系統、薪資系統、報稅程式

※ 注意：不要以為文字中有「系統」2 個字，就認為此軟體為「系統軟體」，例如：會計資訊系統、
人事管理系統…等，皆為應用軟體。

三、作業系統功能及分類

1. 作業系統的工作型態（使用者與工作）

(1) 單人單工：MS-DOS、CP/M，屬文字介面。

(2) 單人多工：IBM OS/2，Windows 95/98/ME/XP/Vista/7/8/10、Apple macOS、Chrome OS
（雲端），智慧型手機有 Google Android、Apple iOS、Windows Phone，以圖形介面呈現。

(3) 多人多工：Unix、Linux、FreeBSD、Novell Netware、Windows NT/2003 Server（伺服
器）。（網路作業系統 =NOS）

2. 作業系統是一套系統軟體，安裝在電腦內，是硬體設備與使用者之間的橋梁，其主要的功能在：

(1) 記憶體管理：針對記憶體本身的空間分配及解決記憶體的不足。

(2) 處理機管理：處理 Process 與 process（程序）之間的工作排程，如先到先做（FCFS）、
最短時間先做。

(3) 設備管理：對輸出、輸入工作的分配，決定各周邊設備的裝置的狀態和性質。

(4) 資訊管理：（即檔案管理）主要的工作是如何把資訊儲存到輔助記憶體。

電腦儲存檔案的時候，磁碟機必須記錄檔案名稱、位置和大小等資訊，這些資訊都會記錄在 FAT（檔案配置表）裡面：

檔案配置方式	FAT 16	FAT 32	exFAT 又稱 FAT64	NTFS
作業系統	MS-DOS/Windows	Windows 各版本		
特性	長度為 16bits，僅適用於 4GB 以下的磁碟，若要格式化 16GB 隨身碟則無法完成。	無法存取 NTFS 磁碟。若每個檔案超過 4GB 則無法存入。	比 FAT32 更強的檔案系統。	以安全性與可靠性為優先考量，能設定單一檔案的使用權限，提供更多控制選項與安全保障。
單一檔案 最大容量	2GB	4GB	4GB	16TB
單一磁碟區 如 C 槽、D 槽	4GB	32GB	256TB	256TB

延伸

學習

- ext2：Linux 的預設檔案系統，除 ext2 之外，還有 ext、ext3、ext4、lvd。
- HFS 或 HFS+：Macintosh 的檔案格式。

Quiz & Ans

( ) 1. 下列何者不是作業系統提供的主要服務？
 (A) 分配電腦系統的硬體資源   (B) 提供程式執行的環境
 (C) 提供網路搜尋服務   (D) 管理電腦系統的軟體資源

( ) 2. 下列何者不是系統軟體的目的？
 (A) 提供影像處理   (B) 控制電腦硬體元件並充分發揮其效能
 (C) 作為使用者與硬碟之間的溝通橋梁   (D) 提供應用軟體執行的環境

( ) 3. 每逢春節高鐵與台鐵於特定時間開放線上提早訂位，此線上訂位系統屬於：
 (A) 整批處理系統   (B) 模擬處理系統
 (C) 即時處理系統   (D) 離線處理系統

( ) 4. 智慧型手機已具備一個完整的電腦架構，下列哪一種作業系統不適合應用在智慧型手機？
 (A) Android   (B) iOS
 (C) Windows 7   (D) Windows Phone

(　) 5. 智慧型手機使用 LINE 軟體互傳訊息，訊息會透過 LINE 公司的伺服器儲存並傳送到用戶，此種資料處理型態為：
(A) 批次處理　　　　　　　　　　　　(B) 交談式處理
(C) 即時處理　　　　　　　　　　　　(D) 分時處理

(　) 6. 微軟推出的 Windows 10 屬於：
(A) 作業系統　　　　　　　　　　　　(B) 工具程式
(C) 應用軟體　　　　　　　　　　　　(D) 編譯器

(　) 7. 像《英雄聯盟》等多人進行的線上遊戲伺服器，不可能使用下列哪一種作業系統？
(A) Windows 10　　　　　　　　　　(B) Linux
(C) Windows Server　　　　　　　　(D) Unix

(　) 8. 下列敘述何者**錯誤**？
(A) 除錯程式、載入程式、連結程式等，屬於公用服務程式
(B) 現代的作業系統則多為圖形化使用者介面（GUI）
(C) 作業系統可分為：單人單工、單人多工、多人多工
(D) Compiler 不是作業系統，不屬於系統程式

(　) 9. iPhone 與 iPad 是目前 Apple 最火紅的行動上網裝置，iPhone 與 iPad App 應用程式的開發是使用何種程式語言？
(A) Objective-C 與 Swift　　　　　　(B) Visual Basic 與 C#
(C) Lisp 與 Prolog　　　　　　　　　(D) JAVA 與 HTML

(　) 10. 有關智慧型手機作業系統的敘述，下列何者正確？
(A) 蘋果手機所使用的作業系統為 iOS
(B) Android 是以 Unix 作業系統為核心
(C) iOS 為 Google 公司所開發的作業系統
(D) iOS 為目前市佔率最高的智慧型手機作業系統

(　) 11. 下列有多少項目可被歸類為作業系統（Operation System）？
① macOS X　　　② SSD　　　③ Ubuntu　　　④ BIOS　　　⑤ Unix
⑥ Google Chrome　　⑦ FreeBSD　　⑧ Firefox　　⑨ Android
(A) 5 種　　　　　　　　　　　　　　(B) 6 種
(C) 7 種　　　　　　　　　　　　　　(D) 8 種

(　) 12. 全國模擬考，收集所有考生的答案卡，再一併處理的資料處理型態為下列何者？
(A) 分散式處理　　　　　　　　　　　(B) 交談式處理
(C) 即時處理　　　　　　　　　　　　(D) 批次處理

(　) 13. 下列共有幾項屬於「系統軟體」？
① Compiler　　　② macOS　　　③ Numbers　　　④ Android
⑤ Openoffice.org　　⑥ My SQL　　⑦磁碟重組程式　　⑧ Adobe Reader
(A) 4 項　　　　　　　　　　　　　　(B) 5 項
(C) 6 項　　　　　　　　　　　　　　(D) 7 項

(　　) 14. 下列何者不屬於 NOS（Network Operating System）？
(A) Linux
(B) Windows 2013 Server
(C) Android
(D) FreeBSD

(　　) 15. 下列何者不是作業系統必須提供的功能？
(A) 分配記憶體給執行的程式，程式執行完畢後回收記憶體
(B) 提供檔案系統，讓使用者便於管理檔案
(C) 提供上網功能，讓使用者可以連上網際網路
(D) 提供使用者介面，讓使用者能和作業系統溝通

(　　) 16. 有關作業系統及其可能使用的檔案系統，下列何者**錯誤**？
(A) Linux 使用 Ext2
(B) Linux 使用 Ext4
(C) macOS 使用 NTFS
(D) Windows 使用 FAT32

(　　) 17. 下列何者符合程式多工處理（Multiprogramming）的工作原理？
(A) 電腦一次可以處理多個工作（process），但同一時段內只處理一件工作中的一部分
(B) 處理完一件工作後，才處理下一件工作
(C) 同時段內處理所有工作的輸出入動作（I/O operation）
(D) 電腦同時段內可處理多件工作

(　　) 18. 下列有幾項屬於 GUI？
① macOS　　② Chrome OS　　③ Andriod　　④ MS-DOS　　⑤ Linux
(A) 3
(B) 4
(C) 5
(D) 6

(　　) 19. 有關資料處理型態的敘述，下列何者正確？
(A) 交談式處理是指必須用麥克風和電腦進行溝通的資料處理型態
(B) 分散式處理是指將整理好的資料全部打散
(C) 銀行 ATM 提款是屬於即時的資料處理型態
(D) 使用 2B 鉛筆畫卡的電腦閱卷作業是屬於分時資料處理型態

(　　) 20. 各家 7-11 iBon 可訂票、繳費，下列哪一種資料處理型態並未使用到？
(A) 批次處理
(B) 分散處理
(C) 交談系統
(D) 即時處理

解答

1	2	3	4	5	6	7	8	9	10
C	A	C	C	C	A	A	D	A	A
11	12	13	14	15	16	17	18	19	20
A	D	A	C	C	C	A	B	C	A

解析

4. Windows 7 適用於個人 PC，其餘三者用於智慧型手機。

7. Windows 10 屬於單人多工的作業系統。

10. (B) Android 是以 Linux 作業系統為核心

    (C) Android 為 Google 公司所開發的作業系統

    (D) Android 為目前市佔率最高的智慧型手機作業系統

11. SSD：硬碟；BIOS：基本輸出入程式。Firefox 、Google Chrome ：瀏覽器。

13. Numbers、Openoffice.org、Adobe Reader 屬應用軟體。My SQL 屬資料庫語言。

14. Android 屬於行動裝置，屬單人多工作業系統。

16. (C) macOS 的檔案系統使用 HFS+。

18. MS-DOS 為文字介面。

常用作業系統的基本操作

一、Windows 作業系統特性

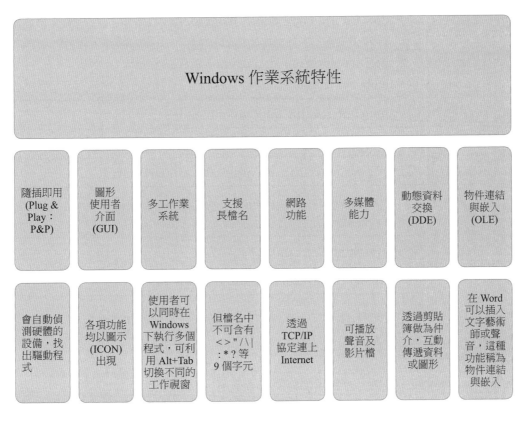

Windows 作業系統特性							
隨插即用 (Plug & Play : P&P)	圖形使用者介面 (GUI)	多工作業系統	支援長檔名	網路功能	多媒體能力	動態資料交換 (DDE)	物件連結與嵌入 (OLE)
會自動偵測硬體的設備，找出驅動程式	各項功能均以圖示 (ICON) 出現	使用者可以同時在 Windows 下執行多個程式，可利用 Alt+Tab 切換不同的工作視窗	但檔名中不可含有 <>"/\ :*? 等 9 個字元	透過 TCP/IP 協定連上 Internet	可播放聲音及影片檔	透過剪貼簿做為仲介，互動傳遞資料或圖形	在 Word 可以插入文字藝術師或聲音，這種功能稱為物件連結與嵌入

1. 動態資料交換（DDE）：在不同的程式間，可以透過剪貼簿做為仲介，互動傳遞資料或圖形，稱為動態資料交換（Dynamic Data Exchange）。

2. 物件連結與嵌入（OLE）：例如：在 Word 可以插入文字藝術師或聲音，這種功能稱為物件連結與嵌入（Object Linking And Embedding）。

比較 OLE	Linking（連結）	Embedding（內嵌）
所佔用的儲存空間	小，因為只存物件的路徑	大，因為將物件包含在文件中
來源改變時	會跟著變	不會改變

3. 登出：可以讓新的使用者登入，不必關機後再重新啟動電腦，亦可按切換使用者。

4. 休眠：睡眠＋關機，是「關機」的一種形式，原理是在履行休眠時，會把記憶體中暫存的數據寫入到硬碟中。當重新啟動電腦時，桌面會完全還原為離開時的狀態。

5. 睡眠：Windows 進入省電，低耗電模式，此時主記憶體中的資料或啟動中的軟體均仍保持原狀，與關機不同；若突然停電，則資料會消失。在睡眠模式下，只要輕輕晃動滑鼠或是敲擊一下鍵盤，即可快速恢復到工作狀態中。

二、Windows 檔案類型及副檔名

檔案類型	副檔名＝附屬檔名可看出主檔名的型態
可直接執行的檔案格式	**.com**（命令）＞**.exe**（執行）＞**.bat**（批次） 其優先執行順序
Office 相關檔案	.doc .dot .rtf .docx .dotx（Word） .xls .xlt .csv .xlsx .xltx（Excel） .ppt .pot .pps .pptx .potx .ppsx（PowerPoint） .mdb .dbf .accdb（Access）
點陣圖檔	**.bmp .gif .ico .jpg .png .tif** .ufo .psd
向量圖檔	**.ai .cdr .wmf**
視訊影片檔	.asf .avi .mov .mpg .rm **.wmv .flv .asf** .Divx .3gp
聲音音樂檔	**.wav .mid** .rm .au .aif .mp3（MPEG1 第 3 層） **.aac**（MPEG2 進階音訊解碼）.ra .cda
網頁檔	**.htm .html** .asp .aspx .php .swf
檔案壓縮檔	**.zip** .arj .7z .gz .lzh **.rar** .exe（自解壓縮檔）

三、Windows 系統操作工具

1. 檔案總管：＋表示尚未展開，－表示已展開到最底層

   ● 刪除檔案直接按 Delete 鍵，會進入資源回收筒，可還原

   ● 永久刪除，無法還原則按 **Shift ＋ Delete**

   ● 選擇連續按 **Shift**、選擇不連續按 **Ctrl**、全選按 **Ctrl ＋ A**

2. 拖曳的重點

選擇物件拖曳到目的地	同磁碟槽：例 C: → C:	不同磁碟槽：例 C: → D:
按滑鼠左鍵＋拖曳	搬移	複製
按 Ctrl ＋滑鼠左鍵＋拖曳	複製	複製
按 Shift ＋滑鼠左鍵＋拖曳	搬移	搬移

3. Windows 附屬應用程式 / 系統工具

- 清理磁碟：可將資源回收筒、暫存檔、交換檔、網頁暫存檔全部清除，還原磁碟空間。

- 磁碟重組程式（DEFRAG）：將不連續的磁區重組成連續空間，增加磁碟存取速率。

- 磁碟掃瞄（SCANDISK）：掃描並修復損壞磁軌及磁區，與 chkdsk（磁碟檢查）相似，Windows 不正常關機會自動執行此動作。

4. 裝置管理員：可安裝與更新硬體裝置的驅動程式、修改那些裝置的硬體設定，以及疑難排解問題。

圖標 / 符號	定義
⚠	表示裝置處於問題狀態。
⬇	表示已停用裝置。
ⓘ	在「電腦」內容內的裝置資源上，表示未選擇裝置的「使用自動設定」，需要手動選擇。 無法表示裝置處於問題或者停用狀態。
❓	表示驅動程式無法使用，並且已安裝相容的驅動程式。

四、Windows 快速鍵

Ctrl + Shift	循環切換已安裝的輸入法	Ctrl + A	全選
Ctrl + 空白鍵	英數 / 中文輸入法切換	Ctrl + C	複製到剪貼簿（選取仍在）
Shift + 空白鍵	全形 / 半形切換	Ctrl + V	貼上
Ctrl + 點選	選取不連續的	Ctrl + X	剪下到剪貼簿（選取即刪除）
Shift + 點選	選取連續的	Ctrl + Y = F4	重複上次動作
Alt + Tab	循環切換工作視窗	Ctrl + Z	復原
Alt + 選取	選取區塊	Alt + 物件或表格線	可做微調
Ctrl +Alt + Delete	強迫關閉程式 啟動工作管理員	Tab	定位點或在表格中 可新增一列
Print Screen Alt + Print Screen	抓取全螢幕畫面至剪貼簿 抓取視窗畫面至剪貼簿	按 Ins 鍵 按 Caps Lock 鍵 按 Num Lock 鍵	插入 / 覆蓋狀態 大寫 / 小寫鎖定 數字 / 方向鎖定

Quiz
&Ans

( ) 1. 老師要同學建立一個存放可執行檔的資料夾,並在該資料夾內存放三個不同的可執行檔,請問下列哪一個檔案不合乎老師的要求?

(A) exe.mp3

(B) mp3.exe

(C) mc.com

(D) autoexec.bat

( ) 2. 如圖所示為某部電腦的系統內容,下列哪一段文字可判斷出此電腦規格的硬體速度等級?

(A) 64 位元作業系統

(B) 已安裝記憶體 (RAM):16.0 GB

(C) Windows 10 家用版

(D) Intel Core(TM) i7-6700HQ

( ) 3. 下列何者不是 Windows 作業系統的主要功能?

(A) 提供 GUI 操作介面

(B) 提供執行 Excel 的環境

(C) 提供 Photoshop 軟體免費安裝使用

(D) 管理記憶體讓 Word、PowerPoint 可以同時執行

( ) 4. 艾迪要在 Windows 作業系統的電腦中安裝 Photoshop 進行影像處理,則他要用哪一種類型的帳戶來登入?

(A) 電腦系統管理員

(B) 一般類型

(C) 訪客

(D) 受限的帳戶

( ) 5. 在 Windows 中,若利用「z*.doc」搜尋「zoo.doc」、「zip.ppt」、「zzz.doc」、「zebra.doc」、「doc.zzz」、「z 睡 .doc」,再依檔名升冪排序,則結果為何?

(A) 「zebra.doc」、「zoo.doc」、「zzz.doc」、「z 睡 .doc」

(B) 「z 睡 .doc」、「zoo.doc」、「zip.ppt」、「zzz.doc」、「zebra.doc」、「doc.zzz」

(C) 「zip.ppt」、「zzz.doc」、「z 睡 .doc」、「zoo.doc」

(D) 「zoo.doc」、「zzz.doc」、「z 睡 .doc」、「zebra.doc」

(　　) 6. 下列何者非 Windows 作業系統所提供的「磁碟重組工具」可以達成的功能？
(A) 增進磁碟讀寫之效能
(B) 讓磁碟儲存的檔案及空白片段空間更連續
(C) 壓縮磁碟，讓使用空間更大
(D) 標示出已毀損磁區，讓存取磁碟時可自動避開

(　　) 7. 在 Windows 作業系統中，透過「剪貼簿」使不同的應用程式可相互交換資料，請問該功能是採用哪一種工作機制？
(A) DLL（Dynamic-Link Library）
(B) DDE（Dynamic Data Exchange）
(C) OLE（Object Linking and Embedding）
(D) GUI（Graphical User Interface）

(　　) 8. 有關 Windows 7 快速鍵的功能敘述，下列何者**錯誤**？
(A) Ctrl + Y：重複上一個動作　　　　(B) Alt + Tab：切換不同的工作視窗
(C) Ctrl + Z：復原　　　　　　　　　(D) Ctrl + V：貼上

(　　) 9. 在 Windows 的檔案總管中，想要選定連續的檔案，只要先按住哪一鍵不放，再逐一點選要選取的檔案，即可成功選定不連續的檔案？
(A) Esc　　　　　　　　　　　　　　(B) Alt
(C) Ctrl　　　　　　　　　　　　　　(D) Shift

(　　) 10. 有關 Windows 中的操作，下列何者**錯誤**？
(A) 在同一個硬碟中的檔案，若要複製一份，則可按著 Ctrl 鍵拖曳
(B) 在選取的檔案上按 Shift + Del 則檔案將永久刪除
(C) 搜尋檔案時，若輸入 ??bc.gif，則主檔名共 4 字的 gif 圖檔會顯示出來
(D) FAT32 的檔案系統安全性與可靠性較 NTFS 高

(　　) 11. 在 Windows 中，下列哪一個檔案搜尋條件可找到檔名為 university.pdf 的檔案？
(A) u??y.pdf　　　　　　　　　　　　(B) *ver*.*
(C) ?????.pdf　　　　　　　　　　　(D) *.?

(　　) 12. 在 Windows 作業系統中，下列哪一種儲存媒體（或位置）的檔案被刪除後將無法再「還原」？
(A) 內建硬碟　　　　　　　　　　　　(B) C 磁碟
(C) D 磁碟　　　　　　　　　　　　　(D) 隨身碟

(　　) 13. 有關 Windows 常用的快速鍵，下列何者正確？
(A) Ctrl + N：存檔　　　　　　　　　(B) Shift + Del：永久刪除檔案
(C) Alt + Tab：關閉目前視窗　　　　　(D) Alt + PrintScreen：擷取整個螢幕畫面

(　　) 14. 有關 Windows 控制台中的設定，下列何者**錯誤**？
(A)「電源選項」中可設定關閉顯示器的時間，以節省電源
(B)「Windows defender」可掃描間諜軟體及其他潛在垃圾軟體
(C)「資料夾選項」可設定顯示檔案的副檔名
(D)「網際網路選項」可變更網路首頁並設定新的連線

(　) 15. 有關 Windows 作業系統的說明，下列何者正確？
 (A) 按下鍵盤上的 Ctrl + Shift + Esc 鍵可以啟動裝置管理員
 (B) Windows Server 2016 是多人多工的作業系統
 (C) Windows 7 的睡眠模式是將工作中的資料保存在硬碟中，再關閉電源
 (D) Windows 內建 Siri 語音助理及 Chrome 瀏覽器

(　) 16. 有關資源回收筒的描述，下列何者<u>錯誤</u>？
 (A) 刪除資料夾或檔案時，移至資源回收筒的資料夾或檔案，並不佔硬碟空間
 (B) 清理資源回收筒之後，資料夾或檔案就無法還原
 (C) 刪除隨身碟中的資料夾或檔案，不會存放在資源回收筒
 (D) 刪除資料夾或檔案時，不想讓資料夾或檔案移至資源回收筒，可使用按鍵 Shift + Delete

(　) 17. 電腦中毒非常嚴重，使用各種防毒軟體皆無法排解，如果想徹底將硬碟中的病毒清除乾淨，唯一可行的方法是什麼？
 (A) 磁碟檢查錯誤　　　　　　　　(B) 磁碟清理
 (C) 重組磁碟機　　　　　　　　　(D) 磁碟格式化

(　) 18. 在 MS Windows 作業系統的檔案總管中，想要選定區塊連續檔案，請問應搭配下列哪一個按鍵使用？
 (A) Esc　　　　　　　　　　　　(B) Alt
 (C) Ctrl　　　　　　　　　　　　(D) Shift

(　) 19. 下列各軟體與其可開啟的文件格式之配對，何者<u>錯誤</u>？
 (A) Word：.docx、.odt、.txt　　　　(B) Excel：.xlsx、.ods、.csv
 (C) PhotoImpact：.ufo、.jpg、.wma　(D) Access：.mdb、.accdb

(　) 20. 有關 Windows 作業系統中檔案系統的敘述，下列何者<u>錯誤</u>？
 (A) Windows 7/8 只能安裝在 NTFS 格式的硬碟上
 (B) NTFS 的安全性較 FAT32 佳，可依據使用者給予不同的檔案使用權限
 (C) USB 隨身碟通常可採用 FAT32 或 exFAT 格式，而前者的單一檔案最大僅 4 GB
 (D) 檔案名稱可採用中文，例如：「107 學年度 > 統測」

解答

1	2	3	4	5	6	7	8	9	10
A	D	C	A	A	C	B	C	D	D
11	12	13	14	15	16	17	18	19	20
B	D	B	D	B	A	D	D	C	D

解析

10. NTFS 安全性較 FAT32 高。

13. (A) Ctrl + N：開啟舊檔

    (B) Alt + Tab：切換不同視窗

    (D) Alt + PrintScreen：擷取目前使用的螢幕畫面

14. 設定新的連線在「網路和共用中心」。

15. (A) 按下鍵盤上的 Ctrl + Shift + Esc = Ctrl + Alt + Del 鍵，可以啟動工作管理員

    (C) 休眠：是「關機」的一種形式，原理是在履行休眠時，會把記憶體中暫存的數據寫入到硬碟中。履行休眠的時，CPU、記憶體、硬碟等都不會作業，基本上相當於斷電關機。當重新啟動電腦時，桌面會完全還原為離開時的狀態。

    (D) Windows 無內建 Siri 語音助理及 Chrome 瀏覽器

19. .wma 為聲音檔。

其他常用作業系統

一、Unix 簡介

1. UNIX 家族：商業化的 AT&T 及學術路線的 FreeBSD（柏克萊大學）兩種主流版本。

   (1) 為多人多工且具交談式的分時系統、美國 AT&T 貝爾（**BELL**）實驗所發展。

   (2) 90% 以上由 **C** 語言開發，可攜性高，可在不同的電腦平台上使用。

   (3) 階層式的檔案結構，最高系統管理者為 **root**，有分大小寫字母。

   (4) 文字模式 UNIX Shell 命令解釋器及 X-Window（Gnome 或 KDE）圖形化使用者介面。

二、Linux 簡介

1. Linux：多人多工的作業系統

   (1) 是一個開放式架構的作業系統，由芬蘭赫爾辛基大學 Linus Torvalds 所設計的，與 UNIX 相容的作業系統，大部分以 C 語言撰寫。

   (2) 可跨平台且具有多處理器的能力。屬於多人多工作業系統。

   (3) 為自由軟體採用大眾公有版權（GPL：General Public Licenses）原則來發行，開放原始碼讓任何人都可以透過任何形式複製、修改、下載與散佈，故軟體本身免費。

   (4) 適用於 IBM 相容個人電腦（PC）、架設伺服器、網路作業系統及行動裝置（手機、PDA 等）。

   (5) 發行版本：Red Hat（佔有率最高，安裝簡易）、Debian、Ubuntu、Mandriva、Fedora、CentOS、Debian GNU/Linux。

三、Android 簡介

1. Android（中文俗稱安卓）

   (1) **Linux** 為基礎的半開放原始碼作業系統，主要用於行動裝置。

   (2) 由 Google 成立的 Open Handset Alliance（OHA，開放手機聯盟）持續領導與開發中。

   (3) 透過 Google Play 提供應用程式和遊戲供用戶下載，用戶亦可以通過第三方網站來下載，目前是全球第一大智慧型手機作業系統。

四、Apple macOS、iOS 及其他作業系統簡介

作業系統平台的版本	特性及重點
macOS 1984 開始 Apple 麥金塔電腦使用	● Apple 在 1984 年所推出，提供一個視窗環境的圖形使用者介面的個人電腦系統，在影像處理及音樂方面表現較搶眼。 ● 以 UNIX 為基礎發展出來的。 ● 視窗作業系統，為單人多工的作業系統，分 32 與 64 位元版本。
iOS	● 為行動裝置所開發的專有行動作業系統。 ● 屬於類 Unix 系統，只支援 Apple 裝置包括 iPhone、iPod touch 和 iPad。 ● 透過 App Store 下載 APP 應用程式。
Windwos 10 Mobile	● Microsoft 為行動裝置所推出的作業系統。 ● 透過 Windows 市集來下載 APP 應用程式。
Novell Netware	● 為一種區域網路的作業系統，由 Novell 公司研發生產。 ● 相容性及可靠性高，可支援 IBM PC 及 Apple 個人電腦的網路環境，讓使用者共享網路上的系統資源。

五、作業系統彙整表

適用的類別	研發公司	作業系統	開放原始碼
個人電腦	Microsoft	Window XP、7、8、10	
	Apple	macOS X	
	Google	Chrome OS 基於 Linux 核心	✓
	自由軟體	Linux	✓
伺服器	Microsoft	Windows Sever 2003、2008、2013	
	Apple	macOS X Sever	
	自由軟體	Linux、FreeBSD	✓
	AT&T	Unix、Sun 公司 Solaris	
行動裝置 （平板）	Microsoft	Windows 10、Phone、Windows Embedded	
	Apple	iOS	
	Google	Android	✓
行動裝置 （手機）	Microsoft	Windows 10、Phone、Windows Embedded	
	Apple	iOS	
	Google	Android	✓
	其他	Linux	

Quiz
&Ans

(　　) 1. 有關 Android 作業系統的敘述，下列何者**錯誤**？
(A) Android 作業系統提供檔案管理與維護的功能
(B) Android 作業系統通常儲存於 SIM 卡之中
(C) Android 作業系統可以管理手機的記憶體資源
(D) Android 作業系統提供使用者圖形操作介面

(　　) 2. 有關 Linux 的敘述，下列何者正確？
(A) 原始碼不公開 　　　　　　　(B) 屬於單人多工
(C) 屬於共享軟體 　　　　　　　(D) 使用 C 語言撰寫

(　　) 3. 有關 Linux Kernel 敘述，下列何者**錯誤**？
(A) 開放原始碼 　　　　　　(B) 可以使用在多種 Red-Hat、Ubuntu 套件上
(C) 使用者使用一定要付費 　　(D) 系統穩定性高

(　　) 4. 下列哪一個作業系統是屬於「類 UNIX」系統？
(A) Windows 8 　　　　　　　(B) iOS
(C) Linux 　　　　　　　　　(D) OS/2

(　　) 5. 有關 Android 作業系統的敘述，下列何者**錯誤**？
(A) Google 收購 Android 公司後變為非開放原始碼行動作業系統
(B) 可區分為普通型與分叉型兩種類型
(C) 是以 Linux 為基礎發展出來的作業系統
(D) 主要用於智慧型手機和平板電腦

(　　) 6. 下列何者是 Google 所開發用於智慧型手機或平板電腦的作業系統？
(A) Chrome OS 　　　　　　　(B) Linux
(C) Android 　　　　　　　　(D) UNIX

(　　) 7. 有關行動裝置相關軟體的敘述，下列何者最為可能？
(A) iOS 的 App 需到 Google Play 下載
(B) iPhone 手機採用 Android 作業系統
(C) 若手機作業系統採用 Windows Phone，則下載 App 需連至 App Store 下載
(D) 支援 Android 手機的 App 使用 Java 語言開發

(　　) 8. 高階智慧型手機搭配各式各樣的 APP 軟體，將使手機使用更多元，請問何謂 APP 軟體？
(A) 手機遊戲軟體（手遊） 　　(B) 蘋果出產的軟體
(C) 行動應用程式 　　　　　　(D) 手機品牌

(　　) 9. 在 Android、iOS、Linux、macOS、Windows、Windows Phone 等作業系統中，有多少種是屬於開放原始碼的作業系統？
(A) 1 　　　　　　　　　　(B) 2
(C) 3 　　　　　　　　　　(D) 5

(　　) 10. 下列關於 UNIX 與 Linux 的敘述，何者正確？
(A) Linux 是迪吉多實驗室於 90 年代為個人電腦用戶開發的
(B) Linux 可讓使用者自行更改作業系統的原始碼，以符合個人需求
(C)UNIX 是由迪吉多實驗室在 1970 年初發展的
(D)UNIX 只能在大型電腦上使用

(　　) 11. 下列作業系統何者與 Linux 無關？
(A) Red Hat　　　　　　　　　　(B) iOS
(C) Fedora　　　　　　　　　　 (D) Ubuntu

(　　) 12. 下列敘述何者正確？
(A) Unix 是一種單人單工的作業系統
(B) Windows 8 是一種多人多工的作業系統
(C) Windows Server 2008 是一種專為智慧型手機設計的作業系統
(D) Linux 是一種開放原始碼的作業系統

(　　) 13. Linux 作業系統有許多版本，例如 Ubuntu、Red Hat、Fedora…等。請問 Linux 有這麼多版本，主要原因為何？
(A) Linux 是免費軟體　　　　　　(B) Linux 支援多種語言
(C) Linux 開放原始碼　　　　　　(D) Linux 支援多點觸控技術

(　　) 14. 下列何者為使用 GPL（General Public License）方式發行的作業系統？
(A) Linux　　　　　　　　　　　(B) macOS
(C) FileZilla　　　　　　　　　　(D) OpenOffice.org

(　　) 15. 下列關於 Linux 作業系統的敘述何者最正確？
(A) 不具備記憶體管理的功能
(B) 是一個單人多工的作業系統
(C) 屬於開放原始碼（open source）的軟體，可自行依需求修改核心
(D) 所有版本皆沒有圖形化使用者界面，只能以文字命令與其溝通

(　　) 16. 對於 Unix 作業系統的特色，何者敘述**有誤**？
(A) 移植性高　　　　　　　　　　(B) 功能強大完整的作業系統
(C) 多人多工　　　　　　　　　　(D) 具可靠的安全性

(　　) 17. 小翔想買一台「MacBook Air」，下列何者較有可能是「原廠」搭配使用的作業系統？
(A) Windows 10　　　　　　　　 (B) UNIX
(C) MS-DOS　　　　　　　　　　(D) macOS X

(　　) 18. 關於 Mac OS 和 Windows 10，下列敘述何者正確？
(A) 皆屬多人單工系統　　　　　　(B) 皆屬個人電腦類型的作業系統
(C) 原始碼皆屬公開的　　　　　　(D) 皆為純文字的作業環境

(　　) 19. 下列有關 UNIX 和 Linux 的敘述何者**錯誤**？
(A) 都是多人多工的作業系統　　　(B) 都可跨平台工作
(C) 都有圖形介面的作業環境　　　(D) 都是免費的作業系統

( ) 20. Google 公司推出了一款 Chromebook 筆記型電腦，其內建的作業系統 Chrome OS 是一種將電腦所有程式及工作全部透過網路執行，並將所有結果儲存至網路空間中，請問此種作業系統是屬於？
(A) 純文字作業系統
(B) 伺服器作業系統
(C) 雲端作業系統
(D) 麥金塔作業系統

( ) 21. 下列何者可作為智慧型手機的作業系統？
(A) iOS
(B) Windows 10
(C) Mac OS X
(D) DOS

( ) 22. 下列哪種作業系統**不適合**作為網路作業系統？
(A) Windows Server 2012
(B) Linux
(C) iOS
(D) UNIX

( ) 23. 下列何者**不是**智慧型手機所使用的作業系統？
(A) Android
(B) Windows Phone
(C) Black Berry OS
(D) Mac OS X

解答

1	2	3	4	5	6	7	8	9	10
B	D	C	C	A	C	D	C	B	B
11	12	13	14	15	16	17	18	19	20
B	D	C	A	C	B	D	B	D	C
21	22	23							
A	C	D							

解析

9. Android、Linux 為開放原始碼的作業系統。

10. UNIX 是由美國 AT&T 公司的貝爾實驗室發展出來的，可符合個人及企業的需求。

12. Unix 是一種多人多工的作業系統，Windows 8 是一種單人多工的作業系統，Windows Mobile/ Phone 是一種專為智慧型手機設計的作業系統。

15. 採用大眾公有版權（GPL：General Public Licenses）原則來發行，開放原始碼讓任何人都可以透過任何形式複製與散布 Linux 的原始程式。

19. Linux（含衍伸版本）大多免費，Unix（含衍伸版本）則大多收費。

智慧財產權、軟體授權、創作 CC 及封閉 / 開放格式

15 考前衝刺

一、智慧財產權

1. 智慧財產權：主管機關經濟部智慧財產局。

著作權	著作人格權	著作發表時有具名、使用別名或不具名的權利。
	著作財產權	包含重製、公開展示、改作、編輯、出版等權利。
	著作存續	文字著作生存期間及至最後死亡之後 **50** 年，但程式著作、影音創作為公開發表後 **50** 年。

二、軟體授權

種類	著作權	下載自用	使用付費	備註
1. 免費軟體 (freeware) 例如：國稅局報稅程式	有	可	免付費	玩家設計出好用的程式供下載
2. 共享軟體 (shareware) 例如：Winzip、ACDsee	有	可	續用或更完整功能需付費	先試用一段時間，好用再註冊付費
3. 公眾領域軟體 (public domain software)	無	可	免付費，可販賣他人	例如已過保護期限的著作物
4. 自由軟體 (free software) 例如：Linux、Open Office	有	可	免付費，隨書搭售	智慧是屬於全世界的人，開放程式原始程式碼

延伸

學習

自由軟體是指可以讓您自由的使用、研究、散佈、改良的軟體。自由軟體在使用授權上賦予軟體使用者以下的四種自由：

- 〔自由1〕使用的自由：可以不受任何限制地來使用軟體。
- 〔自由2〕研究的自由：可以研究軟體運作方式、並使其適合個人需要。
- 〔自由3〕散佈的自由：可以自由地複製此軟體並散佈給他人。
- 〔自由4〕改良的自由：可以自行改良軟體並散佈改良後的版本以使全體社群受益。

延伸

學習

自由軟體與傳統商業軟體之間最顯著的差異在於：

1. 自由軟體鼓勵拷貝、研究、改良。
2. 自由軟體將不但將程式原始碼開放，並授權您不只可以看到程式原始碼，並且可以對它改良及散佈，自由軟體幾乎等同於是公共的智慧財。
3. 在網路上常見的免費軟體及共享軟體，雖然一樣可以免費的下載使用，但卻無法看到它的程式原始碼，更不可能也不可以對它的程式進行修改，而且即使是免費，也不可以任意的拷貝給您的朋友，所以這就是為什麼免費軟體不等於是自由軟體。

三、創作 CC

1. 創用 CC（Creative Commons）是一種針對受著作權保護之作品所設計的公眾授權模式，使創作者可以「保留部分權利」，由中央研究院資訊科學研究所負責推廣。任何人在著作權人所設定的授權條件下，都可以自由使用創用 CC 授權的著作，不用另外取得授權。

2. 創用 CC 授權有四個核心授權要素，分別是：

(i)	姓名標示 （Attribution）	1. 必須按照著作人指定的方式表彰其姓名。 2. 所有的創用 CC 授權條款，都必須包含「姓名標示」此授權要素。
(S)	非商業性 （Noncommercial）	利用人不得為商業性目的而使用著作。
(=)	禁止改作 （No Derivatives）	1. 不得變更、變形或修改著作。 2. 利用人不能改作授權人的作品。改作的常見形式有翻譯、編曲、編劇、改編小說、改編電影、錄音、節略、濃縮等。
(O)	相同方式分享 （Share Alike）	1. 著作人允許他人利用其著作，但改作其著作而成的衍生著作，則僅能依同樣的授權條款來散佈該衍生作品。 2. 「相同方式分享」與「禁止改作」，無法並存於同一個創用 CC 授權條款。 3. 例如：原著作採用「姓名標示 相同方式分享」，利用人改作授權人之著作後的作品，也要採取同樣的創用 CC 授權條款，亦即「姓名標示 - 相同方式分享」授權條款。

3.　四個授權要素，共組成六種授權條款，這些條款的共通點是「允許使用者重製、散布、傳輸以及修改著作」，但都要求「姓名標示」，並且允許非商業性的重製：

	姓名標示—可商業性		姓名標示—非商業性
	姓名標示—非商業性—相同方式分享		姓名標示—禁止改作
	姓名標示—非商業性—禁止改作		姓名標示—相同方式分享

四、封閉 / 開放格式

1.　兩種格式比較

開放格式（Open Format）	封閉格式（Proprietary Format）
● 規格要完公開，並可網路自由下載 ● 任何人可利用此規格設計出文件規格軟體 ● 可保文件的資訊可以自由交換、轉換、流傳、保存	● 檔案的格式是不對外公布的商業機密，受到專利、版權的保護，別人不得隨意使用 ● 制訂人或取得授權者才能設計存取的軟體，也是使用私有專軟體才能存取
常見檔案類型： ● MS Office 2007 後：.docx、.pptx、.xlsx ● 網頁檔：.htm、.html ● 文件檔：.txt、.pdf、.xml ● 圖檔：.gif、.tif、.jpg、.png ● 多媒體：.wav、.avi ● 壓縮檔：.7z、.Zip	常見檔案類型： ● MS Office 2003：.doc、.ppt、.xls ● 圖檔：.ufo(PhotoImapct)、.psd(PhotoShop) ● 多媒體：.fla(Flash) ● 繪圖檔：.ai(illustrator)、.cdr(Corel-draw) ● 壓縮檔：.RAR

2.　常見開放式檔案格式

文件格式名稱	支援軟體	副檔名
PDF	Adobe Reader、Writer、MS-Office 2007~2016、Google 文件	pdf（可攜式文件檔）
HTML	MS-Office、Dreamweaver、Openoffice	htm、html（網頁檔）
OOXML	MS-Office 2007/2010/2013/2016	docx（Word 文件）、xlsx（試算表）
ODF	Openoffice、MS-Office 2007 以上	Odt（文件）、Ods（試算表）、Odb（資料庫）、Odp（簡報）、Odg（圖片檔）

Quiz
&Ans

(　　) 1. 有關 OpenOffice.org Writer 軟體之敘述,下列何者**錯誤**?
(A) 能編輯 .doc 檔
(B) 能存成 .pdf 檔
(C) 是免費的軟體
(D) 程式碼並未開放,使用者必須透過網路論壇建議更新功能

(　　) 2. OpenOffice.org 自由軟體中與 Microsoft Excel 性質相似的是下列哪一個軟體?
(A) Writer   (B) Calc
(C) Draw   (D) Impress

(　　) 3. 有關創用 CC 及軟體授權方式的敘述,下列何者正確?
(A) 創用 CC 是一種「保留所有權利(All Rights Reserved)」的授權方式
(B) 臺灣創用 CC 計畫,目前由經濟部智慧財產局負責推動
(C) 受雇於他人而所產生的著作,若合約明訂著作權屬於雇主,則作者沒有權利將著作以創用 CC 授權的方式釋出
(D) 購買正版軟體是取得該軟體的所有權及著作權

(　　) 4. 下列哪一種瀏覽器是屬於自由軟體?
(A) Internet Explorer   (B) Firefox
(C) Edge   (D) Safari

(　　) 5. 下列哪一種類型的軟體沒有著作權保護?
(A) 自由軟體(Free Software)   (B) 免費軟體(Freeware)
(C) 共享軟體(Shareware)   (D) 公共財軟體(Public Domain Software)

(　　) 6. 創用 CC(Creative Commons)是一種針對受著作權保護之作品所設計的公眾授權模式。任何人在著作權人所設定的授權條件下,都可以自由使用創用 CC 授權的著作,不用另外取得授權。如果您的創作允許別人可以在特定條件下複製、散布、甚或修改、改編,但同樣必須以創用 CC 授權條款與別人分享,且不可有任何營利行為,您應該採用下列哪一種授權標示?

(A) 　　　　　　(B)
(C) 　　　　　　(D)

(　　) 7. 有關軟體分類與文件格式的敘述,下列何者**錯誤**?
(A) .txt .pdf .htm 等檔案均為開放文件格式,許多軟體都可開啟及編輯
(B) .docx .xlsx .pptx 檔案為開放文件格式,可使用 Office 以外的其他軟體開啟
(C) 工程師可自行改寫 Linux,加入自己設計撰寫的功能,再散佈於網路
(D) 公共財軟體(Public Domain Software)雖然可以讓使用者免費下載和使用,但作者還是保留其著作權

(　　) 8. 手機作業系統 Android 是從 Linux 作業系統衍生，因為 Linux 開放原始碼讓大家任意使用，此 Linux 特性屬何種軟體？
(A) 免費軟體　　　　　　　　　　(B) 公共財軟體
(C) 自由軟體　　　　　　　　　　(D) 共享軟體

(　　) 9. 下列檔案格式何者不屬於開放格式？
(A) .html　　　　　　　　　　　(B) .txt
(C) .vb　　　　　　　　　　　　(D) .odt

(　　) 10. 下列何者不屬於開放檔案格式？
(A) .odt　　　　　　　　　　　(B) .htm
(C) .psd　　　　　　　　　　　(D) .pptx

(　　) 11. 自由檔案格式 Free file format. 是指沒有受到任何專利權或著作權保護的檔案格式，又可稱之開放文件格式。自由檔案格式的相容性通常更大，並且可以防止單一廠商束縛，也是開放系統的組成基礎，下列哪一種檔案格式不是自由檔案格式？
(A) PDF ─可攜式檔案格式　　　　(B) XML ─多用途的標記語言
(C) HTML ─網頁所用的標記語言　(D) DOC ─可內含圖片與文字之文件

(　　) 12. 有關 PDF 文件及相關軟體的敘述，下列何者**錯誤**？
(A) PDF 屬於開放文件格式
(B) PDF 文件可以加上密碼及數位簽章
(C) Adobe Reader 可以用來閱讀、列印 PDF 文件，並可以加上註解
(D) PDF 文件無法設定使用者列印及複製內容的權限

(　　) 13. 「.odt」是下列哪一種類軟體的開放格式檔？
(A) Excel　　　　　　　　　　　(B) Word
(C) PowerPoint　　　　　　　　(D) Access

(　　) 14. 創用 CC（Creative Commons）以模組化的簡易條件，透過 4 大授權要素的排列組合，提供了 6 種便利使用的公眾授權條款。創作者可以挑選出最合適自己作品的授權條款，透過簡易的方式自行標示於其作品上，將作品釋出給大眾使用。請問這 6 種授權條款中，哪一個授權要素是必然不可缺的？

(A) 　　　　　　　(B)

(C) 　　　　　　　(D)

(　　) 15. 有關創用 CC（Creative Commons）的敘述，下列何者正確？
(A) 創用 CC 有 4 個授權要素，15 個授權條款
(B) 在所有授權條款中，「非商業性」為共同的必要授權要素
(C) 創用 CC 可以限定分享對象，唯要明確標示註明
(D) 創用 CC 的前提是對作品享有著作財產權，因此「公共財」（Public Domain）無法使用或不需要使用 CC 授權

( ) 16. 有關著作權的敘述，下列何者**錯誤**？
(A) 著作人於著作完成時即享有著作權
(B) 著作之財產權可以轉讓或授權他人使用
(C) 在部落格中以超連結方式連結他人著作，不會有重製他人著作之問題
(D) 若著作上沒有標示作者姓名，就不受著作權法保護

( ) 17. 創用 CC（Creative Commons）以模組化的簡易條件，透過 4 大授權要素的排列組合，提供了 6 種便利使用的公眾授權條款。創作者可以挑選出最合適自己作品的授權條款，透過簡易的方式自行標示於其作品上，將作品釋出給大眾使用。請問哪兩個之間的授權是相互牴觸的，也就是二者不會同時出現？

(A) 　　　　　　(B)

(C) 　　　　　　(D)

( ) 18. 下列何項行為違反個人資料保護法？
(A) 不當蒐集或使用他人的姓名、生日或病歷等隱私資料
(B) 保護電腦的個人帳號密碼
(C) 蒐集他人個資前進行告知
(D) 公務機關指定專人辦理安全維護個人資料檔案

( ) 19. 有關 OOXML（Office Open XML）辦公室軟體檔案格式的敘述，下列何者**錯誤**？
(A) 由 Microsoft 開發的一種以 XML 為基礎並以 ZIP 格式壓縮的電子檔案規範
(B) 屬於國際標準的開放格式
(C) 是由共享軟體（Shareware）所產出的檔案類型
(D) .docx 文件檔或 .xlsx 試算表檔均屬於這一類的檔案

( ) 20. 下列何者是創用 CC（Creative Commons）之「相同方式分享」標章？

(A) 　　　　　　(B)

(C) 　　　　　　(D)

解答

1	2	3	4	5	6	7	8	9	10
D	B	C	B	D	D	D	C	C	C
11	12	13	14	15	16	17	18	19	20
D	D	B	B	A	D	C	A	C	B

解析

15. (A) 創用 CC 有 4 個授權要素，6 個授權條款；(B) 姓名標示為共同的必要授權要素；(C) 不能限定分享對象；(D) 使用者需具有著作權（或授權），否則不能以創用 cc 名義分享

17. 「禁止改作」表示僅可重製作品，不得變更、變形或修改，而「相同方式分享」表示若變更、變形或修改本著作，則僅能依同樣的授權條款來散布該衍生作品。因此這兩種授權方式相互牴觸，故不會同時出現。

常用軟體的應用簡介

16
考前衝刺

一、常用軟體、用途及副檔名

軟體名稱	其功能簡介及副檔名
第 1 類：文書處理及編輯排版	
1. Word	1. Microsoft Office 成員之一 2. 副檔名：文件檔為 .docx，範本檔為 .dotx，網頁檔為 .html
2. Wordpad	1. Microsoft 公司開發，是 Windows 中附屬應用程式的軟體 2. 功能簡易，可存成 .RTF 檔，Word 可直接開啟
3. Writer	1. 是 Open Office/Libre Office 的成員之一 2. 為 Open source 的自由免費軟體，副檔名為 .odt，可存成 .pdf
第 2 類：電子試算表、財務分析及繪製統計圖表	
4. Excel	1. Microsoft Office 成員之一 2. 副檔名：活頁簿檔為 .xlsx，範本檔為 .xltx，網頁檔為 .html
5. Calc	1. 是 Open Office/Libre Office 的成員之一 2. 為 Open source 的自由免費軟體，副檔名為 .ods，可存成 .pdf
第 3 類：商業簡報、投影片設計	
6. PowerPoint	1. Microsoft Office 成員之一 2. 副檔名：簡報檔為 .pptx，範本檔為 .potx，播放執行檔為 .ppsx
7. Impress	1. 是 Open Office/Libre Office 的成員之一 2. 為 Open source 的自由免費軟體，副檔名為 .odp，可存成 .pdf
第 4 類：資料庫管理系統（DBMS）	
8. Access	1. Microsoft Office 成員之一 2. 副檔名：資料庫檔為 .mdb/.accdb
9. Dbase	是一種關連式的資料庫，副檔名：資料庫檔為 .dbf
10. Base	1. 是 Open Office/Libre Office 的成員之一 2. 為 Open source 的自由免費軟體，副檔名為 .odb
11. My SQL	網上的資料庫（Database）或稱為數據庫

軟體名稱	其功能簡介及副檔名
第 5 類：影像編輯處理、數位照片處理	
12. Photoshop	Adobe 公司開發，副檔名為 .psd（封閉式），可存成 .jpg、.gif、.png（開放式）
13. PhotoImpact	Ulead 公司開發，副檔名為 .ufo（封閉式），可存成 .jpg、.gif、.png
14. Xnview	看圖程式可做簡易影像處理
15. GIMP	是一套自由軟體，專門處理點陣與 2D 影像。
16. ACDSee	看圖程式可做簡易影像處理
第 6 類：電腦繪圖軟體	
17. AutoCAD	用來劃施工圖、工業設計、室內設計

18. Illustrator 19. Corel Draw	比較	Illustrator	Corel Draw
	公司	Adobe 公司	Corel 公司
	向量圖檔	~.ai	~.cdr
	依畫圖的細緻度區分	插畫繪圖	美工繪圖
	專長	上色，沒特效	特效多
	色系	100 萬階的變化	256 色的變化
	適用	網頁（螢幕） 色彩鮮艷、逼真	印刷品（繪製海報） 特效多

軟體名稱	其功能簡介及副檔名
第 7 類：多媒體工具、影片剪輯、視訊動畫處理	
20. Windows movie maker	1. 編輯音訊和視訊內容（包括新增字幕、視訊轉換或效果）之後，您就可以儲存電影或燒錄至光碟 2. 可以選擇將電影以電子郵件附件的方式傳送或傳送至 YouTube 網路而與其他人分享，可存成 ~.wmv。
21. Flash	1. Adobe 公司開發，用在動畫設計、多媒體網頁 2. 存成 ~.FLA、~.SWF、~.EXE，支援視訊、JPEG 和 MP3 檔案即時動態下載功能
22. Windows Media Player	1. 媒體播放程式，功能強大「Windows Media 格式」是高品質、安全及完整的數位媒體格式，可供個人電腦、視訊轉換器及可攜式裝置上的應用程式進行串流處理並下載播放 2. 包含 .wma（串流聲音）及 .wmv（（串流影音）
23. Real Player	Real Network 創造出來的播放軟體，可以播放該公司特有專屬的 .ra、.rm、.ram、.rmvb 媒體格式

軟體名稱	其功能簡介及副檔名
第 8 類：網路相關軟體	
24. Frontpage	1. Microsoft Office 成員之一，版本有 2000 → XP → 2003（停止支援） 2. 主要用途製作網頁、網站管理（建立、發佈、維護）的專門軟體 3. 網頁副檔名：.htm、.html、.asp 4. Frontpage 網頁範本：.tem
25. Dreamweaver	Adobe 公司開發，主要用途製作網頁、網站管理
26. Browser （瀏覽器）	1. Mosaic：由馬克 · 安德森（Marc Andreesen）發明 2. Internet Explorer：微軟公司內含在 Windows 中的瀏覽器，Windows 10 內含 Edge，功能更強 3. 網景公司開發的早期瀏覽器：Netscape Navigator（網路領航員） 4. 其他如 Linux 內建 Mozilla Firefox、Google Android 內建 Chrome、Apple iOS 內建 Safari
27. Outlook 及 　 Outlook Express	1. Microsoft Outlook Express 收發電子郵件或加入新聞群組來交換。 2. Microsoft Outlook 屬於 Office 的軟體內建軟體的版本，較強。
28. WS-FTP 29. Filezilla	提供主從式檔案傳輸，即上傳（Upload）/ 下載（Download）
第 9 類：防毒及系統工具軟體	
30. Pc-cillin	趨勢科技的防毒軟體
31. Antivirus	防毒軟體
32. Ghost	Norton 公司的磁碟管理工具，進行系統製作備份，有整個硬碟（Disk）和分區硬碟（Partition）兩種方式，亦可製作系統還原光碟。
第 10 類：其他軟體	
33. 檔案壓縮	Winzip、Winrar、Winarj
34. 統計分析	SAS、SPSS
35. 光碟燒錄	Nero Burning、Clone DVD/CD、Alcohol
36. PDF（Portable Document Format ＝便攜式文件格式）	Adobe 公司所推出的一種跨平台，能顯示任何包含文字、圖形、影像的文件，不受設備與解析度影響。必須安裝 Adobe Acrobat Reader 閱讀程式才可開啟

二、WebApp 雲端應用程式

程式用途	Microsoft Office 365	Google Web Apps	其他 Apps
(1) 雲端硬碟	Skydrive/Onedrive	Google drive	Dropbox
(2) 文書排版	Word	Google 文件	
(3) 試算表	Excel	Google 試算表	
(4) 簡報	PowerPoint	Google 簡報	
(5) 製作問卷	Forms	Google 表單	Kahoot!
(6) 筆記本 / 行程	Onenote、To-do	Keep 行程管理	
(7) 行事曆 /Mail	Outlook	Gmail、Calender	Yahoo Mail
(8) 網路電話	Skype/Yammer	Hangouts	Line、Wechat
(9) 社群網站	Sharepoint	Google+、協作平台	Facebook、Instagram、Twitter、Lindkin
(10) 影音平台	Stream	YouTube	Netfilx、Hulu
(11) 專案管理	Planner/Task	Google Project	

Quiz
&Ans

(　　) 1. Microsoft 公司的產品 Office 2019 是屬於：
　　　　(A) 工具程式　　　　　　　　　(B) 自由軟體
　　　　(C) 作業系統　　　　　　　　　(D) 應用程式

(　　) 2. 下列何者屬於應用軟體的範疇？
　　　　(A) 作業系統　　　　　　　　　(B) 新增使用者帳號
　　　　(C) 公用程式　　　　　　　　　(D) 影像處理軟體

(　　) 3. 下列何者屬於應用軟體？
　　　　(A) MS Office　　　　　　　　(B) 磁碟重組工具
　　　　(C) FreeBSD　　　　　　　　　(D) 磁碟清理工具

(　　) 4. 老師在課堂授課、學生進行專題報告、公司舉辦新產品發表會等口頭報告場合，較適合使用下列哪一種應用軟體？
　　　　(A) 文書處理軟體　　　　　　　(B) 簡報軟體
　　　　(C) 電子試算表軟體　　　　　　(D) 資料庫管理軟體

(　　) 5. 下列何種軟體可用來將圖片製作成簡單的動畫？
　　　　(A) Internet Explorer　　　　　(B) Windows Wordpad
　　　　(C) Gif Animator　　　　　　　(D) Cute FTP

( ) 6. 下列何種軟體無法對輸入的檔案進行編輯？
(A) Windows Movie Maker
(B) PhotoImpact
(C) Adobe Reader
(D) DreamWeaver

( ) 7. 小肥豪覺得自己很肥，利用軟體修改照片，最有可能使用哪一種軟體？
(A) Android
(B) WinRAR
(C) Xnview
(D) PhotoShop

( ) 8. 下列應用軟體用途之對應何者並不相同？
(A) Safari、Google
(B) GIMP、PhotoImpact
(C) Excel、Calc
(D) FrontPage、Dreamweaver

( ) 9. 下列有關軟體功能的敘述，何者正確？
(A) Dreamweaver 為聲音編輯軟體
(B) PhotoImpact 為影音編輯軟體
(C) Adobe Acrobat 為遊戲軟體
(D) MySQL 為資料庫系統軟體

( ) 10. 「四技二專計概測驗系統」，請問這套系統是屬於：
(A) 專案開發軟體
(B) 自由軟體
(C) 公用程式
(D) 作業系統

( ) 11. 大家常用的通訊軟體 LINE 是屬於電腦軟體的哪一個範疇？
(A) 作業系統
(B) 公用程式
(C) 應用軟體
(D) 編譯程式

( ) 12. 有關套裝軟體的敘述，下列何者**錯誤**？
(A) Google Chrome 為網頁瀏覽軟體
(B) PhotoImpact 為影像處理軟體
(C) Adobe Dreamweaver 為網頁編輯軟體
(D) Ubuntu 為影音編輯軟體

( ) 13. 使用通訊軟體傳送 20 張照片給朋友，為避免朋友下載檔案要操作 20 次，有可能使用下列哪一種軟體，將這 20 張照片壓縮成 1 個檔案後傳送，只要下載 1 次並解壓縮即可得到這 20 張照片？
(A) PhotoImpact
(B) WinZIP
(C) WS-FTP
(D) Photoshop

( ) 14. 下列哪一套軟體不是自由軟體？
(A) 微軟 Edge
(B) 7-Zip 壓縮軟體
(C) Impress 簡報設計軟體
(D) OpenOffice 辦公室軟體

( ) 15. 請問下列哪套軟體不屬於即時通訊軟體？
(A) Siri
(B) Skype
(C) Google Hangouts
(D) Wechat

( ) 16. 若要製作一份 DM 的編排設計，請問使用以下那一個軟體最適合？
(A) Adobe Indesign
(B) Winrar
(C) 會聲會影
(D) Excel

(　　) 17. 下列哪一種軟體的性質與其他三者不同？

        (A) Norton Antivirus　　　　　　　(B) PC-cillin

        (C) McAfee Antivirus Plus　　　　(D) Clonezilla

(　　) 18. 以下那一套軟體可以從網路上合法下載且免費的？

        (A) Adobe Photoshop　　　　　　(B) VLC

        (C) Photoimpact　　　　　　　　(D) Microsoft Word

(　　) 19. 若小豪想為專題製作一份問卷調查，請問他要使用下列那一套軟體較合適？

        (A) Onenote　　　　　　　　　　(B) Gmail

        (C) Forms　　　　　　　　　　　(D) Calendar

(　　) 20. 下列那一個雲端應用程式，可作為影音平台？

        (A) Stream　　　　　　　　　　　(B) Keep

        (C) Hangouts　　　　　　　　　　(D) Forms

解答

1	2	3	4	5	6	7	8	9	10
D	D	A	B	C	C	D	A	D	A
11	12	13	14	15	16	17	18	19	20
C	D	B	A	A	A	D	B	C	A

解析

17. Clonezilla 為備份軟體，其餘三者皆為防毒軟體。

19. Forms 為 Microsoft Office 365 製作問卷的軟體；Google 表單是 Google 製作問卷的軟體。

20. Stream 為 Microsoft Office 365 的影音平台，Google 的影音平台為 YouTube。

電腦通訊簡介

一、網路規模

類型	說明
區域網路（**LAN**） Local Area Network	1. 在一有限的地區內，將數部 PC 或其他周邊設備以某種網路架構連接起來，以達到彼此連通、互相傳遞資料或共用資源等目的。如在公司或學校裡所用的網路就屬於 LAN、Wi-Fi、乙太網路。 2. 特性：因為距離較短，傳輸速度快，資源共享：檔案共用、印表機共用、作業系統共用、電子郵件服務。
都會網路（**MAN**） Metropolitan Area Network	介於校園網路（CAN）和廣域網路（WAN）之間稱之為 MAN，實務上則多以 FDDI 光纖網路、WiMAX 為架構的主體。
廣域網路（**WAN**） Wide Area Network	「廣域網路」是「區域網路」的延伸，通常需利用公共的通訊設施（如電信局的交換機與數據線路）或衛星通訊來當作通訊的媒體，例如 TANET（台灣學術網）、WWW（全球資訊網）

二、網路存取型態

1. 主從式（**Client / Server**）：每台電腦都可以獨立作業，但其中會有一台或多台的伺服器專門提供網路服務給其他電腦使用。常見伺服器及其功能。

伺服器	功能
Web Server	提供全球資訊網服務，例如：Apache Server、IIS Server
Ftp Server	提供檔案傳輸服務，例如：WS-FTP、Filezilla
Mail Server	提供電子郵件收發服務，例如：GMAIL、Outlook Mail
DNS Server	將網域名稱轉成 IP 連上主機
DHCP Server	分派動態 IP 給用戶
Proxy Server	連至近端的代理伺服器可提升下載網頁的速率，並充當防火牆

2. 對等式（**Peer to Peer**，**P2P**）：所有電腦相互分享彼此資源，例如：BitTorrent、eDonkey、eMule、Line、Skype。

三、網路傳輸模式

1. 資料傳輸方向

   (1) 單工（Simplex）：滑鼠→電腦、電腦→印表機

   (2) 半雙工（Half Duplex）雙向無法同時：無線對講機、電腦←→磁碟機（如電腦與 SATA 介面的硬碟傳輸）

   (3) 全雙工（Full Duplex）雙向可以同時：電腦←→電腦、電話、視訊直播

2. 資料傳輸通道

   ● 並列：多條通道平行傳送，成本高、適合短距離。例如：印表機（LPT1）、AGP、內部匯流排

   ● 序列：1 條通道串聯傳送，成本低、適合長距離。例如：滑鼠 PS/2、USB、SATA、網路

3. 資料傳輸模式

   ● 非同步：封包以不規則速度傳送，資料前後加上起始及終止位元、速度較同步慢。例如：網際網路、ATM（非同步傳輸模式）

   ● 同步：送方與受方準備就緒後，資料整批傳送、速度快。例如：電腦內部資料讀寫、視訊會議

4. 傳輸訊號類型

   ● 基頻：同一時間只能傳送一種訊息：數位訊號，應用於 Ethernet 100 Base T，不需 Modem 轉換訊號

   ● 寬頻：同一時間能傳送多種訊息：類比訊號，應用於 WAN 中如 ADSL、CABLE 需 Modem 轉換訊號

5. 依資源的分享方式

   (1) 主從式架構（Client/Server）：用戶端向伺服器提出服務要求，由伺服器為用戶端服務。例如 Facebook、YouTube 等

   (2) 對等式架構（Peer-to-Peer）：網路上的主機同時擔任伺服器與用戶端

四、連上網際網路的方式

上網方式	說明
專線固接	利用固定線如上網，如下： ● **T1（1.544Mbps 即 1.544×10⁶bit/ 秒）** ● T2（4 條 T1） ● T3（28 條 T1 約 45Mbps） ● T4（6 條 T3=168 條 T1）

上網方式	說明
光纖上網 FTTx	Fiber To The x 即「光纖到 x」，為各種光纖通訊網路的總稱，其中 x 代表光纖線路的目的地。常見的 FTTx 有： ● FTTC；Fiber To the Curb，光纖到街角。 ● FTTB；Fiber To the Building，光纖到大樓。 ● FTTO；Fiber to the Office，光纖到辦公室。 ● FTTH；Fiber To the Home，光纖到府。
ADSL 撥接	非對稱數位用戶線路（ADSL）是屬於獨享式寬頻 ● 利用電話線（類比訊號）使用 ADSL 上網時，電話線路依然可以通話 ● 下載若速率為 512K~8Mbps，上傳速率 64K~4Mbps，故下載比上傳快 ● 個人電腦需添購網路卡及 ADSL 專用數據機，利用 PPPoE 協定連上 ISP ● 若下載 / 上傳是相同速率即對稱數位用戶線路，適用在企業、直播、上傳及下載速率要快
CABLE	纜線數據機（CABLE MODEM）是屬於共享式寬頻，愈多人速率愈慢 ● 利用有線電視（CABLE TV，CATV）網路上網 ● 上傳速率從數 Mbps 而下傳速率為數 10Mbps，速度不同，非對稱式

行動網路標準	最快速率	說明
3G	下載 384Kbps/ 上傳 64Kbps	3G 是指第 3 代（Generaton）
3.5G	下載 14.4Mbps/ 上傳 384Kbps	3G 的衍生
3.75G	下載 14.4Mbps/ 上傳 5.76Mbps	3G 的衍生
4G （第 4 代通訊）	下載大於 100Mbps/ 上傳大於 50Mbps	1. **LTE**（Long Term Evolution）由 3GPP 聯盟 2. 距離 3 公里以內，可相容現有行動電話系統

Quiz & Ans

(　) 1. 小豪上傳 50 MBytes 影片至 Facebook，若使用 300/100Mbps 的光世代上傳至 Facebook，大約需要多少時間？
　　(A) 約 0.5 秒鐘　　　　　　　　　　(B) 約 4 秒鐘
　　(C) 約 4 分鐘　　　　　　　　　　(D) 約 4 小時

(　) 2. 下列連接埠，何者採用串列的傳輸方式？
　　(A) AGP　　　　　　　　　　　　(B) LPT
　　(C) IDE　　　　　　　　　　　　(D) SATA

(　) 3. USB 介面的印表機與電腦之間是採用下列哪一種資料傳輸方式？
　　(A) 串列　　　　　　　　　　　　(B) 並列
　　(C) 寬頻　　　　　　　　　　　　(D) 廣播

( ) 4. 下列實例中，何者屬於「半雙工」的傳輸資料方式？
(A) 聽廣播電台節目 　　　　　　　　(B) 撥打 Line 語音
(C) 收看 YouTube 影片 　　　　　　　(D) 使用傳真機收發資料

( ) 5. 政府在偏鄉及各部落佈建寬頻網路。下列為網路佈建工作人員對寬頻的解釋，請問何者
有誤？
(A) 寬頻網路傳輸的訊號為類比訊號 　　(B) 同一時間只能傳輸一種類型的訊號
(C) 常應用在廣域網路的資料傳輸 　　　(D) 寬頻的英文名稱為 broadband

( ) 6. 資料傳輸方式是依照下列何者，區分成「串列式」傳輸和「並列式」傳輸？
(A) 訊號類型 　　　　　　　　　　　　(B) 傳輸資料線多寡
(C) 傳輸方向 　　　　　　　　　　　　(D) 傳輸距離

( ) 7. 下列何者是全雙工傳輸模式？
(A) 收音機 　　　　　　　　　　　　　(B) 警用對講機
(C) YouTuber 直播節目 　　　　　　　(D) 電鈴

( ) 8. 下列專有名詞的對照，何者**錯誤**？
(A) WAN：廣域網路 　　　　　　　　(B) Intranet：商際網路
(C) baseband：基頻 　　　　　　　　(D) half-duplex：半雙工傳輸

( ) 9. 關於 WAN、MAN 及 LAN 的分類，一般來說主要是以下列那一個因素的區分？
(A) 網路的拓樸結構 　　　　　　　　　(B) 網路的運作是屬公領域或私領域
(C) 網路的覆蓋面積 　　　　　　　　　(D) 網路的成員個數

( ) 10. 連上『Instagram(IG)』網站即可查看好友的近況或分享自己的心情。請問以上情境最適
合用來描述電腦網路的哪一種功能？
(A) 檔案共享 　　　　　　　　　　　　(B) 設備共享
(C) 訊息傳遞交換 　　　　　　　　　　(D) 分工合作

( ) 11. 電話或手機的傳輸模式，屬於下列何者？
(A) 單工傳輸 　　　　　　　　　　　　(B) 半單工傳輸
(C) 半雙工傳輸 　　　　　　　　　　　(D) 全雙工傳輸

( ) 12. 採用 ADSL 上網時，我們仍然可以使用電話設備，這是因為 ADSL 採用下列哪一種
技術？
(A) 基頻 　　　　　　　　　　　　　　(B) 寬頻
(C) 窄頻 　　　　　　　　　　　　　　(D) 變頻

( ) 13. 一般校園網路的頻寬大都有 T3（44.7Mbps）以上的資料傳輸速度，請問此頻寬可換算為
多少 Kbps ？
(A) 44.7×2^{10} Kbps 　　　　　　(B) 44.7×2^{20} Kbps
(C) 44.7×2^{-10} Kbps 　　　　　(D) 44.7×2^{-20} Kbps

( ) 14. 陳執行長位於台南總公司，想利用視訊會議與位於台北的王教授進行合約談判，下列何
種下載 / 上傳網路頻寬（以 bps 為單位）是此視訊會議「最佳」的選擇？
(A) 100M/20M 　　　　　　　　　　　(B) 300M/100M
(C) 100M/100M 　　　　　　　　　　(D) 200M/40M

( ) 15. 以一條傳輸速率為 10Mbps 的網路線直接連接主機（host）A 與主機 B，若主機 A 欲傳輸一個 10M 位元組的檔案至主機 B，則傳送該檔案所需的傳輸時間（transmission delay）最少為幾秒？
　　(A) 1 秒　　　　　　　　　　　　　　(B) 2 秒
　　(C) 4 秒　　　　　　　　　　　　　　(D) 8 秒

( ) 16. 在通訊科技發達的今日，網路已由基頻（Baseband）邁向寬頻（Broadband）。下列有關基頻與寬頻的敘述，何者**不正確**？
　　(A) 基頻或寬頻係取決於使用的傳輸媒體
　　(B) 寬頻以類比訊號傳輸資料，同一時間能傳輸文字、聲音與視訊等
　　(C) 寬頻網路可以提供遠距教學、虛擬實境與線上電玩等服務
　　(D) 有線電視網（Cable Network）與非對稱用戶迴路（ADSL）都是屬於寬頻網路

( ) 17. 下列哪些是電腦網路的功能？　a. 檔案 / 設備共享　b. 訊息傳遞與交換　c. 分工合作
　　(A) ab　　　　　　　　　　　　　　(B) bc
　　(C) ac　　　　　　　　　　　　　　(D) abc

( ) 18. 電腦與集線器之間的傳輸方式，同一時間只能傳輸 1 個位元，由此可知它是屬於下列哪一種傳輸方式？
　　(A) 並列　　　　　　　　　　　　　　(B) 串列
　　(C) 全雙工　　　　　　　　　　　　　(D) 單工

( ) 19. 網路頻寬（bandwidth）指的是同一時間內，網路資料傳輸的速率，下列何者是其常用的單位？
　　(A) bps　　(B) CPS　　(C) FPS　　(D) GPS

( ) 20. 阿義受命規劃行動補習網公司內部的網路連線，公司所有的部門在同一棟大樓內，他應當利用下列哪一種網路？
　　(A) 區域網路　　(B) 廣域網路　　(C) 網際網路　　(D) 衛星網路

解答

1	2	3	4	5	6	7	8	9	10
B	D	A	D	B	B	C	B	C	C

11	12	13	14	15	16	17	18	19	20
D	B	A	C	D	A	D	B	A	A

解析

1. 上傳速率為 100Mbps

2. 時間 $= \dfrac{50\text{MByte}}{100\text{Mbit/ 秒}} = 4$ 秒

5. 寬頻：同一時間能傳輸多種類型的訊號。

15. 10MB/10Mb=8 秒
　　1Byte = 8bit

18 考前衝刺 網路組成要素

一、網路 3 種類型

1. **INTERNET**（網際網路）：其前身為 1969 年美國國防部成立之 ARPANET 網路。

2. **INTRANET**（企業間網路）：其目的是對內部人員提供網路服務，提高效率。

3. **EXTRANET**（商際網路）：企業與企業之間的網際網路。

   規模由小至大： LAN < Intranet < Extranet < Internet

   快至慢：　　　封閉　封閉　半開放　　開放

二、網路傳輸媒介（線路）

有線媒體

1. 雙絞線（Twisted Pair Wire）：一般電話線即是，成本低，但容易受干擾，距離皆為 **100 公尺**，星狀拓樸，UTP/STP 雙絞線（**RJ-45 接頭**）

   - IEEE 802.3 的乙太網 10 base T：10 即 10Mbps

   - IEEE 802.3u 的高速乙太網 100 base Tx：100 即 100Mbps

   - IEEE 802.3ab 的超高速乙太網 1000 base T：1000M=1Gigabit

   - IEEE 802.3ae 的乙太網 10G base T，10Gbps 是 100Mbps 的 100 倍

   - IEEE 802.3ba 的乙太網 40G base LT4 或 100G base ER4，線材為光纖

2. 同軸電纜（Coaxial Cable）：一般有線電視系統，較快且高品質

   - 10 Base 2：10 即 10MBPS，2 即細同軸電纜線（RG-58），佈線距離 185 公尺，匯流排拓樸

   - 乙太網（Ethernet）為區域網路，採用 **CSMA/CD** 碰撞偵測

3. 光纖（Fiber Optics）：速度最快且保密性最高，一般用在骨幹道（FDDI），佈線很遠，例如：越洋的海底電纜、FDDI（光纖分散介面）、FTTH（光纖到府）

無線媒體（Wirelss）

1. 微波（Microwave）：無線電波，必須在高處直線傳輸，例如：廣播電台 103.3MHz

2. 蜂巢式無線電波（Cellular Network）：應用在行動電話（一般有 900、1800、1900MHz）

3. 紅外線（IrDA）：利用光波來傳輸資料，無穿透力，有接收角度，用在筆記型電腦、手機、周邊設備、遙控器

4. 藍牙（Bluetooth）：2.4GHz 有穿透力，無接收角度，用在筆記型電腦、手機、周邊設備

5. Wi-Fi：WLAN 採用 IEEE 802.11 進行無線傳輸，目前行動裝置及 3C 科技產品有支援，其頻率有 2.4GHz 及 5GHz。Wi-Fi 的加密防護機制：WEP、WPA、WPA2、Wi-Fi 識別為 SSID

6. 行動網路：3G 採用 WSDPA、3.5G 採用 HSPDA、**4G 採用 LTE**、LTE-A、5G

三、重要名詞中英對照表

英文	中文	英文	中文
Intranet Extranet Internet	企業內部網路 商際網路 網際網路	ATM 非同步傳輸模式	高速網路之架構 資料前後加上起 止位元
ISDN	整合服務數位網路	Hacker/Firewall	駭客族 / 防火牆
VAN	加值型網路	VOD	隨選視訊
VoIP	網路電路 即 PC-TO-PC	UPS	不斷電電源系統 供應器
ICANN（世界） TWNIC（台灣）	負責網域名稱管理	Repeater（中繼器） 屬於第 1 層實體層	將傳輸信號重新 產生並予放大， 以便能送至延伸 網路
DHCP NAT	ISP 動態分配 IP 的協定 IP 分享器（網路位址轉換）	Hub（集線器） 屬於第 1 層實體層	又稱多埠中繼器， 半雙工傳輸連接 多台電腦，降低 通訊成本星狀拓 樸，形成單一碰 撞領域的 LAN
TCP/IP	網際網路的通訊協定 TCP：傳輸層、IP：網路層	Switch Hub （交換器） 屬於第 2 層連結層	全雙工傳輸，效 能優於 Hub，具 備橋接器功能
WAP（手機上網） 無線應用軟體協定	WAP 成為第三代行動通訊與 行動多媒體的通用平台，使用 WML（無線標記語言）	Bridge（橋接器） 屬於第 2 層連結層	運作在連結層的 設備，用來連接 相同架構的子網 路，可分割子網 路，以 MAC 位址 過濾訊框

英文	中文	英文	中文
ISP ICP	網際網路服務供應商 網際網路內容供應商	Router（路由器） 屬於第 3 層網路層	連接 2 個以上不同架構的 LAN 或 LAN 連接 WAN 以 IP 尋求最佳的傳輸路徑
PING（連通測試） Ping 127.0.0.1（本機）	測試網路的連線狀況，會送出 32Bytes 的測試資料	Gateway（閘道器） 第 7 層應用層的設備	使不同通訊協定的網路互相通訊的設備又稱協定轉換器
IPconfig	查詢本機的 IP 位址及組態、子網路遮罩、預設閘道器	FEP（前端處理機）	專作 I/O 以提高主電腦效率
NIC（網路卡） 無線網卡或晶片	1. RJ-45：UTP CAT.5 雙絞線 2. BNC：RG58 細同軸電纜 3. 無線：搭配 AP 無線基地台 4. 網路卡上的 MAC 位址（實體位址或絕對位址）：每張網路卡有唯一的編號稱為 MAC 位址，共佔 **6 Bytes**（**48 bits**），由 6 組 16 進位的數字組成，例如 00-0A-58-8F-59-AA。	IP 分享器	將公有（真實）IP 分給多個私有（虛擬）IP 使用，用 NAT 技術

四、資料交換技術

1. 電路交換：建立專屬線路，直到傳輸的任一方主動中斷為止，其速度最快，如傳統的電話。

2. 訊息交換：資料以訊息為單位進行傳送，中間可以利用多個節點來傳接，是一種可以選擇不同傳輸路徑的資料交換技術。這種交換方式會造成傳輸有延遲的現象，其可靠性最低且速度最慢。早期的電子郵件就是以訊息交換方式傳遞郵件。

3. 封包交換：將訊息劃分成許多個特定大小的封包，根據網路流量的狀況透過不同的節點來傳輸，以加快資料的傳輸速度，網際網路與電子郵件的傳輸便採用此技術。

五、網路拓樸：節點與節點連接方式

網路拓樸	說明
星狀網路	用主電腦來指揮網路所有連接點，若主電腦故障，整個網路便會停止運作，資源採集中管理。
匯流排網路	1. 允許每部電腦都能控制網路的通訊工作。 2. 其利用一條共用線路把所有電腦連接起來，像是「等公車」的方式。 3. 所有電腦連至一條電纜線上，任何一台電腦故障，其他電腦無影響，故可靠性佳，但具廣播特性，故保密性差。

網路拓樸	說明
環狀網路	1. 所有的電腦用一個圓環狀網路連接起來，會因為某部電腦故障，而使整個網路停滯，故可靠性差。 2. 採用 Token-Ring 協定，取得記號封包才能傳送，所以不會有碰撞情形，每個節點傳輸機會均等。
網狀網路	1. 呈交錯式關係，每個節點做多對多連接。 2. 各電腦之間可以多重通道。
樹狀網路	呈層次式關係，每部區域電腦做一對多的連接。

Quiz & Ans

( ) 1. 有線電視系統例如 BB 寬頻不僅能互動式隨選視訊 MOD，還能透過 Cable Modem 來連上網際網路。請問這種系統是使用下列哪一種線材作為傳輸媒介？
(A) 同軸電纜　　　　　　　　　(B) 雙絞線
(C) 光纖電纜　　　　　　　　　(D) 天線

( ) 2. 下列有關光纖的敘述，何者**有誤**？
(A) 只適於傳送數位化的信號　　　(B) 可使用的頻寬，比同軸電纜高出許多
(C) 由玻璃纖維所組成，不受電磁干擾　(D) 傳輸速率高，體積細小

( ) 3. 請問閘道器（gateway）的主要功能為何？
(A) 讓多台電腦共用 1 個 IP 上網　　(B) 選擇封包最佳的傳輸路徑
(C) 連接使用不同通訊協定的網路　　(D) 轉換數位及類比資料

( ) 4. 下列有關連結設備的敘述，何者**不正確**？
(A) 數據機可將類比訊號轉換成數位訊號
(B) 中繼器是用來增強傳輸訊號的設備
(C) 每張網路卡都有一個 MAC 位址，其長度為 4bytes
(D) 在區域網路中常使用交換器，來連接多部電腦

( ) 5. 下列有關網路連結設備的敘述，何者**不正確**？
(A) 數據機：增強傳輸訊號　　　　(B) 網路卡：定義電腦的實體位址
(C) 交換器：連接多部電腦　　　　(D) 路由器：選擇封包最佳的傳送路徑

( ) 6. 下列有關乙太網路規格 100BaseFX 的敘述，何者**有誤**？
(A) Base 代表寬頻　　　　　　　(B) 使用線材為光纖
(C) 傳輸速率為 100Mbps　　　　　(D) 適用於星狀拓樸

( ) 7. 某公司的電腦無法連上網路，經檢查後發現是因為電纜線故障，導致整個網路癱瘓。由上述可判斷，該公司的網路是採用下列何種拓樸？
(A) 星狀　　　　　　　　　　　(B) 環狀
(C) 網狀　　　　　　　　　　　(D) 匯流排

( ) 8. 以下何者是 Ethernet 在匯流排（bus）上傳遞資料的通訊協定，要求網路上任何一台主機欲與同一網段上其他主機進行資料傳輸前，該主機要先測試該網段上是否有其他主機也在發出要求上網的訊號？
(A) DHCP
(B) ICMP
(C) CSMA/CD
(D) BCP

( ) 9. 下列有關 TCP/IP 協定集的敘述，何者**有誤**？
(A) 網際網路採用 TCP/IP 通訊協定
(B) DHCP 是傳送郵件的協定
(C) IP 是規範封包傳輸路徑選擇的協定
(D) TCP 是規範如何將資料正確地送達接收端的協定

( ) 10. 有關藍牙與紅外線傳輸的比較，下列敘述何者**錯誤**？
(A) 藍牙可以 1 對多傳輸
(B) 藍牙傳輸不受方向的限制
(C) 紅外線傳輸的角度限制在正負 15 度以內
(D) 紅外線傳輸所使用的傳輸媒介是無線電波

( ) 11. 下列四種傳輸媒介中，何者最不容易受到電磁波干擾？
(A) 光纖
(B) 雙絞線
(C) 細同軸電纜
(D) 粗同軸電纜

( ) 12. 每當發生重大政經、社會事件時，電視台業者通常都會透過 SNG 連線，提供民眾即時的現場報導，請問 SNG 連線是採用下列哪一種傳輸媒介來傳遞即時的新聞畫面？
(A) 光纖
(B) 紅外線
(C) 微波
(D) 雙絞線

( ) 13. 網路卡實體位址（MAC address）的長度總共有幾個位元（bits）？
(A) 16
(B) 24
(C) 32
(D) 48

( ) 14. 下列網路傳輸設備中，何者是用來將網路訊號增強後再送出？
(A) 橋接器（Bridge）
(B) 中繼器（Repeater）
(C) 路由器（Router）
(D) 交換器（Switch）

( ) 15. 下列有關網路設備的敘述，何者正確？
(A) 交換器是用來轉換數位訊號與類比訊號
(B) 橋接器是用來連接同一區域網路內的多部電腦
(C) 路由器是用來定義電腦在區域網路上的位置
(D) 閘道器是用來連接不同類型的通訊協定

( ) 16. 若要連接兩個不同的網路區段，且具有選擇資料傳輸路徑的功能，則使用下列哪一種網路通訊設備最合適？
(A) 路由器（Router）
(B) 集線器（Hub）
(C) 中繼器（Repeater）
(D) 橋接器（Bridge）

( ) 17. 電話線可以直接插於下列哪一種設備的插孔？
(A) 網路卡 　　　　　　　　　　(B) 數據機
(C) 光碟機 　　　　　　　　　　(D) 顯示卡

( ) 18. 下列何種網路設備，可讓多對電腦在同一時間互相傳送資料？
(A) Bridge 　　　　　　　　　　(B) HUB
(C) Router 　　　　　　　　　　(D) Switch

( ) 19. 下列哪一種網路拓樸，在資料傳送過程中，需要使用記號或權杖（Token），來決定網路傳輸媒體的使用權？
(A) 星狀 　　　　　　　　　　(B) 環狀
(C) 樹狀 　　　　　　　　　　(D) 匯流排

( ) 20. 10Base2 乙太網路使用 RG 58 同軸電纜為傳輸媒介，其網路拓樸（topology）為下列哪種結構？
(A) 星狀 　　　　　　　　　　(B) 環狀
(C) 匯流排 　　　　　　　　　　(D) 網狀

 解答

1	2	3	4	5	6	7	8	9	10
A	A	C	C	A	A	D	C	B	D
11	12	13	14	15	16	17	18	19	20
A	C	D	B	D	A	B	D	B	C

 解析

11. 紅外線傳輸所使用的傳輸媒介是光波。

全球資訊網與資料搜尋

一、WWW 與資料搜尋

1. World Wide Web（全球資訊網）

   http:// 主機名稱 . 機構名稱 . 類別領域 . 國碼 / 路徑 / 檔名

   通訊協定：**//Domain Name**（領域名稱）或 **IP**　**http**：超本文傳輸協定

2. WWW 看網頁需安裝瀏覽器（Browser）：

   - Safari（Apple）
   - Chrome（Google）
   - Firefox（Linux）
   - Internet Explorer（IE）
   - Edge（Microsoft）
   - Opera

3. 搜尋引擎（Search Engine）

   (1) 入口網站：入口網站本身就是一個網站，消費者查詢的結果是網站本身所提供，好處是網站已經把某領域中諸多資訊仔細的統整分類好了，如登入購物網就可以瀏覽許多產品資訊，可以直接搜尋價位或款式，快速找到符合自己需求的商品。

   (2) 知識查詢：透過特定網站提供使用者查詢相關的知識，例如：維基百科（Wikipedia）、Yahoo! 知識＋等。

   (3) 功能：搜尋引擎尋找包含網頁、圖片、新聞群組及網頁目錄的所有資料。

   (4) 國內外搜尋引擎：Google、PChome Online、Yahoo! 奇摩、微軟 Bing。

   (5) 搜尋的語法：

語法	查尋的內容	範例
＋ 或空格（△）	想要查兩個關鍵字之間的交集資料	高雄＋自行車道 高雄 △ 自行車道
-	刪除不必要的查詢結果	北部自行車道 △ - 新北市 北部自行車道 - 新北市
OR	除了可以查到兩個關鍵字都會出現的網頁資料外，還可以查到兩個關鍵字個別分屬的資料網頁，會得到數目最多的搜尋結果	日月潭 OR 自行車道

語法	查尋的內容	範例
filetype:	搜尋特定檔案格式	計算機概論總複習 filetype:pdf
site:	搜尋特定網站或國家組織	golden retreivers site:akc.org 搜尋黃金獵犬相關資訊
Intext:	只搜尋網頁內文中的文字	Intext: 機器人
link:	查詢連到特定網址網頁	link:www.lib.ntu.edu.tw
related:	查詢同類型的網頁	related:www.google.com 查詢與 google 同類型的網頁

二、終端設備連上 Internet 流程

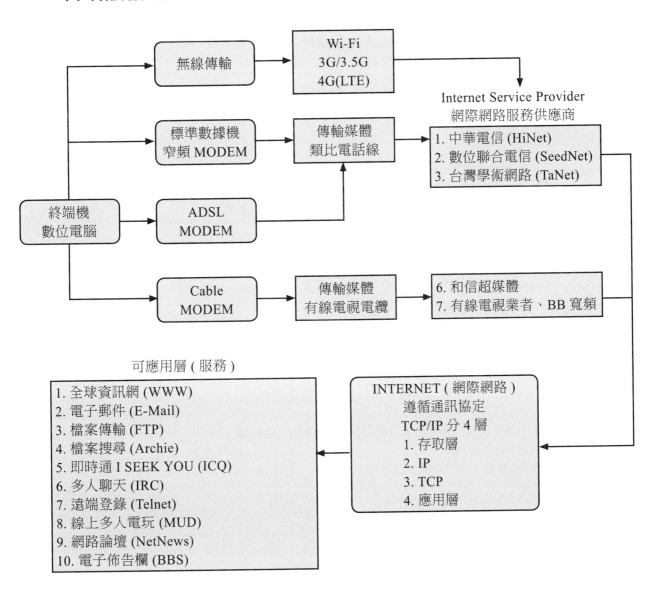

Quiz
&Ans

(　　) 1. 在 Google 搜尋引擎之欲搜尋關鍵字欄位中進行下列哪一種資料輸入，可以在 aa.com 網站中搜尋到內容有「BB」但排除「CC」及「DD」的網頁？
(A) BB -CC DD site:aa.com　　　　(B) BB -CC -DD site:aa.com
(C) BB -CC DD http:aa.com　　　　(D) BB -CC -DD http:aa.com

(　　) 2. URL（Uniform Resource Locator）是用來表示某個網站或檔案在網際網路中，獨一無二的位址。下列何者屬於 URL 的一部分？
(A) 檔案格式、檔案屬性　　　　(B) 檔案建立時間、日期
(C) 檔案大小、檔案格式　　　　(D) 檔案路徑、檔案名稱

(　　) 3. 下列有關非對稱數位用戶線路（ADSL，Asymmetric Digital Subscriber Line）的敘述，何者**不正確**？
(A) 可以雙向傳載（上傳與下載）
(B) 可以同時使用電話及上網，且不會相互干擾
(C) 是透過現有的電話線路連接至電信公司的機房
(D) 資料上傳與下載速度相同

(　　) 4. 下列有關檔案傳輸的敘述何者**有誤**？
(A) 常見的瀏覽器如 Chrome、Firefox 皆有提供檔案下載的功能
(B) 利用 FTP 軟體會利用分流的特性加速檔案的傳送速度
(C) Filezilla 是常見的 FTP 軟體
(D) 使用續傳軟體下載檔案時若遇到斷線，待重新連結後檔案仍會從中斷的地方繼續下載

(　　) 5. 下列有關資料搜尋的敘述何者**錯誤**？
(A) Google Map 可以建議行車路線
(B) 維基百科提供知識搜尋的服務
(C) 搜尋網路中的檔案必須透過檔案伺服器來完成
(D) 在搜尋引擎中輸入關鍵字可以快速找到相關資料

(　　) 6. 要看 WWW 中的各類資訊，通常藉助下列哪一種軟體？
(A) 影像處理軟體　　　　(B) 電子郵件軟體
(C) 簡報軟體　　　　(D) 瀏覽器

(　　) 7. 若我們想要在 Google 搜尋引擎中，找到內容含有「計算機概論考古題」但又不想要含有「解答」的 pdf 格式文件，下列哪一個搜尋字串最能符合需求？
(A) (計算機概論考古題 - 解答)in:pdf
(B) 計算機概論考古題 - 解答 filetype:pdf
(C) 計算機概論考古題 NO 解答 filein:pdf
(D) 計算機概論考古題 without: 解答 typein:pdf

( ) 8. 以 Google 搜尋引擎為例，使用下列字串搜尋，哪一種搜尋結果的項目數最少？
    (A) 統測 學測
    (B) 統測 OR 學測
    (C) 統測 - 學測
    (D) "統測學測"

( ) 9. 下列有關維基百科（Wikipedia）的敘述，何者**不正確**？
    (A) 是網路百科全書
    (B) 所提供的資訊客觀且正確
    (C) 是可供多人協同創作的系統
    (D) 有不同語言版本的網站供使用者選擇

( ) 10. 下列何者不是網頁瀏覽器？
    (A) Mozilla Firefox
    (B) Google Chrome
    (C) Microsoft Edge
    (D) Visual Studio

( ) 11. 在 google 網站中要搜尋「計概考題」的相關資料，但是不希望出現程式語言的考題，應該如何輸入查詢字串？
    (A) 計概考題 ! 程式語言
    (B) 計概考題 - 程式語言
    (C) 計概考題 # 程式語言
    (D) 計概考題 $ 程式語言

( ) 12. 某 URL 網址開頭為 https : // 這表示該網站使用了哪個安全規範？
    (A) VPN（Virtual Private Network）
    (B) SSL（Secure Sockets Layer）
    (C) SATA（Serial Advanced Technology Attachment）
    (D) RSS（Really Simple Syndication）

( ) 13. 下列哪一個 Google 運算子用來搜尋特定網站的資料？
    (A) site:
    (B) inurl:
    (C) link:
    (D) location:

( ) 14. 圖（二）是「Google 地圖」的局部網頁示意圖，圖中 ◆ 與下列何種功能最相關？
    (A) 搜尋
    (B) 規劃路線
    (C) 瀏覽街景
    (D) 畫面向右旋轉 90 度

圖（二）

( ) 15. 圖（四）是在谷歌地圖（Google Maps）網站中搜尋「凱達格蘭大道」後局部網頁的示意圖，網頁中的 👤 與下列何種功用最相關？
    (A) 尋找好友
    (B) 規劃路線
    (C) 相片瀏覽
    (D) 瀏覽街景

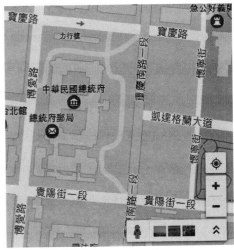

圖（四）

( ) 16. 下列哪一選項與電子佈告欄（BBS）的使用最相關？
    (A) Email   (B) FTP
    (C) SMTP   (D) Telnet

( ) 17. 關於全球定位系統（Global Positioning System , GPS），下列敘述何者正確？
    (A) GPS 主要是透過衛星傳輸地圖資料給使用者，以便使用者了解自己的位置
    (B) GPS 導航機必須向衛星發射自己的座標資訊，衛星再將此座標資訊標記到地圖上回傳給 GPS 導航機進行顯示
    (C) 沒有網際網路連線時，手機內的 GPS 晶片仍可以接收衛星的座標資料
    (D) 一個 GPS 系統僅能接收一個衛星的資料，否則多個衛星的不同資訊會造成混淆

( ) 18. 在網頁設計中，有關「影像地圖」的概念，以下何者正確？
    (A) 網站開發者對於網路相簿的網站，提供網站中有哪些圖片或影像的清單，協助瀏覽者能夠快速找到想要的圖片
    (B) 網站開發者使用虛擬實境的技術，提供瀏覽者所指定地點周遭的影像，以便協助瀏覽者更容易了解周遭的環境
    (C) 網頁開發者針對圖片中的區域設定超連結，當瀏覽者點選到特定的區域時，就會連結到指定的網址
    (D) 網站開發者針對電子地圖網站，提供所需要的影像圖資之技術

( ) 19. 佳宜想與男友利用電腦即時交談討論大學生活、想法等，以便瞭解他在大學的點點滴滴，她可利用以下哪一個軟體？
    (A) E-mail   (B) Wikipedia
    (C) FTP   (D) Facebook

( ) 20. 下列關於網路熱門服務與應用的敘述何者正確？
    (A) Skype 的主要應用是線上文書處理與電子試算表
    (B) Wikipedia 網路百科是由大英百科全書提供的知識百科網站
    (C) 線上遊戲的主要特色是能夠和其他參與遊戲的網友互動
    (D) Facebook 的主要服務項目是影片交流分享

解答

1	2	3	4	5	6	7	8	9	10
B	D	D	B	C	D	B	D	B	D

11	12	13	14	15	16	17	18	19	20
B	B	A	B	D	D	C	C	D	C

解析

4. 利用分流特性的軟體為 P2P。

6. 如果沒有瀏覽器的話，須以文字命令介面來下載各種所需的檔案。

11. 在搜尋引擎中若要剔除不要的內容，可以使用減號「-」連接要剔除的關鍵字。

網際網路之服務及商業應用

一、電子郵件 E-MAIL

電子郵件位址 {
帳號　at　信箱（主機名稱）

user.id @ gmail.com

使用者名稱
}

1. 收件伺服器通訊協定：**IMAP、POP3**

2. 寄件伺服器協定：**SMTP**

3. 使用軟體：Microsoft Outlook 可離線閱讀信件，信件用 **POP3** 下載到用戶端

4. 線上 Web mail：以網頁介面提供的 Email 服務，其協定用 **IMAP**，信件存在伺服器

5. 若轉寄信件前方會加入 **Fw：**，若回覆信件會出現 **Re：**

6. 信件中若有附加檔案會出現迴紋針

7. 信件若是緊急優先信件會出現「**!**」

8. 密件副本：收件人無法得知其他副本收件人有誰，保護個資

9. 簽名檔：事先建立好，可直接加於信件末端

10. 若利用超連結，則協定為 mailto：帳號 @ 郵件伺服器

二、電子郵件常用之協定

協定名稱	說明
簡易信件傳輸協定 （SMTP，Simple Mail Transfer Protocol）	寄件伺服器協定，負責信件的發送、收信、轉送以及信件的管理（如信件的儲存）之功能
郵局協定 （POP3，Post Office Protocol Version 3）	用來接收 E-mail 的通訊協定，POP3 中的 "3" 代表第三版的意思
網際網路訊息存取協定 （IMAP，Internet Message Access Protocol）	通常使用在 Web Mail（網頁版的電子郵件），其郵件無論寄或收一定要先連線至伺服器，故郵件存於伺服器端，所以較不易中毒。如 Gmail

三、檔案傳輸的方式

協定名稱	說明
HTTP	透過瀏覽器下載檔案，或按滑鼠右鍵啟動快顯功能表下載所需檔案
檔案傳輸協定（FTP，File Transfer Protocol）	利用 FTP 取得檔案之前，必須先登入到檔案所在的主機上，也可以使用匿名（anonymous）的方式。（ftp:// 帳號：密碼 @ftp 主機位址）
P2P	稱之為點對點傳輸，使用者可以直接連接到其他使用者的電腦，進行文件的共用與交換，如 Kuro、ezPeer、eDonkey…等

四、關於瀏覽器常用的設定

名稱	說明
首頁	瀏覽器開啟的第一個頁面，使用者可自行設定。
快顯設定	可以阻攔彈跳式廣告視窗。
隱私權設定	設定網際網路存取 cookie 的權限。
標籤或我的最愛	將喜歡的網頁儲存起來，方便下次快速開啟閱覽。
清除瀏覽資料	清除歷史記錄、Cookie、快取等資料。
無痕模式	在瀏覽網頁的過程中，不會留下任何瀏覽記錄（如網頁暫存檔、ccookie）暫存於電腦中。

Quiz & Ans

( ) 1. 「憤怒鳥」手機遊戲推出 Chrome 版，可讓使用者在個人電腦上也能玩此款遊戲。請問上述的 Chrome 指的是下列哪一類軟體？
(A) 瀏覽器軟體
(B) 遊戲軟體
(C) 作業系統
(D) 影音播放軟體

( ) 2. 「花博展」每年吸引眾多的遊客參訪，如果你想要帶家人參加，使用下列哪一種方法可讓你較精確地搜尋到相關活動？
(A) 使用不同的搜尋引擎
(B) 善用 AND、OR 邏輯運算子搭配關鍵字
(C) 使用較快的網路頻寬
(D) 將防火牆關閉

( ) 3. 下列有關 IE 瀏覽器的敘述，何者**不正確**？
(A) 是蘋果電腦內建的瀏覽器軟體
(B) 在瀏覽網頁時，將指標移至超連結上，指標會變成手狀圖案
(C) 瀏覽網頁時，電腦會自動將網頁資料複製至電腦中，這屬於合法的重製行為
(D) 可將經常瀏覽的網站加入「我的最愛」，以記錄該網站的網址

( ) 4. 下列有關瀏覽器首頁的敘述，何者**有誤**？
    (A) 指開啟瀏覽器後，第 1 個顯示的網頁
    (B) 瀏覽器首頁可依使用者的使用需求自行設定
    (C) 按工具列中的首頁鈕，可快速連上設定的首頁
    (D) 設定首頁可加快網頁傳輸的速度

( ) 5. 使用電子郵件軟體（如 Outlook Express），除了需設定帳號及密碼外，第一次還需輸入以下哪兩種伺服器的位址？
    (A) FTP、POP3   (B) POP3、SMTP
    (C) HTTP、SMTP   (D) DNS、POP3

( ) 6. 艾迪使用電子郵件軟體收發郵件時，發現無法收取信件，但可以寄出郵件。請問發生上述情形最可能的原因為何？
    (A) SMTP 伺服器故障
    (B) POP3 伺服器故障
    (C) 電子郵件軟體未設定內收郵件伺服器
    (D) 將內收與外寄郵件伺服器設定成相同一部伺服器

( ) 7. 關於 Microsoft Outlook Express 中「回覆」功能的敘述，下列何者正確？
    (A) 「回覆」時，可以附加多個檔案
    (B) 「回覆」時，「主旨：」欄會被自動加入 Fw：
    (C) 「回覆」時，「收件者：」欄需自行填入收件者的電子郵件位址
    (D) 「回覆」時，「副本：」欄會被自動填入寄件者的電子郵件位址

( ) 8. 如果你收到一封主旨為「Re: 聚餐調查表」的電子郵件，請問這封郵件最可能代表什麼意思？
    (A) 內含有附加檔案的郵件   (B) 被郵件伺服器退信的郵件
    (C) 朋友轉寄給你的郵件   (D) 朋友回覆給你的郵件

( ) 9. 電子郵件地址主要是由以下哪兩個部分所組成的？
    (A) 使用者帳號、郵件伺服器位址   (B) 使用者帳號、使用者密碼
    (C) 內收、外寄郵件伺服器位址   (D) 郵件伺服器位址、主機名稱

( ) 10. 收發電子郵件時，負責郵件收取的是__**(1)**__伺服器，負責郵件發送的是__**(2)**__伺服器。請問空格__**(1)**__、__**(2)**__應分別填入
    (A) HTTP、FTP   (B) FTP、SMTP
    (C) SMTP、POP3   (D) POP3、SMTP

( ) 11. 下列對電子郵件（E-mail）的敘述何者**有誤**？
    (A) 電子郵件帳號格式為：帳號 & 伺服器主機網址
    (B) 可同時寄一信給多人
    (C) 可在信中加入附加檔案
    (D) 利用 SMTP 外寄主機寄信

( ) 12. 在 Outlook Express 收件匣中，若郵件前出現紅色「！」符號，表示此郵件為：
    (A) 高優先順序   (B) 帶有病毒
    (C) 含有附加檔案   (D) 未閱讀過

( ) 13. 我們在網路上所申請的網路電子信箱（Web Mail），例如 Google 公司提供的 Gmail 信箱，是使用下列哪一種通訊協定（protocol）來收取信件？
(A) SMTP
(B) FTP
(C) IMAP 或 POP3
(D) HTML

( ) 14. 下列有關網路電子信箱的敘述，何者**錯誤**？
(A) 收取的郵件可以下載並儲存在電腦硬碟中，供離線閱讀
(B) 個人可使用的電子信箱空間通常是由網路業者決定
(C) 可直接以瀏覽器軟體來閱讀郵件
(D) 只要使用可連上網際網路的電腦即可收發郵件

( ) 15. 假設我們想進入總統府的網站，卻不知道總統府網站的網址，下列哪一種服務可以最快幫助我們找到網址？
(A) 搜尋引擎
(B) Archie
(C) FTP
(D) BBS

( ) 16. 若涵發現收到的多封電子郵件中，有一封郵件的收件者未顯示自己的電子郵件地址，請問這是因為下列何種原因所引起的結果？
(A) 該郵件含有附加檔案
(B) 該郵件沒有主旨
(C) 對方將她的電子郵件地址輸入在「密件副本」欄
(D) 該郵件為轉寄信件

( ) 17. 下列對全球資訊網（WWW）的敘述，何者**有誤**？
(A) 無法傳遞多媒體資料
(B) www 都是用 HTML 撰寫的
(C) 主要傳輸的通訊協定是 HTTP
(D) 使用者一般都使用瀏覽器（Browser）來搜尋及閱讀資料

( ) 18. 下列關於電子郵件的敘述，何者正確？
(A) 傳送電子郵件時，只能附加傳送文字檔
(B) 傳送新郵件時，可以填寫一個以上的收件者
(C) POP3 通訊協定提供寄發及接收電子郵件的功能
(D) 電子郵件帳號主要由使用者名稱與網路名稱所組成

( ) 19. 小豪欲以 Outlook Express 寄一封電子郵件給兩位好朋友，下列何者為正確的「收件者」欄位的填寫方式？
(A) eddy@ntust.edu~ wang@ntust.edu
(B) eddy@ntust.edu+ wang@ntust.edu
(C) eddy@ntust.edu:wang@ntust.edu
(D) eddy@ntust.edu,wang@ntust.edu

( ) 20. 關於電子郵件（Email）的敘述，下列何者**錯誤**？
(A) 郵件一經寄出，即使郵件伺服器有問題，也不會被退信
(B) 可以一次將一封郵件同時發送給多個收件者
(C) 寄件伺服器可以是任一部郵件伺服器，收件伺服器必須是郵件帳戶所屬的伺服器
(D) 寄送郵件是指將郵件寄至收件者所屬的伺服器而非電腦中

解答

1	2	3	4	5	6	7	8	9	10
A	B	A	D	B	B	A	D	A	D

11	12	13	14	15	16	17	18	19	20
A	A	C	A	A	C	A	B	D	A

解析

3. Internet Explorer（IE）為 Windows 內建的瀏覽器，蘋果電腦內建的瀏覽器軟體是 Safari。

4. 設定首頁可以方便使用者快速回到首頁，並不會加快網頁傳輸的速度。

7. 回覆會出現 Re:，會自動填入收件人。

11. 電子郵件帳號格式為：帳號 @ 伺服器主機網址

14. 網路電子信箱採線上閱讀的方式。

一、TCP/IP、OSI 通訊協定

OSI Model

TCP/IP model	Protocols and services	OSI model
Application	HTTP, FTTP, Telnet, NTP, DHCP, PING	Application / Presentation / Session
Transport	TCP, UDP	Transport
Network	IP, ARP, ICMP, IGMP	Network
Network Interface	Ethernet	Data Link / Physical

OSI Model（Host Layers / Media Layers）

Data	Layer
Data	Application — Network Process to Application
Data	Presentation — Data representation and Encryption
Data	Session — Interhost communication
Segments	Transport — End-to-End connections and Reliability
Packets	Network — Path Determination and IP (Logical addressing)
Frames	Data Link — MAC and LLC (Physical addressing)
Bits	Physical — Media, Signal and Binary Transmission

1. 協定（Protocol）：指網路上各機器間共同遵守的傳輸資料規則，國際標準組織（ISO）提出開放式系統連結參考模式（OSI）為網路通訊的標準，共計有 7 層架構，美國國防部（DOD）制定 INTERNET 標準通訊協定 TCP/IP 分成 4 層。

2.

TCP/IP	OSI	名稱	功能	相關技術及設備
四 應用層	七	應用層 Application	使用者應用程式與網路之間的介面	網路應用軟體：EMAIL（SMTP、POP3、IMAP）、WWW（http、https）、FTP、LINE、IE、CHROME
	六	展示、表達層 Presentation	資料結構的確認 協調資料交換格式	EBCDIC/ASCII 加 / 解密（SSL）、壓 / 解壓縮
	五	會議、交談層 Session	建立傳輸管道 單工 / 半雙工 / 全雙工	DNS：允許使用者使用簡單易記的名稱建立連線並轉成 IP 後連上 SERVER

TCP/IP	OSI	名稱	功能	相關技術及設備
三 傳輸層 即 TCP	四	傳輸層 Transport	1. 提供點對點的可靠連線 2. 不同主機間可靠資訊流傳輸	TCP 協定（可靠、正確） UDP 協定（不可靠、快速、大量）
二 網際層 即 IP	三	網路層 Network	1. 決定最佳傳輸路徑 2. 透過大型互連網路將資料路由傳遞封包過去	IP 協定 路由器（Router）
一 網路 存取層	二	資料連結層 Data Link	1. 定義存取方式以及形成訊框 2. 主導網路傳輸媒體的存取 3. 偵錯處理（將資料加入檢查碼，讓接收端檢查是否正確）	橋接器，交換式集線器 網路卡 MAC 位址、ARP（IP 對應 MAC）
	一	實體層 Physical	1. 定義電子機械特性 2. 將資料轉換成位元訊號	傳輸媒體、中繼器、集線器

3. 此七層中運作的資料以封包 Packet 統稱。而 INTERNET 採分封交換（Packet switch）方式傳輸資料。

通訊協定	PORT	用途說明
http	80	瀏覽全球資訊網（WWW）
https	443	SSL 加密瀏覽全球資訊網（WWW）
ftp	20/21	檔案傳輸，檔案上傳 Upload/ 下載 Down
SMTP	25	寄信協定，以電子郵件軟體（如 Outlook Express）傳送郵件
POP3	110	以電子郵件軟體接收郵件伺服器上的郵件，存到用戶端電腦
IMAP	143	用途與 POP3 相同，差別在於，IMAP 也可直接連結至郵件伺服器中，以讀取郵件。常見的網頁郵件 GMAIL、YAHOO MAIL 使用此種協定
telnet	23	可讓用戶端以模擬終端機的方式，登入至遠端主機
DNS	53	互轉網域名稱與 IP 位址
TCP/IP		Internet 標準通用協定，由美國國防部 DoD 制定，分 4 層
DHCP		動態分配 IP 位址
TCP		採「連接導向」的方式傳送資料，確定資料傳輸過程與收到的正確性，即不同主機間的可靠資訊流傳輸
UDP		用途與 TCP 協定相近，採「非連接導向」的方式傳送資料，用於網路電話、即時通、串流影音，與 TCP 皆為 OSI 第 4 層傳輸層
IP		選擇資料封包的傳輸路徑，OSI 第 3 層網路層
ICMP		PING 遠端連通測試，傳送錯誤訊息（如封包傳送失敗）
ARP		將 IP 位址轉換成實體位址（MAC）

Quiz
&Ans

( ) 1. 下列有關 TCP/IP 協定集的敘述,何者**有誤**?
(A) 網際網路採用 TCP/IP 通訊協定
(B) DHCP 是傳送郵件的協定
(C) IP 是規範封包傳輸路徑選擇的協定
(D) TCP 是規範如何將資料正確地送達接收端的協定

( ) 2. 以國際標準組織(ISO)所制定的開放系統互連架構(OSI)為主,其中屬於第三層的資料單位稱為什麼?
(A) 訊框(Frame) (B) 封包(Packet)
(C) 片段(Segment) (D) 訊息(Message)

( ) 3. 下列有關 UDP(User Datagram Protocol)的敘述,何者正確?
(A) UDP 為不需建立連線(connectionless)的通訊協定
(B) UDP 有封包重傳(retransmission)機制
(C) UDP 有壅塞控制(congestion control)機制
(D) UDP 保證資料可以在限定時間內送達

( ) 4. 下列有關 OSI 的敘述,何者**有誤**?
(A) 網路卡在第一～二層中運作 (B) 第一層為應用層
(C) OSI 架構共分為七層 (D) 在 OSI 架構中,實體層最接近網路硬體

( ) 5. 「動態主機設定協定」允許 IP 位址動態分配,其英文縮寫為?
(A) WWW (B) TCP/IP
(C) POP (D) DHCP

( ) 6. 架設區域網路所必須使用的網路卡,屬於 OSI 七層架構中的哪一層?
(A) 會議層 (B) 資料鏈結層
(C) 網路層 (D) 傳輸層

( ) 7. 用來強化傳輸訊號的中繼器,其功能可對應至 OSI 七層架構中的哪一層?
(A) 實體層 (B) 資料鏈結層
(C) 網路層 (D) 傳輸層

( ) 8. 當資料經由傳輸媒體到達電腦時,便需要藉由網路卡接收,而每張網路卡都有唯一的位址號碼,此稱之為?
(A) IP 位址 (B) 邏輯位址
(C) 實體位址 (D) 節點位址

( ) 9. 下列有關網路設備的敘述,何者正確?
(A) 交換器是用來轉換數位訊號與類比訊號
(B) 橋接器是用來連接同一區域網路內的多部電腦
(C) 路由器是用來定義電腦在區域網路上的位置
(D) 閘道器是用來連接不同類型的通訊協定

( ) 10. 大強的公司有三層樓，每一層樓都有一個獨立的區域網路，若要將這些區域網路連結起來，則可以使用下列何種網路裝置來避免各網路間的訊息干擾？
(A) 交換器
(B) 橋接器
(C) 路由器
(D) 閘道器

( ) 11. 關於 OSI 七層網路架構模式的敘述，下列何者正確？
(A) 網路層負責兩點之間的資料傳送
(B) 會議層負責資料格式的轉換
(C) 傳輸層負責將資料轉換成封包
(D) 實體層定義網路硬體的傳輸媒介與規格

( ) 12. 在 OSI 七層網路通訊協定架構中，下列何層負責處理資料的轉換（包括將資料編碼、壓縮、解壓縮、加密、解密等），並建立上層可以使用的格式？
(A) 資料連結層（Data Link Layer）
(B) 表示層（Presentation Layer）
(C) 會議層（Session Layer）
(D) 傳輸層（Transport Layer）

( ) 13. 下列哪一種設備，其主要運作層次為『網路層』？
(A) 橋接器（bridge）
(B) 檔案伺服器
(C) 中繼器（repeater）
(D) 路由器（router）

( ) 14. 下列何者在開放系統互連參考模型（OSI model）中，運作的層次最低？
(A) 路由器（router）
(B) 中繼器（repeater）
(C) 橋接器（bridge）
(D) 閘道器（gateway）

( ) 15. 開放式系統互連的模型中，一個封包如果在丟失的情況下，要等待多久會被重新發送，這是由以下哪一層通訊協定決定？
(A) 傳輸層（Transport）
(B) 資料鏈結層（Data Link）
(C) 實體層（Physical）
(D) 網路層（Network）

( ) 16. 國際標準組織（ISO）所制定的開放式系統連結（OSI）參考模式中，下列哪一層最接近網路硬體？
(A) 資料連結層
(B) 會議層
(C) 傳輸層
(D) 網路層

( ) 17. 從功能面來看，社群軟體 Line、FB 應歸屬於 ISO 所規範的 OSI 架構中的哪一層？
(A) 傳輸層
(B) 會議層
(C) 表達層
(D) 應用層

( ) 18. 對於網際網路所提供的服務，下列有關通訊協定的敘述何者正確？
(A) DHCP 通信協定主要是應用於網路電話
(B) FTP 通信協定主要是應用於傳送電子郵件
(C) HTTP 通信協定主要是應用於瀏覽全球資訊網
(D) SMTP 通信協定主要是應用於檔案上傳或下載

(   ) 19. 下列何者不是 Windows 7 中「Internet Protocol（TCP/IP）內容」的設定選項？

(A) 子網路遮罩
(B) 預設閘道
(C) 主機名稱
(D) 慣用 DNS 伺服器

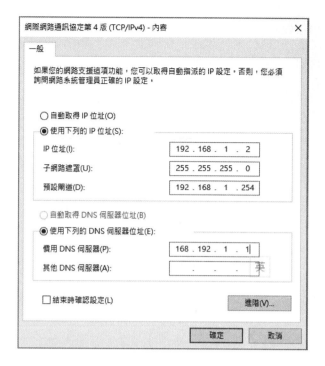

(   ) 20. TCP/IP 通訊協定提供下列哪兩層的功能？

(A) 應用層與傳輸層
(B) 傳輸層與網際網路層
(C) 網際網路層與網路存取層
(D) 網路存取層與實體層

解答

1	2	3	4	5	6	7	8	9	10
B	B	A	B	D	B	A	C	D	B

11	12	13	14	15	16	17	18	19	20
D	B	D	B	B	A	D	C	C	B

解析

3. UDP 不需要建立連線，且提供的是一個非可靠的非連線型（Connectionless）的資料流傳輸服務，它不會運用確認機制來保證資料是否正確的被接收，不需要重傳遺失的資料，資料的接收也可不必按順序進行，也不提供回傳機制來控制資料流的速度。

4. 第一層為實體層。

14. (A) 路由器（router）：網路層（第 3 層）
(B) 中繼器（repeater）：實體層（第 1 層）
(C) 橋接器（bridge）：資料連結層（第 2 層）
(D) 閘道器（gateway）：應用層（第 7 層）

15. 負責偵錯處理（將資料加入檢查碼，讓接收端檢查是否正確）。

17. LINE、Facebook 社群軟體屬於應用層。

18. (A) VoIP 通信協定主要是應用於網路電話
(B) SMTP 通信協定主要是應用於傳送電子郵件
(D) FTP 通信協定主要是應用於檔案上傳或下載

IP 位址與網域名稱

一、IPv4 及 IPv6

1. 網址 IPv4 共四組數字，每組佔 1 Byte = 8 bit 可編 256 種碼即 0 ～ 255

$$\underset{\text{1 Byte}}{0\sim255}\cdot\underset{\text{1 Byte}}{0\sim255}\cdot\underset{\text{1 Byte}}{0\sim255}\cdot\underset{\text{1 Byte}}{0\sim255}$$

IPv4 佔 4Byte = 32bit 故最多有 2^{32} 個 **IP**

IPv4 分成 A~E 共 5 級	Class A（國家級）	Class B（跨國企業）	Class C（小型企業）
IP 範圍	**0~127.X.X.X**	**128~191.X.X.X**	**192~223.X.X.X**
網路 ID + 主機 ID	網路 ☐ ☐ ☐ 8bit + 24bit = 2^{24}-2	網路 網路 ☐ ☐ 16bit + 16bit = 2^{16}-2	網路 網路 網路 ☐ 24bit + 8bit = 2^{8}-2
子網路遮罩 判斷是否同網域	255.0.0.0	255.255.0.0	255.255.255.0
私有或專用 IP （即無法通過防火牆連通到外界的內部 IP）	**10**.x.x.x（Intranet 用） **127.0.0.1**（指向本身）	**172.16**.x.x~ **172.31**.x.x	**192.168**.x.x
Class D：224~239.X.X.X 群體廣場　　Class E：240~255.X.X.X 保留位址			

2. 三種位址由長到短為 IPv6 > MAC 位址 > IPv4

項目	IPv6	MAC	IPv4
長度	**128bits=16Bytes**	**48bits=6Bytes**	**32bits=4Bytes**
可表示位址數量	2^{128} 位址	2^{48} 位址	2^{32} 位址
應用	Internet、IoT（物聯網）	網路上編號、Ethernet	Internet
格式	8 組 16 進位 0000~ffff	6 組 16 進位 00~ff	4 組 10 進位 0~255
分隔符號	:	: 或 -	.
本身 IP	:1	X	127.0.0.1

注意：IPv6 前導是 0 可省略，連續 0000:0000:~ 可以雙冒號 :: 替代

3. 網址（IP-Address）採用 URL（一致性資源定位器）格式，需透過 DNS（Domain Name System）轉換成 IP，而 Domain Name（網域名稱）是向 TWNIC 註冊多個 DN 對應到 1 個 IP 連上伺服器。

4. 子網路遮罩

(1) 由 4 組數字組成，共計 32 位元。

(2) 子網路遮罩是將 IP 位址與子網路遮罩用「AND」進行運算以辨別兩個 IP 位址是否位於同一個子網路，透過它，路由器才能辨識子網路，以選擇傳送的路徑。

等級	子網路遮罩	
	十進位	二進位
Class A	255.0.0.0	11111111.00000000.00000000.00000000
Class B	255.255.0.0	11111111.11111111.00000000.00000000
Class C	255.255.255.0	11111111.11111111.11111111.00000000

(3) 表示：常以「/n」與網域位址一起表示，n 代表遮罩值為 1 的位元數量，例如：220.36.235.0/24，表示其網路遮罩為 255.255.255.0（11111111.11111111.11111111.00000000，連續 24 個位元為 1）。

範例：A 若已知網際網路中 A 電腦之 IP 為 192.168.127.38，且子網路遮罩（SubnetMask）為 255.255.248.0，下列哪一個 IP 與 A 電腦不在同一子網路（網段）？

(A) 192.168.128.11   (B) 192.168.126.22

(C) 192.168.125.33   (D) 192.168.124.44

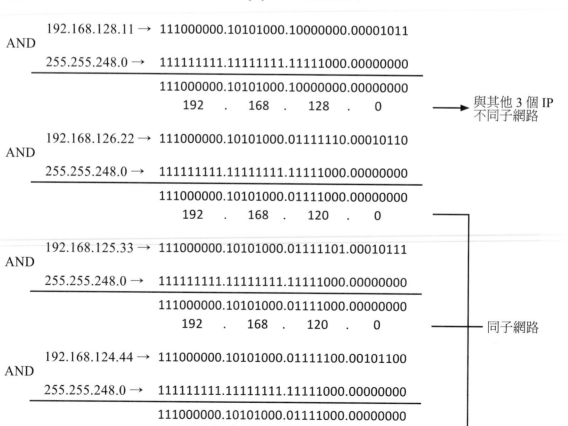

二、台灣的網域名稱 (Domain Name)

1. 網域名稱（DN，Domain Name）由系統管理員提供給一群共用一個目錄的網路電腦集合的名稱，需註冊申請。網域名稱包含一連串以句點分隔的名稱結構如下：

主機名稱	機構名稱	類別名稱	地域名稱
www.	tcte.	edu.	tw

2. ICANN 定義的通用網域名稱類別（是一個非營利性的國際組織，負責 IP 位址的分配），台灣註冊及管理網域名稱及 IP 為 TWNIC。

分類	舉例	國碼（地理位置）
gov（政府機構）	http://www.whitehouse.gov（美國白宮）	tw（台灣）
org（組織、基金會）	https://w3.iiiedu.org.tw/（中華民國資冊會）	cn（中國）
edu（教育機構）	http://www.tcte.edu.tw（技測中心）	hk（香港）
com（商業機構）	http://www.yahoo.com.tw（奇摩搜尋引擎）	jp（日本） uk（英國）
mil（國防軍事單位）	http://www.defenselink.mil（美國國防部）	ca（加拿大）
net（網路機構）	http://www.hinet.net（中華電信）	au（澳大利亞）
idv（個人網站）	http://whc.idv.st（WHC 數位認證中心）	at（奧地利）
int（國際組織）	http://www.who.int（世界衛生組織）	省略（美國）

三、URL（一致性資源定址器）

1. 全球資訊網 WWW 的 URL

http	://	www.	tcte.	edu.	tw
服務性質	符號	主機名稱	機構名稱	類別名稱	地域名稱

2. 電子郵件 EMAIL 的 URL

mailto	:	admin	@	mail.edu.tw
服務性質	符號	帳號	at	Mail server（郵件主機名稱）

3. 檔案傳輸 FTP 的 URL

ftp	://	anonymous	@	ftp.edu.tw
服務性質	符號	帳號（可用匿名）	at	ftp server（檔案傳輸名稱）

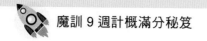
4. 遠端登入 TELNET 的 URL

telnet	://	bbs.	nsysu.	edu.	tw
服務性質	符號	主機名稱	機構名稱	類別名稱	地域名稱

四、網路常用的指令

透過 Windows 內的「命令提示字元」輸入指令，便可瞭解網路的狀態。

指令名稱	說明
Ping（Packet Internet Gopher）	1. 測試是否可以連線到另外一台機器的指令。 2. 使用 Ping127.0.0.1 可以執行本地迴路（local loopback），用以檢查目前本機 TCP/IP 的設定是否啟動。
IPCONFIG	在 Windows 中查看 IP 組態（IP Address、Subnet Mask、Default Gateway…等）。
Tracert	查看電腦在 Internet 上封包繞徑的路由。
ARP 協定	是透過向網路查詢而找出實體位址。

Quiz & Ans

(   ) 1. 某一網址如下：http://www.whitehouse.gov/，請問它最可能是下列哪類網站的網址？
(A) 台灣某教育單位　　　　　　　　(B) 美國某政府單位
(C) 日本某網路機構　　　　　　　　(D) 中國某公司行號

(   ) 2. 艾迪在家裡無法連上公司的網站，請問他可利用下列哪一個指令，來測試公司的網站伺服器是否運作正常？
(A) ftp　　　　　　　　　　　　　(B) telnet
(C) ipconfig　　　　　　　　　　　(D) ping

(   ) 3. 下列有關 URL 的敘述，何者**有誤**？
(A) URL 中的路徑檔名不分大小寫
(B) 在瀏覽器中輸入 URL 時，可省略輸入 "http://"
(C) mailto 是電子郵件使用的通訊協定
(D) FTP 的預設埠號碼為 21

(   ) 4. 有關 IP 位址的敘述，下列何者**錯誤**？
(A) IPv6 位址的各組數值，是以 ":" 來隔開
(B) 303.266.102.10 是正確的 IPv4 位址
(C) ipconfig 指令可用來查詢電腦的 IP 位址
(D) DNS 伺服器可將 URL 轉換成 IP 位址

(　　) 5. 請問該網域共切割幾個子網路？每個子網路可有幾個 IP 可用？
　　　　(A) 16, 2^{12}　　　　　　　　　　　　(B) 16, 2^{13}
　　　　(C) 8, 2^{14}　　　　　　　　　　　　(D) 8, 2^{15}

(　　) 6. IP 位址：224.224.224.224，請問是屬於哪一等級的 IP 位址？
　　　　(A) Class A　　　　　　　　　　　　(B) Class B
　　　　(C) Class C　　　　　　　　　　　　(D) Class D

(　　) 7. 目前 IP 位址（IPv4）被區分為幾個等級（class）？
　　　　(A) 3　　　　　　　　　　　　　　　(B) 4
　　　　(C) 5　　　　　　　　　　　　　　　(D) 6

(　　) 8. 未來網際網路上的 IP address 將採用第六版（IPv6），請問到時候每個 IP address 總共有幾個位元組（bytes）？
　　　　(A) 4　　　　　　　　　　　　　　　(B) 8
　　　　(C) 16　　　　　　　　　　　　　　(D) 20

(　　) 9. 下列有關 IP 位址的敘述，何者**不正確**？
　　　　(A) 255.255.255.0 是一個子網路遮罩
　　　　(B) 129.0.0.1 保留做本機電腦的 IP 位址
　　　　(C) 140.138.2.4 是 Class B 等級的 IP 位址
　　　　(D) IPv6 使用 16 個位元組（bytes）來表示 IP 位址

(　　) 10. 下列何者不是正確的 IP 位址？
　　　　(A) 210.11.8.132　　　　　　　　　(B) 256.15.23.10
　　　　(C) 121.17.215.33　　　　　　　　(D) 63.111.35.12

(　　) 11. 下列哪一項功能是用來測試網路的連線狀況？
　　　　(A) mail　　　　　　　　　　　　　(B) ftp
　　　　(C) ping　　　　　　　　　　　　　(D) telnet

(　　) 12. 下列那個 IP 位址，可作為本機測試用的 IP 位址？
　　　　(A) 0.0.0.0　　　　　　　　　　　　(B) 127.0.0.1
　　　　(C) 192.168.10.1　　　　　　　　　(D) 255.255.255.255

(　　) 13. 若家中電腦數目比可取得的 IP 位址還要多且需同時上網時，可以使用下列哪一種技術來達成？
　　　　(A) DHCP　　　　　　　　　　　　(B) NAT
　　　　(C) TCP　　　　　　　　　　　　　(D) UDP

(　　) 14. 當 IP 位址的主機位址為 0 時，如 212.79.215.0，代表何種意義？
　　　　(A) 不可使用的 IP 位址　　　　　　(B) 對該 IP 位址所在的網路進行廣播
　　　　(C) 是用來代表 212.79.215 整個網路　(D) 虛擬 IP 位址

(　　) 15. 下列何者是虛擬 IP 位址的用途？
　　　　(A) 用來提供給區域網路內的電腦使用　(B) 用來對所在的網路進行廣播
　　　　(C) 用來測試連線是否正常　　　　　(D) 用來測試本機電腦的 IP 位址

( ) 16. 下列那個 IP 位址可以通過 Firewall 的管制，直接在 Internet 上流通？
  (A) 127.0.0.1
  (B) 255.255.0.0
  (C) 172.30.3.51
  (D) 168.95.192.1

( ) 17. 若某個 IP 位址為 123.123.123.123 想知道它是否屬於 123.123.123.0 的網域，要使用下列哪一個子網路遮罩？
  (A) 255.255.0.0
  (B) 255.255.255.0
  (C) 255.0.0.0
  (D) 0.0.0.0

( ) 18. 下列關於子網路遮罩的敘述，何者**有誤**？
  (A) 路由器可透過子網路遮罩，來辨識各個子網路
  (B) 由 4 組 8 位元的二進位數字所組成
  (C) 255.0.0.0 表示 Class B 的子網路遮罩
  (D) 子網路遮罩中，以 0 表示對應至 IP 位址中的主機位址位元

( ) 19. URL（Uniform Resource Locator）是用來表示某個網站或檔案在網際網路中，獨一無二的位址。下列何者屬於 URL 的一部分？
  (A) 檔案格式、檔案屬性
  (B) 檔案建立時間、日期
  (C) 檔案大小、檔案格式
  (D) 檔案路徑、檔案名稱

( ) 20. URL 的表示規則為「通訊協定 :// 伺服器名稱 / 檔案路徑 / 檔案名稱」，其中哪一個部分用來表示「以該 URL 所連結之伺服器」的服務性質？
  (A) 檔案路徑
  (B) 檔案名稱
  (C) 通訊協定
  (D) 伺服器名稱

解答

1	2	3	4	5	6	7	8	9	10
B	D	A	B	A	D	C	C	B	B

11	12	13	14	15	16	17	18	19	20
C	B	B	C	A	D	C	C	D	C

解析

3. URL 中的路徑檔名要分大小寫

4. IPV4 位置的範圍：0~255

5. $255.255.240.0 = 1\,1\,1\,1\,1\,1\,1\,1\,.\,1\,1\,1\,1\,1\,1\,1\,1\,.\,1\,1\,1\,1\,0\,0\,0\,0\,.\,0\,0\,0\,0\,0\,0\,0\,0$

   切割 4bit 即 $2^4 = 16$ 個子網路

   網路位址　　　主機位址

   12bit $= 2^{12}$ 個 IP

9. 127.0.0.1 保留做本機電腦的 IP 位址

13. NAT 是 Network Address Translation（網路位址轉換）的縮寫，是一種可轉換多個區域網路中的 IP 位址，共用一個真實 IP 連上網際網路的技術。

16. 要在 Internet 上流通不能使用虛擬 IP，要用實際的 IP。172.30.3.51 是 Class B 中的虛擬 IP。

雲端 Cloud 應用

一、雲端硬碟線上備份

1. 雲端儲存是一種網路線上儲存（Online storage）的模式，即把資料存放在通常由第三方代管的多台虛擬伺服器上，而非專屬的伺服器上。

2. 代管（hosting）：公司大型營運的資料中心，需要資料儲存代管的人，透過向其購買或租賃儲存空間的方式，來滿足資料儲存的需求。

3. 線上儲存服務：通過雲端儲存實現網際網路上的檔案同步，用戶可以儲存並共享檔案和資料夾。整理如下：

名稱	Google Drive	Microsoft OneDrive	Dropbox	Apple iCloud
永久免費儲存空間	15GB	15GB（行動應用程式開啟自動上傳可升級為30GB）	2GB	5GB
最大單檔上傳大小	5GB	10GB	300MB（瀏覽器上傳）大小不限（透過應用程式上傳）	15GB
檔案協同編輯	支援 Google 文件	支援微軟 Office	支援微軟 Office	不支援
線上管理	支援	支援	支援	支援

二、雲端運算

雲端運算（Cloud Computing）是一種基於網際網路的分運式運算方式，透過這種方式，共享的軟硬體資源和訊息可以按需求提供給電腦和其他裝置。三種服務模式如下：

1. 軟體即服務（SaaS）：軟體服務供應商，以租賃的概念提供客戶服務，而非購買，比較常見的模式是提供一組帳號密碼。例如：Office 365（微軟）、iCloud（Apple）、Google Apps、Gmail、Web APP、Google Calendar。

2. **平台即服務（PaaS）**：消費者使用主機操作應用程式。消費者掌控運作應用程式的環境（也擁有主機部分掌控權）。例如：Google App Engine、OpenShift、Windows Azure。

3. **基礎架構即服務（IaaS）**：消費者使用「基礎運算資源」，如處理能力、儲存空間、網路元件或中介軟體。例如：Amazon EC2，Chrome OS 是由 Google 所發展的一項輕型電腦作業系統，屬於用戶端的作業系統。Google 希望使用者介面能從桌上型環境轉移到 Web 上，所以發展出 Chrome OS，讓用戶透過 Chrome OS 使用網路各項資源，替代傳統個人電腦的各項功能。

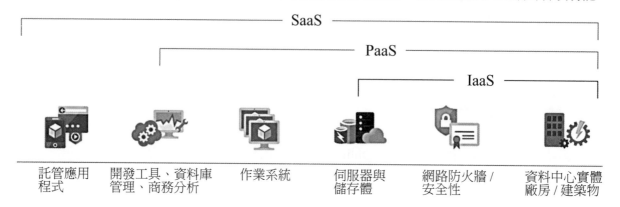

( ) 1. 下列關於雲端運算以及服務的敘述，何者**不適當**？
(A) 雲端運算是一種分散式運算技術的運用，由多部伺服器進行運算和分析
(B) Gmail 是由 Google 公司提供的一種郵件服務，它會自動將網際網路中的郵件快速儲存到個人電腦中，以提供使用者離線（Off-line）瀏覽所有郵件內容
(C) 雲端服務可以提供一些便利的服務，這些服務包含多人可以透過瀏覽器同時進行文書編輯工作
(D) 使用智慧型手機在臉書上發佈多媒體訊息時，會使用到雲端服務

( ) 2. 下列哪一項不是雲端軟體服務？
(A) FileZilla
(B) Google Docs
(C) Office 365
(D) YouTube

( ) 3. 下列關於雲端運算（Cloud Computing）之敘述何者**錯誤**？
(A) 雲端運算的特性是動態、易擴充及虛擬化
(B) IaaS 即為 Intertexture as a Service 層次的服務
(C) PaaS 即為 Platform as a Service 層次的服務
(D) SaaS 即為 Software as a Service 層次的服務

( ) 4. 下列何者不是目前雲端運算服務提供的類型之一？
(A) 通訊即服務 (CaaS)
(B) 基礎架構即服務 (IaaS)
(C) 平台即服務 (PaaS)
(D) 軟體即服務 (SaaS)

( ) 5. 無論使用者使用哪一種平台（包括個人電腦、手機、遊樂器等），都可以透過網路所提供的軟體與儲存空間獲得服務，以上敘述是哪一種網路科技的概念？
(A) Physiological Monitor
(B) Cloud Computing
(C) Wireless Mobile Payment
(D) Voice over Internet Protocol

( ) 6. 下列網路服務，何者有應用到雲端運算技術的概念？
(A) 到「奇摩新聞」觀看一週天氣預報
(B) 到「YouTube 影音」瀏覽趣味影片
(C) 在「eBay」購買筆記型電腦
(D) 使用「Google 文件」與小組成員共同編輯報告

( ) 7. 以下網站何者有運用雲端運算技術提供網路服務？
(A) Google 文件　　　　　　　　　(B) Photoshop.com
(C) Chrome OS　　　　　　　　　(D) 以上皆是

( ) 8. 下列何者非雲端運算技術的主要優點之一？
(A) 不需要安裝多種特殊軟體如作業系統、辦公室文件處理軟體等
(B) 不需要網路連線上網
(C) 不需要使用特定的平台如 Windows 或 Mac 等
(D) 不需使用特定的電腦

( ) 9. 對於雲端服務的敘述，下列何者**錯誤**？
(A) 將資料傳送到網路上處理，是未來發展的重點趨勢，透過網路伺服器服務的模式，可視為一種雲端運算
(B) 通常都是由廠商透過網路伺服器，提供龐大的運算和儲存的服務資源
(C) 雲端伺服器可以提供某些特定的服務，例如網路硬碟、線上轉檔與網路地圖等
(D) 目前仍然無法透過雲端服務線上直接編修文件，必須在本地端的電腦上安裝辦公室軟體（Office Software）才能夠編輯

( ) 10. 為了在 Google 雲端硬碟有效的管理眾多檔案，可運用下列哪些功能快速搜尋取得檔案？
(A) 搜尋功能　　　　　　　　　　(B) 為檔案加上星號
(C) 為資料夾設定色彩　　　　　　(D) 以上皆可

( ) 11. 下列關於雲端運算以及服務的敘述，何者**不適當**？
(A) 雲端運算是一種分散式運算技術的運用，由多部伺服器進行運算和分析
(B) Gmail 是由 Google 公司提供的一種郵件服務，它會自動將網際網路中的郵件快速儲存到個人電腦中，以提供使用者離線（Off-line）瀏覽所有郵件內容
(C) 雲端服務可以提供一些便利的服務，這些服務包含多人可以透過瀏覽器同時進行文書編輯工作
(D) 使用智慧型手機在臉書上發佈多媒體訊息時，會使用到雲端服務

( ) 12. 對於電腦新科技的運用，下列何者**不正確**？
(A) 人工智慧是協助電腦能思考，讓電腦具有創造力
(B) 專家系統含有許多知識資料，便於進行問題的推論解決
(C) 雲端技術是利用網路的便利性，將資料放置在 Internet 遠端伺服器上，只讓使用者進行資料的存放動作
(D) WiMAX 和 LTE 為新一代行動通訊，提供更快速的傳輸速率

( ) 13. 若想要設計一個問卷來調查班上同學對這學期班遊的看法，請問下列哪一項 Google 文件功能最適合曉華運用？
(A) 簡報　(B) 繪圖　(C) 試算表　(D) 表單

( ) 14. 雲端運算（Cloud Computing）技術中，透過網路提供一個能讓 IT 人員進行開發與執行應用平台服務，稱為下列哪一項？
(A) SaaS　(B) IaaS　(C) PaaS　(D) CaaS

( ) 15. 下列何者對於 SaaS 的描述**有誤**？
(A) 可減少軟體開發成本
(B) Salesforce.com 為 SaaS 的應用
(C) 可依租賃者需求提供客製化軟體服務
(D) 程式開發、測式、部署、執行與維護在同一整合環境中進行

( ) 16. 下列何者不屬於「雲端服務」的討論範疇？
(A) 利用 Word 合併列印功能套印信封　　(B) 使用線上完成統計圖表
(C) 使用 Google 表單製作線上問卷　　(D) 利用 FB 分享朋友的生日影片

( ) 17. 下列何者不具有雲端儲存的服務？
(A) Google Drive　(B) Apple iCloud　(C) Writer　(D) Dropbox

( ) 18. 透過行動裝置及網路在線上花了台幣 60 元購買了一個 APP 軟體協助處理圖片的編輯，此 APP 軟體屬於雲端服務中的哪一種？
(A) SaaS　(B) IaaS　(C) PaaS　(D) CaaS

( ) 19. 某一企業發現自己建置網路系統花費甚高，因此改採向網路服務業者租賃方式，取得完整的網路服務環境。請問這是雲端運算的哪一種應用模式？
(A) SaaS　(B) Paas　(C) CaaS　(D) IaaS

( ) 20. 下列哪一種作業系統是專為雲端計算的輕簡客戶端（thin client）而設計的？
(A) Google Chrome OS　(B) Symbian OS　(C) Android　(D) iOS

解答

1	2	3	4	5	6	7	8	9	10
B	A	B	A	B	D	D	B	D	D
11	12	13	14	15	16	17	18	19	20
B	C	D	C	D	A	C	A	D	A

解析

2. FileZilla 為 FTP 檔案傳輸軟體。

8. 雲端需要連上網路才能進行線上作業。

9. 雲端運算 (Cloud Computing) 是一種基於網際網路的分散式運算方式，透過這種方式，共享的軟硬體資源和訊息可以按需求提供給電腦和其他裝置。例如 Google 文件、Office365，直接多人線上共同編輯，在本地端無需安裝辦公室軟體。

12. 雲端科技不只提供資料存取，也提供線上軟體進行編輯並於編輯後，儲存在雲端硬碟內。

20. Chrome OS 是由 Google 所發展的一項輕型電腦作業系統，屬於用戶端的作業系統。Google 希望使用者介面能從桌上型環境轉移到 Web 上，所以發展出 Chrome OS，讓用戶透過 Chrome OS 使用網路各項資源，替代傳統個人電腦的各項功能。

網頁設計及 HTML 語法

一、網頁設計概念

1. **Web Page**（網頁）組成 **WebSite**（網站），網站儲存在主機 Web Server。例如：IIS、Apache Server。

2. 通常網站 Home Page（首頁）為檔名為 index.htm 或 html 或 asp 或 cgi 或 php。

3. 目前大都採微軟 Frontpage、Adobe dreamweaver、Namo Webeditor 來製作網頁，網站設計及管理，而動畫網頁製作軟體為 Adobe FLASH。

4. 作業系統架設伺服器：LINUX（省軟體成本）、UNIX、Windows 2016 Server、IIS 可有 WWW Server、Mail Server、FTP Server…等。

5. Active Server Page（ASP）、PHP、JSP、CGI：為製作互動式網頁，執行在伺服器端。

6. MS-WORD、EXCEL、PowerPoint 也有另存成網頁的方式，來製作網頁。

7. 響應式網頁設計（RWD，Responsive web design）或稱自適應網頁設計、回應式網頁設計，支援 html5 及 CSS3 的語法，例如：Google 的協作平台等。

   (1) 該設計可使網站在不同的裝置（從桌機、筆電或其他行動產品裝置）上瀏覽時對應不同解析度皆有適合的呈現

   (2) 減少使用者進行縮放、平移和捲動等操作行為

二、HTML 語法

1. HTML（HyperText Markup Language）是由 CERN 所制定出來的一種多媒體、超文字標示語言，它目前被廣泛使用在 Internet 的全球資訊網（WWW）。

2. 利用超連結（hyperlink）連接不同的媒體，具備在網路上傳送多媒體的能力。

3. HTML 檔案由許多標籤（tag）與內文組合而成的，通常它是一般的純文字格式文字檔，可用記事本，一般的文書處理程式來撰寫它。Home Page（首頁）、Web Page（網頁），其基本架構如下：

   <HTML>　　→宣告一個 Html 文件的開始
   　<HEAD> →宣告一個 Html 文件的開頭部份
   　　<TITLE> 瀏覽器的標題列之文字 </TITLE>

```
    </HEAD>
    <BODY>
        網頁內容主體
    </BODY>
</HTML>  →宣告一個 Html 文件的結束
```

4. 常用的 HTML 語法指令：

語法	說明
<h1> 考前衝衝衝 </h1> <h3> 計概我最強 </h3> 字體大小，數字愈大，字愈小	第一級標題→字體較大 第三級標題→字體較小 故 h1>h2>h3>h4>h5>h6 分 6 級
<font size=7 color=white> 計概衝刺 </font>	字型由小到大：1 到 7 級 字型色彩 #FFFFFF 表示白色
<img src="photo/computer.jpg" >	插入圖片，img 為 image 的縮寫，網頁圖檔：jpg、png、gif
<a href="http://www.tcte.edu.tw"> 技測 </a>	文字超鏈結至 TCTE 網站
<a href="/webage/home.htm"> 回首頁 </a>	文字超鏈結至同一網站中其他網頁
<a href="mailto:whc@ms.edu.tw"> 寫信給我 </a>	文字超鏈結至 E-Mail
<a href="http://www.ntust.edu.tw"> <img src="1.jpg"> </a>	圖片超鏈結至台科大網站
<a name=" 目標名稱 "> 目標地點 </a>	網頁文件內的連結，給目標地一個名稱即建立書籤
<a href="# 目標名稱 "> 跳到目標書籤 </a> 在連結的標籤內，必須加上 # 在目標名稱前	插入一個連結，而這個連結是當你按下這個連結時便會跳到目標書籤
<i> 斜體字 </i> 或 <em>	*斜體字*
<b> 粗體字 </b> 或 <Strong>	**粗體字**
<u> 底線字 </u>	底線字
相信就會看見 <p> 看見就會實現	換段，不用加 </p> 在尾端
考前衝刺 計概最強	換行，不用加 </br> 在尾端
<hr size="5" align="center" noshade width="90%" color="0000ff">	hr = 分隔線，不用加 </hr>； size = 控制線的寬度； align = 控制線是靠左 (left) / 靠右 (right) / 中間 (center)； width = 控制線的長度，可用數字或百分比； noshade = 控制線沒有陰影； color = 控制線的顏色。
<center> 內容 </center>	置中
<!-- 註解 -->	不會顯示在網頁中

語法	說明
\<marquee\> 我計概要考 100 分 \</marquee\>	跑馬燈
\<bgsound\>	背景音樂
\<table width="300 border="1 cellspacing="2\> width= 控制表格長度，可用數字或百分比 cellspaing= 控制儲存格的分隔距離，內定為 2 background= 背景圖檔 border= 控制外框粗細，不外框便設成 0	插入表格 \<tr\>...\</tr\> 一列儲存格 \<td\>...\</td\> 一個儲存格
左右分割框架 \<frameset cols=數字或比例 , 數字或比例 \> 上下分割框架 \<frameset rows=數字或比例 , 數字或比例 \> 開啟連結的目標網頁的目標框架有 4 種： 1. _self：在目前網頁上開啟連結目標，亦取代目前瀏覽的頁面。 2. _top：整頁即全視窗顯示。 3. _blank：開新視窗，且後來會一直開啟新的視窗。 4. _parent：回到上一層。	\<frameset rows="10%,*,10%"\> 10%(A) 80%(B) 10%(C) 共分割成 **3** 個框架，但需存 **4** 個網頁檔（index+A+B+C，共計 4 個）
影像地圖用來在圖檔上劃分出區塊當成超連結使用，可以只劃分出一個單一區塊，也可以劃分出多個不同的區塊，使用的技巧是圖片的位置座標，網頁編輯軟體也包含了 Image Map 影像地圖的功能，像是 Dreamweaver、Frontpage。	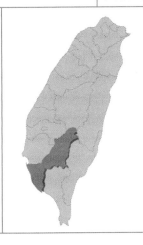 有些網站提供旅遊地圖讓網友選擇每個景點的介紹，這時候若地圖上的各區塊能夠做成超連結，當網友選擇某區塊，就帶網友前往專門介紹該景點的內容網頁，這種在網頁地圖上提供各個景點區塊超連結的技巧。

三、CSS（串樣式列表）

1. 串樣式列表、階層式樣式表（**CSS，Cascading Style Sheets**）

   (1) 屬純文字形式，可以設定網頁的外觀，並可建立風格統一的網站格式。

   (2) 用來為結構化文件（如 HTML 文件或 XML 應用）添加樣式（字型、間距和顏色等）的電腦語言。

   (3) CSS 語法常加於 \<head\>...\</head\> 之間。

   (4) CSS3 現在已被大部分現代瀏覽器支援，網頁都可以使用 CSS 來定義網頁的顏色、字型、排版等顯示特性。

   (5) CSS 最主要的目的是將檔案的內容與顯示分隔開來。

2. 串樣式列表 CSS 由多組「規則」組成。每個規則由「選擇器」（selector）、「屬性」（property）和「值」（value）組成：

(1) 選擇器（Selector）：多個選擇器可以半形逗號（,）隔開。

(2) 屬性（property）在控制選擇器的樣式。

(3) 值（value）：指屬性接受的設定值，多個關鍵字時大都以空格隔開。

(4) 屬性和值之間用半形冒號（:）隔開，屬性和值合稱為「特性」。多個特性間用「;」隔開，最後用「{ }」括起來。例如：img{width：150px;}

Quiz & Ans

( ) 1. 下列 HTML 語言的標籤中，何者可以在文字上加入粗體及斜體的效果？
  (A) <B><I>   (B) <B><P>
  (C) <EM><Strong>   (D) <EM><TT>

( ) 2. 有關網頁的敘述，下列何者**錯誤**？
  (A) 進入網站的第 1 個網頁稱為「首頁」
  (B) 滑鼠指標移至設有超連結的區域時，會呈現 狀
  (C) Visual Basic 是建構網頁的基本語言
  (D) 首頁的檔名通常為 index 或 default

( ) 3. 「超文件標記語言」是構成網頁的一種基礎語言，請問其英文名稱為？
  (A) XML   (B) CSS
  (C) HTML   (D) Visual Basic

( ) 4. 一段 HTML 語法為 <img src = "apple.jpg" border = 2 alt = "IPHONE" align =left>，請問下列有關此段語法的說明何者**錯誤**？
  (A) 插入 "apple.jpg" 圖片   (B) 圖片設有說明文字
  (C) 圖片的邊框粗細為 2   (D) 圖片靠右對齊

( ) 5. 網路中有些討論區、留言板有支援 HTML 語法的使用，可讓我們使用此種語法，來編輯文章的內容。請問下列哪一個語法標籤可用來加入圖案（如 smile.jpg）？
  (A) <A HREF="smile.jpg">   (B) <IMG SRC="smile.jpg">
  (C) <PICTURE>smile.jpg</P> (D) <IMG>"smile.jpg"</I>

( ) 6. 下列 HTML 語法中，何者為正確的網頁連結語法？
  (A) <a href = "tw.yahoo.com">Yahoo</a> (B) <a src = "tw.yahoo.com">Yahoo</a>
  (C) <a href = Yahoo>"tw.yahoo.com"</a> (D) <a src = Yahoo>"tw.yahoo.com"</a>

( ) 7. 王老師希望能以自己設計的圖片作為部落格的背景，請問下列哪一項作法最可以達成其願望？
  (A) 套用樣式   (B) 修改 CSS 語法
  (C) 上傳圖片至網路相簿   (D) 在文章中插入圖片

（　）8. 在網頁中，若要設定超連結的目標網頁顯示在「相同框架」中，則超連結的目標框架設定值應為下列何者？
(A) _blank　　　　　　　　　　　　(B) _self
(C) _top　　　　　　　　　　　　　(D) _parent

（　）9. 請問網頁中所提供的「影像地圖」功能，可製作出下列哪一種效果？
(A) 自動建立網站的導覽連結
(B) 將圖片劃分成多個區域，並分別設定超連結
(C) 當滑鼠移至圖片上，圖片會變換成另一張圖片
(D) 網頁載入時，圖片從網頁下方飛入

（　）10. 網站設計完成後，應將網站上傳到何處，才能讓他人透過網路瀏覽？
(A) FTP 伺服器　　　　　　　　　　(B) 網站伺服器
(C) 郵件伺服器　　　　　　　　　　(D) DNS 伺服器

（　）11. 下列有關 CSS 的敘述何者正確？
(A) 屬性間使用「:」間隔　　　　　　(B) 使用「{　}」符號包住表示
(C) CSS 的語法需寫在 <body></body> 中　(D) 只能使用外部 CSS 檔套用樣式

（　）12. 下列 HTML 語法的用法說明，下列何者**錯誤**？
(A) <!--ALEX--> 是註解　　　　　　(B) <P>...</P> 是段落標籤
(C) H6 的字體比 H1 的字體大　　　　(D) <HR> 表示在網頁上插入水平線

（　）13. 儲存框架式網頁時，框架、框架頁必須分開儲存，請問右圖框架式網頁在儲存時應該要存成幾個檔案？
(A) 2
(B) 3
(C) 4
(D) 5

（　）14. 下列有關網頁的敘述，何者正確？
(A) 不可以含有動畫　　　　　　　　(B) 一個網站只能有一個網頁
(C) 游標移到超連結上，會變成手狀圖示　(D) 不可以含有音樂

（　）15. 下列哪一個 HTML 程式片段，可以在視窗標題列上顯示「豪義工作室網頁」？
(A) <frame> 豪義工作室網頁 </frame>　(B) <font> 豪義工作室網頁 </font>
(C) <top> 豪義工作室網頁 </top>　　(D) <title> 豪義工作室網頁 </title>

（　）16. 有關 HTML 標籤（Tag）效果的敘述，下列何者**錯誤**？
(A)
 為換行標籤　　　　　　　(B) <H1> 標籤的字體比 <H2> 標籤的字體小
(C) <HR> 為顯示水平線標籤　　　　(D) <P> 為換段標籤

（　）17. 下列有關 HTML 標籤語法的敘述，何者正確？
(A) <START> 為 HTML 檔案的起始標籤
(B) <A HREF = " 網址 "> 文字或圖片 </A> 可製作超連結項目
(C) <BMP SRC = " 圖片檔名 "> 可加入圖片
(D) <HR> 可產生分段

( ) 18. 下列四種語言，哪一種最適合用來設計互動式網頁？
　　(A) XML　　　　　　　　　　　(B) ASP
　　(C) C++　　　　　　　　　　　(D) VRML

( ) 19. 下列有關網頁製作的敘述，何者正確？
　　(A) 在 HTML 標籤語法中，若其順序為 <X><Y><Z> 開始的標籤，其結尾必須以相同的
　　　　順序來排列，如 </X></Y></Z>
　　(B) 在 HTML 標籤語法中，可製作超連結的是 <A></A>
　　(C) HTML 檔案以 <P> 為起始標籤，</P> 為結束標籤
　　(D) <H1> 標籤的字體比 <H6> 標籤字體小

( ) 20. 下列何者並韭 css 的特色？
　　(A) 可自訂各種顯示樣式　　　　　(B) 可自訂各種顯示樣式
　　(C) 可統一管理整個網站的呈現風格　(D) 可連接資料庫寫入資料

解答

1	2	3	4	5	6	7	8	9	10
A	C	C	D	B	A	B	B	B	B
11	12	13	14	15	16	17	18	19	20
B	C	D	C	D	B	B	B	B	D

解析

2. Html 是建構網頁的基本語言。

8. 開啟連結的目標網頁的目標框架有 4 種：
　① _self：在目前網頁上開啟連結目標，亦取代目前瀏覽的頁面。
　② 整頁＝全視窗顯示設定值：_top
　③ _blank：開新視窗，且後來會一直開啟新的視窗。
　④ _new：與 _blank 類似，但後來只會在同一個視窗開啟，不會開啟其他視窗。
　⑤ _parent：在目標連結網頁所在的框架中開啟。
　⑥ _top：在最上端的框架視窗中開啟。

9. 影像地圖用來在圖檔上劃分出區塊當成超連結使用。

11. (A) 使用「;」間隔；(C) 語法需寫在 <head></head> 中；(D) 亦可使用內嵌或直接在行內套用 CSS 語法。

20. 連接資料庫寫入資料的語言為 PHP 或 ASP。

社群網站及網誌 Blog

一、社群網站

1. 一群擁有相同興趣與活動的人建立線上社群。

2. 多數社群網路會提供多種讓使用者互動起來的方式，可以為聊天、寄信、影音、檔案分享、部落格、新聞群組等。

3. 當前知名社群網路有許多，常見的有 Google+、Myspace、Plurk、Twitter、Facebook 等。

4. 中國常見的社群有 QQ 空間、百度貼吧、微博等。

名稱	簡介
1. Facebook 	1. 目前為全球最大社群媒體。 2. 分為個人用戶、粉絲專頁及社團。 3. 提供線上交易等功能，可用於推廣品牌及產品。 4. 透過地標功能，與朋友分享自己的活動或行蹤。 5. 提供直播功能。
2. Instagram	1. 免費提供在線圖片及影片分享的社交應用的平台。 2. 可分享到 Facebook、Twitter、Tumblr 及 Flickr 等社交網站。
3. Twitter	1. 全球社交網絡服務，每則貼文限制為 140 字，也可稱為微網誌。 2. 新聞或政府機構會設置帳號發佈第一手消息。
4. YouTube	1. 影片分享網站，讓使用者上傳、觀看及分享及評論影片。 2. 被 Google 公司收購。

二、網誌、部落格（Blog）

1. 部落格又稱網誌，是一種由個人管理、張貼新的文章、圖片或影片的網站或線上日記，用來紀錄、抒發情感或分享資訊（包含個人心得、美食遊記、作品等分享），特性如下：

   (1) 用 HTML、CSS、JavaScript 等語法所組成。

   (2) 需正確地使用他人文章，勿違反著作權。

   (3) 需正確傳達資訊，勿犯了毀謗罪。

   (4) 屬於 Web 2.0，能夠讓讀者以互動的方式留下意見，也是社會媒體網路的一部分。

   (5) 提供「引用功能」，讓自己的看法與他人文章的內容連結。

2. **RSS**（簡易資訊聚合，**Really Simple Syndication**）

   (1) 是一種以 **XML** 為基礎的格式。

   (2) 須透過 RSS 閱讀器進行瀏覽。

   (3) 提供用戶可以訂閱網誌，例如部落格文章、新聞、音訊或視訊等。

   (4) 「主動」傳送給訂閱者的技術。

   (5) 對網頁內容進行匯集與發送，讓特定網頁的內容傳送給訂閱者。

3. 目前部落格供應商

   (1) Blogger：為 Google 於 2003 年收購的部落格書寫和發布服務網站，為最大部落格平台之一。

   (2) WordPress：為 Automattic 於 2005 年 11 月 21 日公開的部落格書寫和發布服務網站。自訂性相當高，且無廣告，為最大部落格平台之一。

   (3) 痞客邦：又名 Pixnet，為城邦出版集團旗下的子公司經營。

   (4) Xuite 日誌：支援繁簡體中文的部落格系統，為中華電信 Hinet 所經營。

Quiz & Ans

( ) 1. 臉書（Facebook）推出視訊聊天服務，只要透過電腦連上臉書即可與網友們進行視訊交談，請問此種服務應歸屬於下列哪一種網路電話的類型？
(A) PC-to-PC
(B) PC-to-Phone
(C) Phone-to-Phone
(D) Phone-to-PC

( ) 2. 根據調查，「LINE」為目前市佔率最高的智慧型手機即時通訊軟體，請問此種軟體主要提供下列哪一種網際網路服務？
(A) blog
(B) Telnet
(C) IM
(D) BBS

( ) 3. 「韓國 Twice 女團」在網站上建置粉絲頁面，以張貼行程活動、專輯訊息、藝人照片等，並與粉絲進行交流，請問此種頁面最可能是利用下列哪一種網路服務來提供？
(A) Archie
(B) 社群網站
(C) BBS
(D) 即時通訊

( ) 4. 我們瀏覽他人的部落格時，常可看到 RSS 圖示，請問此圖示代表該部落格提供有什麼功能？
(A) 訂閱
(B) 備份
(C) 加密
(D) 免費授權服務

( ) 5. 下列何項是一種微網誌（Micro Blogging）？
(A) FileZilla
(B) Ping
(C) Plurk/Twitter
(D) Telnet

( ) 6. 下列哪一種網路服務的概念，其主要精神是提供個人化的服務？
(A) Web 1.0
(B) Web 2.0
(C) Web 3.0
(D) Web 4.0

( ) 7. 部落格中的訂閱功能是使用下列哪一種技術達成的？
(A) SSL
(B) RSS
(C) FTP
(D) SET

( ) 8. FB、YouTube 等平台屬於下列那一種服務的概念？
(A) Web 1.0
(B) Web 2.0
(C) Web 3.0
(D) Web 4.0

( ) 9. 如果想要快速完成部落格的美化，使用下列哪一種方法最合適？
(A) 重新申請一個部落格
(B) 修改部落格的 CSS 語法
(C) 為部落格套用樣式
(D) 為每一篇文章插入美麗的圖片

( ) 10. 下列哪一種網路應用，不適合使用部落格來達成？
(A) YouTuber 自我行銷
(B) 網友分享美食遊記
(C) 政府提供網路報稅服務
(D) 企業進行員工教育訓練

( ) 11. 下列何者為部落格的訂閱功能？
(A) 用來收聽線上音樂
(B) 用來發表表新文章
(C) 用來傳送電子郵件
(D) 用來訂閱某個網站最姓的內容或摘要

( ) 12. 下列何者是公眾人物常在網路上發表自己的動態、活動消息或張貼照片等？
(A) 部落格
(B) 網路電話
(C) 電子信箱
(D) FileZilla

( ) 13. 若你想要修改部落格的背景成為自己的照片，請問應使用下列何種 CSS 指令？
(A) background-image
(B) padding
(C) border
(D) letter-spacing

( ) 14. 目前年輕人在使用的 Facebook、Plurk、Twitter 等網路應用興起，這些應用皆為
(A) 社群網站
(B) 部落格
(C) 線上遊戲
(D) SOHO

( ) 15. 下列何項是一種微網誌（Micro Blogging）？
(A) Gmail   (B) ipconfig
(C) Plurk   (D) Telnet

( ) 16. 下列有幾項屬於社群網站？
(1) Facebook   (2) Twitter   (3) Google Drive   (4) Office 365   (5) Instagram   (6) Linked
(A) 3 項   (B) 4 項
(C) 5 項   (D) 6 項

( ) 17. 近年來美國總統川普經常在 Twitter 發表個人的意見，此軟體歸屬於下列哪一種網路社群模式？
(A) 電子佈告欄   (B) 部落格
(C) 交易平台   (D) 社群網站

( ) 18. 下列關於部落格的敘述，何者**不正確**？
(A) 部落格是一種讓網友可以隨時更新文章的日記型態網頁
(B) 網友可以透過 CSS 服務訂閱部落格訊息
(C) 網友可以在社群網站中建立部落格與其他網友互動
(D) 部落格上的網友可以分享與討論彼此的感想

( ) 19. 有關部落格的應用，下列何者最不可能達成？
(A) 五月天在部落格發佈小巨蛋的演唱會消息
(B) 王老師在部落格中發表推薦某項美白產品使用心得
(C) 張老師利用部落格與學生互動
(D) 小義利用部落格進行線上轉帳

( ) 20. 如果你想要在 YouTube 即時追蹤某個作者上傳的影片，你可以利用下列哪一項功能？
(A) 訂閱   (B) 評論
(C) 引用   (D) 備份

解答

1	2	3	4	5	6	7	8	9	10
A	C	B	A	C	C	B	B	C	C

11	12	13	14	15	16	17	18	19	20
D	A	A	A	C	B	D	B	D	A

解析

2. IM (Instant Messaging)：即時通訊

12. FileZilla 為 FTP 檔案傳輸軟體。

19. 部落格不提供線上轉帳，線上轉帳需要透過網路銀行或網路 ATM。

電子商務基本概念、架構與經營模式

一、電子商務的型態

電子商務（E-COMMERCE）：由最基本兩種元素構成 B（BUSINESS，企業）和 C（CUSTOMER，個人消費者），最後又新加入 G（Government，政府）。

1. 特性：便利、即時的互動、降低成本、24 小時、拓大產品通路與消費市場、更快取得交易資訊等。

2. 交易模式：

   (1) B2B 模式：企業對企業的商務模式，例如：克萊斯勒供應夥伴資訊網。

   (2) B2C 模式：公司及其顧客之互動與交易，重點在販賣商品及服務與對個人作行銷，例如：亞馬遜書店、戴爾電腦、PChome 線上購物等網路公司。

   (3) C2C 模式：交易雙方都是消費者，無需店面租金的跳蚤市場，網站經營者提供的是交易的大會堂，例如：eBay、Yahoo 拍賣網、蝦皮拍賣等。

   (4) C2B 模式：消費者對企業，例如：合購或集體議價以網路聚集消費者向供應商的團體優惠價。

   (5) G2B 模式：政府對企業提供線上進行公共工程競標。

   (6) G2C 模式：政府對民眾提供線上繳稅、罰單查詢。

   (7) O2O 模式：虛實整合，利用 APP 線上預約→搭乘 Taxi，網路線上訂位→至實體店面消費。

二、電子商務的四流

電子商務的運作從交易進行的流程圍繞著商流、物流、金流與資訊流四個要素進行，一般通稱為「電子商務四流」：

1. 金流（Money Flow）：賣家與消費者間的資金轉移及支付方式，如信用卡或電子錢包付款等，強調完整的付款系統與安全交易。

    (1) 行動支付：指使用行動裝置進行付款的服務。在不需使用現金、支票或信用卡的情況下，消費者可使用行動裝置支付各項服務或數位及實體商品的費用。

    (2) 行動支付的類別：

    A. 行動支付（Mobile Payment）之廣義定義為：舉凡以行動存取設備（如手機及平板電腦等）透過無線網路，採用語音、簡訊或近距離無線通訊（Near Field Communication；NFC）等方式所啟動的支付行為均屬之。

    B. 行動支付分為遠端和近端，各可運用於多種領域，其中大家所熟知的 NFC 屬於近端支付，如果是透過手機下訂單則為遠端支付。

    C. 可利用手機 APP 訂票，在手機上付款取票，搭車時只要點選車票就可以用 QR code 搭車。

    D. 電子支付、電子票證、第三方支付之比較整理如下

	電子支付	電子票證	第三方支付
主管機關	金管會	金管會	經濟部
法規	《電子支付機構管理條例》	《電子票證發行管理條例》	信用卡收單機構簽訂「提供網路交易代收代付服務平台業者」為特約商店等自律規範
主要功能	帳戶可儲值、轉帳。儲值金額上限為新台幣五萬元。可從事代收代付業務。	帳戶可儲值、但無法轉帳。儲值金額上限為新台幣一萬元	帳戶不可儲值、轉帳。只能從事代收、代付
市場代表	街口支付、橘子支付國際連、歐付寶、智付寶、ezPay 台灣支付等 6 家	悠遊卡、一卡通、愛金卡（iCash）、遠鑫電子票證（HappyCash 有錢卡）等 4 家	Yahoo 奇摩輕鬆付、支付連（PChome）、樂點卡（遊 橘子）豐掌櫃（永豐銀行）、Line Pay、Gomaji Pay.

資料來源：金管會銀行局、經濟部商業司（2018 年 8 月）

2. 物流（Logistic Flow）：商品從生產者到商家與消費者的流通過程，包括了貨品的裝卸、包裝、運輸、入庫及送貨等運輸過程處理，都是物流的範疇。除了電子化商品（如軟體）或客戶服務以外，其他商品都必須透過物流運送。

7-Eleven

- 取貨付款／取貨不付款
- 寄貨便
- 店到店寄送

ezShip 台灣便利配

三種超商取貨付款

- 取貨付款／取貨不付款
- 寄貨便
- 店到店寄送
- 店到宅寄送

其他（店主自訂）

例如：
- 中華郵政
- 宅急便
- 貨運系統（新竹物流等）

3. 資訊流（Information Flow）：商業交易流程中所蒐集的資訊，用來「分析和分配相關資訊」，以提供最適當的決策資訊來改善作業效率或競爭力。

4. 商流（Business Flow）：在交易活動中「商品所有權轉移」的方式或過程，是指銷售商品或服務顧客的各種活動。

Quiz &Ans

(　　) 1. 關於電子商務，下列敘述何者**錯誤**？
　　　(A) 利用電子商務付款機制，會增加交易成本
　　　(B) 利用倉儲配送管理系統處理出貨文件，可以簡化出貨程序
　　　(C) 利用電子訂貨系統處理訂貨作業，可以縮短買賣雙方的訂貨流程
　　　(D) 透過網際網路可快速與國內外廠商聯絡

(　　) 2. 在『AMAZON 網路書店』選購書籍前，通常會先瀏覽該書店提供的新書簡介及銷售排行等資訊。請問上述情境中，買賣雙方在選購書籍過程中所交換的資訊是屬於電子商務四流中的哪一流？
　　　(A) 資訊流　　　　　　　　　(B) 商流
　　　(C) 金流　　　　　　　　　　(D) 物流

(　　) 3. 著名的社群通訊軟體 Line，加入了行動支付的功能，下列何者不是行動支付交易時必備的技術？
　　　(A) 加密與解密技術　　　　　(B) 網路通訊技術
　　　(C) 擴增實境技術　　　　　　(D) 身份識別技術

( ) 4. 下列有關「電子商務」的敘述，何者**有誤**？
  (A) 它必須透過無線網路進行
  (B) 它是將網際網路與全球資訊網應用至商務活動
  (C) 它的資料傳輸、處理及儲存均應重視安全
  (D) 它可以縮短交易時程

( ) 5. 整個電子商務的交易流程是由下列哪四個單元所組成的？
  (A) 消費者、物流業者、金融單位以及製造業者
  (B) 消費者、物流業者、金融單位以及製造業者
  (C) 消費者、網站業者、金融單位以及製造業者
  (D) 消費者、網站業者、金融單位以及物流業者

( ) 6. 電子商務係指透過網路進行的商業活動，包括商品交易、資訊提供、市場情報、客戶服務等，依對象分類可分企業和消費者二大類群，其中「企業對消費者」為何？
  (A) B2C   (B) C2C
  (C) B2B   (D) C2B

( ) 7. 一家 IC 製造公司利用網路與其供應商之間進行電子資料交換與電子採購處理，這是屬於下列哪一種型態的電子商務？
  (A) B2B   (B) B2C
  (C) B2G   (D) C2C

( ) 8. 一家旅遊公司利用網路為媒介，提供消費者旅遊商品以及線上旅遊資訊服務，這是屬於下列哪一種型態的電子商務？
  (A) B2B   (B) B2C
  (C) C2C   (D) B2G

( ) 9. 合購網站與湊票網站是屬於下列哪一種電子商務類型？
  (A) B2B（Business-to-Business）   (B) B2C（Business-to-Consumer）
  (C) C2B（Consumer-to-Business）   (D) C2C（Consumer-to-Consumer）

( ) 10. 下列何者為 WWW 之通訊安全標準的電子交易安全機制？
  (A) SSL   (B) SET
  (C) Smart Card   (D) Entrust

( ) 11. SET 是一個用來保護信用卡持卡人在網際網路消費的開放式規格，透過密碼加密技術 Encryption）可確保網路交易，下列何者不是 SET 所要提供的？
  (A) 輸入資料的私密性   (B) 訊息傳送的完整性
  (C) 交易雙方的真實性   (D) 訊息傳送的轉接性

( ) 12. 老王在拍賣網站上拍賣她的 Hello Kitty 包包的交易活動，是屬於何種類型的電子商務？
  (A) B2B   (B) B2C
  (C) C2C   (D) G2C

( ) 13. 下哪一項與電子商務中的 B2C 模式最無關？
  (A) 網路拍賣   (B) 購物網站
  (C) 網路訂票   (D) 網路書店

(   ) 14. 下列有關電子商務的敘述，何者為非？
    (A) 一般而言在網路上進行的任何商業行為都稱為電子商務
    (B) 電子商務是將傳統的交易模式轉移到電腦上透過網路進行的經營模式
    (C) 網路報稅屬於電子商務的一種
    (D) 電子商務為求交易資料正確快速的特性，因此各項交易資料不用壓縮及保護

(   ) 15. 有關電子商務的敘述，下列何者**錯誤**？
    (A) Yahoo 拍賣網站屬於 C2C
    (B) 團購網站屬於 B2C
    (C) 全家便超商的電子訂貨系統屬於 B2B
    (D) 至 1111 人力銀行網站找適合的工作屬於 C2B

(   ) 16. 電子商務發展快速，改變了許多傳統的商業模式。下列何者是消費者對消費者（C to C）的電子商務型態？
    (A) 統一超商的 EOS 系統   (B) 蝦皮拍賣網站
    (C) 博客來網路書店   (D) 汽車廠商直營網站

(   ) 17. 在電子商務交易的安全機制中，下列敘述何者**不正確**？
    (A) SSL 協定保護交易資料在網路傳輸過程中不被他人窺知
    (B) SET 協定在於保障電子交易的安全，客戶端需有電子錢包
    (C) 消費者透過 SSL 或 SET 交易均需事先取得數位憑證
    (D) SSL 的英文全名為 Secure Socket Layer

(   ) 18. 小豪透過網路銀行購買美金，是屬於下列哪一型態的電子商務？
    (A) B2C   (B) B2B   (C) C2C   (D) C2B

(   ) 19. 阿財上某個知名的公司購買了一台 60 吋的液晶電視並利用透過交易平台支付款項，這種消費模式，屬於下列何者？
    (A) B2C   (B) B2B   (C) C2C   (D) G2B

(   ) 20. 在電子商務中，產品因為交易活動，而產生所有權從製造商、物流中心、零售商到消費者的移轉過程，主要屬於何種運作流程？
    (A) 金流   (B) 物流   (C) 資訊流   (D) 商流

解答

1	2	3	4	5	6	7	8	9	10
A	A	C	A	D	D	A	B	C	B

11	12	13	14	15	16	17	18	19	20
D	C	A	D	B	B	C	A	A	D

解析

15. 團購網站由消費者主動發起，因此電子商務經營模式為 C2B。

16. (A) 統一超商的 EOS 系統：B2B；(C) 博客來網路書店：B2C；(D) 汽車廠商直營網站：B2C。

Word 文書處理

1. Word 的操作視窗

   (1) 快速存取工具列

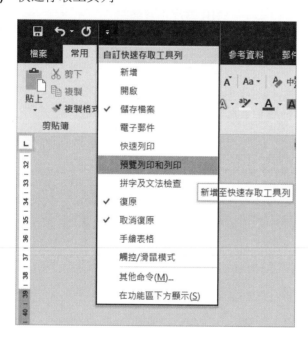

透過快速存取工具列上的工具鈕，可以自行設定一般常使用到的工具。

　　　將視窗最小化

　　　將視窗最大化

　　　將視窗關閉

2. 檔案

   另存新檔可存為 .doc（文件）、.htm（網頁）、.dot（範本）、.rtf（Rich Text Format）

3. 常用

   (1) 字型：大小、顏色、上標 X^2、下標 X_2、~~底線~~、~~刪除線~~

   (2) 段落：縮排有左邊及右邊，第一行指定方式首行縮排及凸排

   (3) 對齊方式有 5 種：靠左、靠右、置中、左右、分散對齊

4. 版面配置

   (1) 文字方向：水平、垂直

   (2) 邊界：上、下、左、右、裝訂邊

   (3) 欄：介於 1~45 欄，每欄最少 3 個字元，若呈現不同分欄方式必須「插入分節」。┃┄┄┄┄分節符號 (接續本頁)┄┄┄┄符號。

(4) 分隔符號

提供分頁、分欄 2 種，如下圖

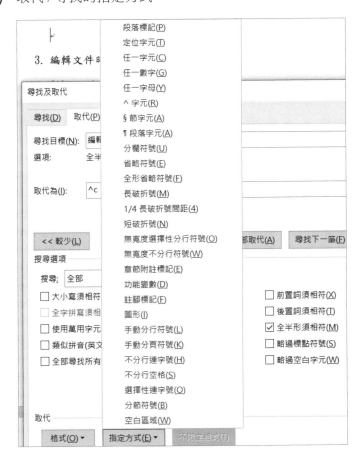

1. 分頁符號：————————分頁符號————————

   =Ctrl + Enter

2. 分欄符號：·····················分欄符號·····················

   =Ctrl + Shift + Enter

3. 文字換行分隔符號： ↓ 也就是 Shift + Enter

4. 下一頁：═══════分節符號 (下一頁)═══════

5. 同一頁段落分欄不同時：。├──分節符號 (接續本頁)──

5. 文字的尋找與取代

(1) 尋找：Ctrl + F；取代：Ctrl + H。

(2) 取代 / 尋找的指定方式：

1. [剪貼簿] 的內容：^C

2. 段落：^P

3. 定位字元：^T

4. 字元：^R

5. 手動分行符號：^l

6. 分節符號：^B

7. 空白區域：^W

8. 分欄符號：^U

9. 不分行空格：^S

10. 手動分頁符號：^K

6. 定位點的使用：按一次 Tab 鍵，游標移動到固定的位置，從段落 / 定位點 5 種對齊的方式如下：

靠左對齊 ⊾　　置中對齊 ⊥　　分隔線 ▮　　靠右對齊 ⅃　　小數點對齊 ⊥

7. 檢視模式

共有 5 種檢視模式：

(1) 閱讀模式：可一次檢視兩頁（一頁一頁的方式呈現文件），並自動調整文字大小以方便閱讀。

(2) 整頁模式：完整顯示所有的圖文物件、頁首 / 頁尾及垂直 / 水平尺規。

(3) Web 版面配置模式：可顯示圖文物件，配置與網頁瀏覽器一致。

(4) 大網模式：沒有顯示尺規，適合對整份文件進行階層式編排，但不會顯示邊界、頁首及頁尾、圖形、背景。

(5) 草稿模式：只有水平尺規，只顯示文件中的文字內容，而忽略圖片、圖表、文字方塊等物件，同時，不會顯示頁面的章首章尾、註腳，及多欄的編排效果。

8. 行距設定

行距設定方式分成 6 種：單行間距、1.5 倍、2 倍行高、最小行高、固定行高、多行

選項	操作說明	輸出範例
固定行高	「我愛」的上方被截斷是因設定「固定行高」，固定行高不會因字型大小改變而自動調整行高。	我愛 Word
最小行高	用來指定行內文字可使用高度的最小點數，但 Word 會自動參考該行最大字體或物件所需的行高進行適度調整。	我愛你
多行	以行為單位，可直接設定行的高度，例如：將行距設定為 1.20 時，會增加 20% 的距，而將行距設為 3 時，會增加 300% 間距（即 3 倍間距）。	多行設定為：3 行 我愛你
單行間距	單行間距的行高是以段落中最大字的行高為行高，例如：最大字為 12，行高則為 12。	我愛你
1.5 倍行高	行高為單行間距的 1.5 倍。	我愛你
2 倍行高	行高為單行間距的 2 倍。	我愛你

9. 圖片的排列方式

矩形　　　　　緊密　　　　　上及下

文字在前　　　　　文字在後

10. 分行與分頁設定

1. 段落遺留字串控制：可以避免同一段落中的最後一行遺留到另一頁。

2. 與下段同頁：可設定將某一段落與下一段落在同一頁。

3. 段落中不分頁：可以避免同一段落分隔成二頁。

4. 段落前分頁：可設定將某一段落的內容顯示於下一頁開頭。

11. 文字轉表格

    (1) 文字中的「逗點」是用來區分儲存格的數量。

    (2) 除逗點外,亦可用別的符號。

    (3) 每一個段落,代表 1 列。

    例:5,67,89 →

5	67	89

12. 樣式和目錄

    (1) 樣式:是一套定義文字色彩、大小、段落間距等格式的規則。

    A. 樣式說明:

樣式	說明
a	字元:設定文字的字型、色彩等格式。
↵	段落:設定整個段落的樣式 (包含縮排 / 凸排、段落間距等)
↵a	連結的:僅針對被選取的文字進行套用

    (2) 目錄的建立與更新

    A. 目錄的來源:設定樣式。

    B. 建立方式:手動(由使用者自行輸入文字與頁碼)與自動(套用標題樣式的文字)。

    C. 目錄項目來源可為:標示大綱階層的段落,可利用 Ctrl 鍵開啟 Word 文件。

    D. 按 F9 鍵來更新目錄。

13. 合併列印

    (1) 合併列印的使用必須要有主文件與資料來源檔案。

    (2) 資料來源:資料庫檔(.mdb、.dbf)、Excel(.xls、.csv)、Word(.doc)、文字檔(.txt)、網頁檔(.htm)作為來源資料。

(3) 功能變數

功能變數	功能
If Then Else	用來定義必須符合的條件。如果符合定義的條件，則會執行特定的結果；如果不符合定義的條件，則會執行不同的結果。
Merge Record #（合併記錄編號）	用來擷取要包含在合併文件中之資料來源的實際記錄編號。
Merge Sequence #（合併順序編號）	當您想要合併文件中的記錄計數時使用，可用於顯示總數。
Next Record（下一筆記錄）	用來將下一筆資料記錄插入目前文件中，且不開始新文件。
Next Record If（下一筆記錄條件）	用來比較兩個值。資料欄位內容和值相符，會決定下一筆資料是否應該合併到目前文件或合併到新文件。
Skip Record If（跳過記錄條件）	用來比較資料欄位的內容與值，然後如果比較結果為 True，則跳過包含目前資料記錄。

14. 快速鍵整理：

(1) 跳到本列最前端按 Home 鍵

(2) 跳到文件第一列最前端按 Ctrl + Home 鍵

(3) 跳到本列最尾端按 End 鍵

(4) 跳到文件最後一列最尾端按 Ctrl + End 鍵

(5) 跳到上一頁 PageUp 鍵

(6) 跳到下一頁 PageDown 鍵

(7) Delete 鍵是刪除插入點之「後」的文字，而 Backspace 是刪除插入點之「前」的文字

(8) 按下 Insert 鍵→插入點輸入文字會插入或覆蓋

(9) 當 Caps Lock 呈亮燈時，表示輸入的英文為大寫字母，不亮為小寫
當 Num Lock 不亮時，按數字鍵則表示方向 2 ↓、8 ↑、4 ←、6 →

(10) 當選取某段文字時，按著滑鼠左鍵不放並拖曳到某處，此動作代表「搬移」，快速鍵為 Ctrl + X 再 Ctrl + V

(11) 當選取某段文字時，按「Ctrl」+「滑鼠左鍵」拖曳到某處，代表「複製」，快速鍵為 Ctrl + C 再 Ctrl + V

(12) 強迫換列（行）：Shift + Enter。其符號為「↓」

(13) 強迫分段：Enter。其符號為「↵」

(14) 強迫分頁：Ctrl + Enter。其符號為「————————分頁符號————————↵」

Quiz
&Ans

(　　) 1. 在 Word 中，下列按鍵說明何者**錯誤**？
(A) 在 Word 的段落中，按「Tab」鍵可以修改項目符號的層次
(B) 在 Word 的表格中，按「Tab」鍵可以將輸入點切換至下一個儲存格位置
(C) 在 Word 的操作中，按「Esc」鍵可以關閉對話視窗
(D) 在 Word 的表格中，按「Ctrl + Tab」鍵可以將插入點跳至上一個儲存格位置

(　　) 2. 在 Word 中輸入「1,2,3,4,5,6,,」，在選取後使用「表格 / 文字轉換為表格」功能，在不更改設定的情況下，將出現什麼樣的表格？
(A) 1 欄 7 列表格 　　　　　　　　(B) 7 欄 1 列表格
(C) 1 欄 8 列表格 　　　　　　　　(D) 8 欄 1 列表格

(　　) 3. 在 Word 中，下列何者不是進行首行縮排的方法？
(A) 在首行第一個字前按 Tab 鍵 　　(B) 在首行第一個字前按 Shift 鍵
(C) 在首行第一個字前按空白鍵 　　(D) 在首行調整尺規的上三角形

(　　) 4. 有關 Word 合併列印功能的敘述，下列何者**不正確**？
(A) 主要功能是將主文件檔與資料庫結合成一個檔案
(B) 資料庫來源檔可用網頁檔（.htm）作為來源資料
(C) 合併列印無法使用功能變數來完成篩選
(D) 插入的欄位變數名稱，會以 << 　 >> 框起來

(　　) 5. 有關文書處理軟體 Word 的敘述，下列何者**不正確**？
(A)「樣式」只能匯入，無法修改或刪除
(B) 目錄項目的來源只能是「樣式」或「大綱階層」
(C) 定義新的「清單樣式」時，其格式設定套用的選擇最多只有 9 層
(D) 選取整個表格後，再按 Backspace 可以刪除整個表格

(　　) 6. 有關文書處理軟體 Word 的敘述，下列何者**錯誤**？
(A) 一個「節」可以包含許多「頁」，在狀態列可以設定顯示「節」
(B) 大綱模式適合用來檢視文件的結構
(C) 將 18 點大小的文字設定為最小行高 12 點，則文字仍可完整顯示
(D) 將某段落設定分欄，每欄的最小寬度為 1 字元

(　　) 7. 若要將 Word 文件中的文字「Jason」統一改成「Willian」，應該利用下列哪一項功能，快速將整份報告中一次修正？
(A) 字型 　　　　　　　　　　　　(B) 合併列印
(C) 尋找 　　　　　　　　　　　　(D) 取代

(　　) 8. 在 Microsoft Word 2010 中，列印自訂頁面要在功能表中「檔案」→「列印」的「頁面」欄位進行設定，下列選項中，列印範圍的設定方法何者**錯誤**？
(A) 列印第 108 頁：108 　　　　　(B) 列印第 3、4、5、6 頁：3~6
(C) 列印第 1、4、5 頁：1,4,5 　　 (D) 列印第 2 節第 3 頁：p3s2

( ) 9. 編輯 Microsoft Word 文件時，最適合來檢視頁面中文字、圖片和其他物件的位置，編輯頁首及頁尾，以及調整版面邊界等的模式為：
(A) 整頁模式
(B) 大綱模式
(C) 草稿模式
(D) Web 版面配置

( ) 10. 利用 Microsoft Word 2010 編輯文件，完成之後可以儲存成多種檔案類型，但是無法儲存成哪一種類型？
(A) Word 範本
(B) RTF 格式
(C) 單一檔案網頁
(D) 圖形檔 jpg

( ) 11. 在 Microsoft Word 2010 中，若想將文件中的「段落符號」取代為「強迫換列符號」，則在尋找及取代的對話方塊中，「尋找目標」及「取代為」分別應輸入下列何者？
(A) ^l,^p
(B) ^p,^r
(C) ^t,^p
(D) ^p,^l

( ) 12. Microsoft Word 提供下列哪一種定位點的對齊方式？
(A) 分隔線
(B) 特殊字元
(C) 換頁線
(D) 分散

( ) 13. 使用 Word 編輯文件，設定定位點後，按下列哪一個按鍵，可使文字對齊定位點？
(A) Tab
(B) F10
(C) Shift + Ctrl + L
(D) Alt + L

( ) 14. 如果需要更新 Word 中表格內運算公式的值，則需要按下列哪個快速鍵？
(A) F9
(B) F4
(C) Shift + Tab
(D) Tab

( ) 15. 有一個 Word 文件，前三頁的大小為 A4，第四頁以後大小為 A3，試問要達成上述功能需要插入下列哪個符號？
(A) 分節符號
(B) 分頁符號
(C) 分欄符號
(D) 分碼符號

( ) 16. 如果將 Word 檔案存成開放文件格式 (ODF)，副檔名應該是：
(A) .odt
(B) .odp
(C) .odb
(D) .odg

( ) 17. 在 Word 中，若要設計列印大量而且相同大小尺寸的客戶名牌時，適合採用「合併列印」功能中的哪種設定？
(A) 信件
(B) 標籤
(C) 信封
(D) 目錄

( ) 18. 有關 Microsoft Word 快速鍵的配對，下列何者**錯誤**？
(A) 插入定位點符號，可按「Tab」鍵
(B) 於表格中插入定位點符號，可按「Ctrl + Tab」鍵
(C) 插入分行符號，可按「Alt + Enter」鍵
(D) 定位點位置與表格欄寬的設定可用「Alt」鍵，於尺規上利用拖曳方式微調

( ) 19. 下列何項功能並不是 Microsoft Word 表格工具與 Excel 都能達成的功能？

    (A) 合併或分割儲存格

    (B) 依照設定的條件，進行資料篩選

    (C) 將表格的資料內容，依照某一個欄位排序

    (D) 在某一儲存格中加入公式，計算平均值

( ) 20. 小信用 Microsoft Word 寫了一份報告，老闆覺得不滿意，繼續在電腦上使用 Word 來修改，並希望小信理解老闆修改的地方，請問老闆在修改時，要開啟哪一項功能，才能達成這個目的？

    (A) 拼字及文法檢查   (B) 字數統計

    (C) 參考資料   (D) 追蹤修訂

 解答

1	2	3	4	5	6	7	8	9	10
D	D	B	C	A	D	D	B	A	D
11	12	13	14	15	16	17	18	19	20
D	A	A	A	A	A	B	C	B	D

解析

1. Word 的表格中，按「Shift + Tab」鍵可以將輸入點切換回上一個儲存格位置。

2. 欄 = 逗點數 +1=7+1=8

    列 = 文字列數 = 1 列

5. (A) 樣式可被修改、刪除或匯出

    (C) 定義新的「清單樣式」時，其格式設定套用的選擇最多可到最 9 層

    (D) 按 Delete 僅能刪除表格內容

6. (D) 將某段落設定分欄，每欄的最小寬度為 3 字元

8. (B) 應為「3-6」

12. Word 定位有：小數點、靠左、置中、靠右、分隔線

13. Tab 為定位快速鍵。

14. 如果需要更新 Word 中功能變數的值，可以直接按 F9 更新。

15. 要讓同一個 Word 文件中有不同大小的頁面，必須使用分節符號。

16. 常見的開放文件格式種類：

    文書處理 (Writer) 檔案：.odt

    處理試算表 (Calc) 檔案：.ods

    處理簡報 (Impress) 檔案：.odp

    處理繪圖 (Draw) 檔案：.odg

    處理資料庫 (Base) 檔案：.odb

    可攜式文件 (PDF) 檔案：.pdf

18. (C) 插入分行符號，可按「Shift + Enter」鍵

PowerPoint 簡報設計操作

一、PowerPoint 操作

1. 簡報軟體適合用來製作開會資料、成品發表、論文發表、上台報告，並將它利用投影設備展現出來。

2. 簡報的三種檢視模式：標準檢視、投影片檢視模式（瀏覽模式）、播放投影片。

3. 隨身簡報：包裝整個簡報以供其他電腦展示，副檔名為 .PPZ。

4. 投影片在瀏覽模式時：

    (1) 移動投影片→按左鍵拖曳，調整播放順序。

    (2) 複製投影片→按 Ctrl + 左鍵拖曳

    (3) 刪除投影片→按 Delete

5. 投影片在大綱模式時：

    (1) 按「Tab」鍵可修改項目符號的層次，向下一階（Tab 鍵也可以用於表格內，跳至下一個儲存格）。

    (2) 「Shift + Tab」可以將插入點跳至上一階層，（Shift + Tab 鍵也可以用於表格內，跳至上一個儲存格）。

6. 投影片播放：

    (1) F5：從第 1 張投影片開始播放。

    (2) Shift + F5：從目前所在的投影片開始播放。

7. 可存成 .PPT（簡報）.PPS（播放）.POT（範本）.HTM（網頁）、影片檔及各種圖形檔。

8. 播放特效的設定：

    (1) 投影片切換：在切換標籤，可設定部分或全部投影片換頁時的顯示效果、音效、自動換頁的時間（或按滑鼠換頁）。

    (2) 動畫物件的編號代表其執行的順序，如果與前物件的編號相同，則代表此物件「與前動畫同時或接續前動畫」。

(3) 預存時間的符號：

> - 按一下滑鼠開始(C)
> - ✓ 與前動畫同時(W)
> - ⏱ 接續前動畫(A)

按一下滑鼠開始	播放動畫的必須先按一下滑鼠左鍵，動畫才會開始播放，物件旁邊會顯示 1、2、3 等依編號順序依序放映。
與前動畫同時	動畫會與前一個動畫同時播放，若沒有前一個動畫時，則會自動播放，其動畫編號會和上一個動畫相同。
接續前動畫	一個動畫播放完畢後，下一個動畫就會自動接著播放，其動畫編號會和上一個動畫相同。

(4) 投影片的訊息：　2　　　　　★ 00:04

說明：★：投影片切換；00:04：每隔 4 秒切換；2：第 2 張投影片

(5) 觸發程序：按下物件後，其他物件要顯示自訂動畫效果。

(6) 影片路徑：設定動畫沿著路徑移動，PowerPoint 有預設的路徑，也可自行繪製路徑。

(7) 投影片放映的設定：由演講者簡報（適合演講、會議等場所）、觀眾自行瀏覽、在資訊站瀏覽（展場自動展示簡報）

9. 投影片文件輸出：

(1) 投影片列印項目有投影片、大綱（不會列印出圖案）、講義（可設定將 1、2、3、4、6 或 9 張投影片印在同一頁）、備忘稿。

(2) 列印簡報時，1 張投影片可列印 1 頁，若列印項目為講義時，1 頁可印多張（1, 2, 3, 4, 6, 9）。

10. 投影片母片：

(1) 要製作一份外觀風格一致的簡報。

(2) 提供包括背景色彩背景圖案、文字字型大小、位置區、層次等功能的母片。

(3) 投影片母片預設含有 11 種版面配置，使用者亦可自行增加自訂的版面配置。

(4) 在某一張投影片中所做的格式設定，只會反應在該張投影片中。

(5) 類型：投影片母片、講義母片及備忘稿母片。

(6) 投影片母片的外觀會決定母片中各版面配置的外觀，但各版面配置的外觀則決定套用該版面配置的投影片外觀。

11. 快速鍵：

(1) 新增投影片：Ctrl + M；複製投影片內的物件：Ctrl + D

(2) 播放投影片：F5

(3) 下一個窗格：F6

(4) 可將滑鼠游標轉換為畫筆：Ctrl + P

(5) 換至下一張投影片：'N'，或按滑鼠左鍵、空白鍵、向右或向下鍵、Enter 鍵或 PageDown 鍵

(6) 翻回前一張投影片：'P'，Backspace 鍵、向左或向上鍵，或是 PageUp 鍵

(7) 快顯功能表 / 前一張投影片：按滑鼠右鍵

(8) 直接換到該頁投影片：鍵入頁數並按 Enter 鍵

(9) 結束投影片的放映：A. 按 Esc 鍵，B. Ctrl + Break 鍵

(10) 所有投影片對話方塊：Ctrl + S

(11) 使螢幕變黑 / 還原：按 'B' 或 '.'

(12) 使螢幕變白 / 還原：按 'W' 或 ','

(13) 停止 / 重新啟始自動放映：按 'S' 或 '+'

(14) 跳至下一張投影片（若隱藏）：按 'H'

(15) 翻回第一張投影片：按住滑鼠右鍵和左鍵 2 秒。

(16) 檢視工具列：Ctrl + T

(17) 移動滑鼠時隱藏 / 顯兆箭頭：Ctrl + H/U

12. 影音檔案的插入：可插入 ADTS、AIFF、AU、MIDI、MP3、MP4、WAV、WMA 等音訊檔，也可從從多媒體藝廊插入。

Quiz & Ans

(　) 1. 在 PowerPoint 中，在下列哪一種情況之下，最適合使用投影片母片來編輯？
(A) 在多張投影片上輸入相同資訊　　(B) 包含大量投影片的簡報
(C) 需要經常修改的投影片　　(D) 需要調整版面配置的投影片

(　) 2. 在 PowerPoint 中，母片預設的版面配置包含了？
(A) 標題　　(B) 日期
(C) 頁碼　　(D) 以上皆是

(　) 3. 在 PowerPoint 中，修改及使用投影片母片的主要優點為下列哪一項？
(A) 可提高簡報播放效能　　(B) 可降低簡報檔案的大小
(C) 可對每一張投影片進行通用樣式的變更　(D) 可增加簡報設計的變化

(　) 4. 在 PowerPoint 中，若想要改變投影片編號字型大小，需由哪一項進入設定？
(A) 版面配置　　(B) 投影片編號
(C) 大小及位置　　(D) 投影片母片

(　) 5. 在 PowerPoint 中，有關 SmartArt 圖形的應用，下列敘述何者正確？
(A) 投影片上的文字可以直接轉換為 SmartArt 圖形
(B) 投影片的 SmartArt 圖形無法直接轉換成文字
(C) 項目清單的數量決定於 SmartArt 圖形版面配置的圖案數目
(D) SmartArt 圖形只適用於含有文字的項目清單

( ) 6. 在 PowerPoint 中，於表格輸入文字時，若要跳至下一個儲存格，可以按下鍵盤上的哪個按鍵？
(A) Ctrl
(B) Tab
(C) Shift
(D) Alt

( ) 7. 下列關於 PowerPoint 的敘述何者**不正確**？
(A) 要設定物件動畫時，無法進行動畫速度快慢的設定
(B) 可以設定投影片與投影片之間的連結
(C) 在設定投影片切換方式時，可以設定為使用滑鼠切換或是每隔多久自動切換
(D) 使用各種影片路徑做出來的動畫效果，都還可以再經過編修

( ) 8. 在 PowerPoint 中，若要讓投影片上的第一個動畫效果，在投影片顯示時自動播放，應該使用下列哪個操作？
(A) 接續前動畫
(B) 與前動畫同時
(C) 按一下滑鼠開始
(D) 自動

( ) 9. 下列關於 PowerPoint 的「動畫」設定，何者**不正確**？
(A) 一個物件可以設定多個動 畫效果
(B) 每個動畫效果都可以設定時間長度
(C) 文字方塊無法進行動畫效果的設定
(D) 可自訂動畫的影片路徑

( ) 10. 下列關於 PowerPoint 的「切換」設定，何者正確？
(A) 可以設定切換時的聲音
(B) 無法設定切換的時間長度
(C) 每一種切換效果都有「效果選項」可以選擇
(D) 投影片換頁時無法設定固定時間來換頁

( ) 11. 在 PowerPoint 中的「動畫窗格」無法設定下列哪一項功能？
(A) 新增動畫至物件
(B) 動畫效果
(C) 動畫時間
(D) 動畫音效

( ) 12. 下列關於 PowerPoint 的敘述何者**不正確**？
(A) 在 PowerPoint 中可以將簡報儲存成 PNG 圖形格式
(B) 在列印投影片時，可以選擇講義模式列印
(C) 在 PowerPoint 中可以將簡報儲存成 TIF 圖形格式
(D) 在列印簡報時，一次只能列印一份簡報

( ) 13. 在 PowerPoint 中，提供了許多不同的投影片展示方式，若無需專人操控，可反覆自動執行的簡報，是設定為下列哪一項？
(A) 自訂放映
(B) 在資訊站瀏覽
(C) 由演講者簡報
(D) 觀眾自行瀏覽

( ) 14. 在 PowerPoint 中，如果同一份簡報必須向不同的觀眾群進行報告，可透過下列哪一項功能，將相關的投影片集合在一起，如此即可針對不同的觀眾群，放映不同的投影片組合？
(A) 設定放映方式
(B) 自訂放映
(C) 隱藏投影片
(D) 新增章節

( ) 15. 在 PowerPoint 中，若想要列印編號為 2、3、5、6、7 的投影片，可以在「列印」的「自訂範圍」輸入下列編號？
(A) 2;3;5-7　　　　　　　　(B) 2,3;5-7
(C) 2-3,5,6,7　　　　　　　(D) 2-3;5-7

( ) 16. 在 PowerPoint 中，佈景主題無法套用至投影片中的哪一個項目？
(A) SmartArt 圖形　　　　　(B) 表格
(C) 文字藝術師文字　　　　(D) 圖案、圖表

( ) 17. 在 PowerPoint 中，若想要將簡報連結至 YouTube 網站的視訊檔案，需在「來自網站的視訊」中貼上下列哪一項？
(A) 內嵌程式碼　　　　　　(B) 網址
(C) 影片名稱　　　　　　　(D) 影片檔名

( ) 18. 在 PowerPoint 中，有關插入影片或多媒體的敘述，下列何者**錯誤**？
(A) 可以隱藏圖示　　　　　(B) 可設定播放後改變圖示顏色
(C) 可設定為自動播放　　　(D) 可設定播放後隱藏圖示

( ) 19. 在 PowerPoint 中，新增一份空白簡報後，在預設下，第 1 張投影片會套用哪種版面配置？
(A) 標題及物件　　　　　　(B) 章節標題
(C) 只有標題　　　　　　　(D) 標題投影片

( ) 20. 在 PowerPoint 中，使用動作按鈕進行「動作設定」時，無法將動作設定為？
(A) 結束放映　　　　　　　(B) 跳到其他 PowerPoint 簡報
(C) 跳到某個網站　　　　　(D) 開啟 Word 操作視窗

解答

1	2	3	4	5	6	7	8	9	10
A	D	C	D	A	B	A	B	C	A

11	12	13	14	15	16	17	18	19	20
A	D	B	B	C	C	A	B	D	D

解析

7. (A) 可透過動畫的「期間」來設定動畫的速度的快慢。

9. 文字方塊是物件，一樣可以設定動畫。

Excel 電子試算表基本操作

一、Excel 操作

1. 基本觀念

    (1) 預設活頁簿檔名：book1.xls，工作表名稱預設（3 張）：sheet1、sheet2、sheet3，至少要 1 張 sheet。

    (2) Excel 2010：共 16384 欄，列共 1048576 列，儲存格共有 $2^{14} \times 2^{20} = 2^{34}$ 個。

    (3) A3：F6 共有 A~F 共 6 欄，3~6 共 4 列 = 6×4 = 24 個儲存格。

    (4) 選取整個工作表可按左上角（欄與列交叉處）。

    (5) 儲存格預設的格式：G/ 通用格式，數字、日期靠右，文字靠左。

    (6) 公式前必須加入「=」，輸入數字但要當文字，數字前必須加入「'」（單引號）。

    (7) 絕對參照（有加 $）=$A$1，不隨複製而改變；相對參照（沒加 $）=A1，會隨複製而相對改變，可按 **F4** 鍵相互切換。

2. 公式錯誤代碼表

錯誤代碼	意義	範例
#DIV/0!	當某個數字以零 (0) 做為除數，或除數儲存格未內含值時，會顯示 #DIV/0! 錯誤。	12/0
#REF!	此錯誤發生於儲存格參照無效時。	A1=20，A2=A1+30，將 A2 的公式複製到 C1，其參照位址會出現 #REF!。

錯誤代碼	意義	範例
#VALUE!	此錯誤發生於使用錯誤類型的引數或運算元。	=" 豪義研究室 "+168
#NUM!	此錯誤表示公式或函數中有無效的數值。	
#NAME?	此錯誤發生於 Microsoft Office Excel 無法辨識公式中的文字。	= 豪義 1
######	儲存格的欄寬太小，不足以顯示出所有的數值。	

3. 儲存格格式

格式符號	說明	範例		
（句號）	小數點：決定小數點的位置。 ● 若小數點左邊只有 # 符號，當數值小於 1 時，則以小數點作為開頭。	**輸入值**	**格式**	**結果**
		0.66	##.###	.66
		0.66	??.???	.66
# （口訣：多的不理，少則進位）	數字標位，不顯示前置零。 ● 位數預留位置。遵循與 0 符號相同的規則，但是如果輸入的數字在小數點任一邊的位數少於格式中的 # 符號，Excel 便不會顯示額外的零。	**輸入值**	**格式**	**結果**
		66000	####.##	66000.
		66000.356	#####.##	66000.36
?（問號） （口訣：多的補空白，少則進位）	數字標位，保留所有零的位置。 ● 與 # 不同之處在於會保留所有零的位置，也就是保留 ? 的位置數。	**輸入值**	**格式**	**結果**
		6600	????.??	6600.
		1234567.12	??,???.??	1,234,567.12
		1234567.12	??,???.???	1,234,567.12
0（零） （口訣：多的補零，少則進位）	位數預留位置。 ● 此格式會顯示所有額外的零。	**輸入值**	**格式**	**結果**
		0	#,##02	0
		0.654	#,###.##	.65
		0.6546	#,##0.##	0.65
		6600.23	00000.000	06600.230

二、基本操作

1. 儲存格的選取：

   (1) 選取不相鄰的儲存格或欄、列：Ctrl 鍵。

   (2) 選取整個工作表：按工作表左上方的全選鈕。

2. 資料的輸入：

   (1) 各類別資料的位置：

類別	預設位置
日期	靠右對齊
數值	靠右對齊
時間	靠右對齊
文字	靠左對齊

3. 強迫分行

   快速鍵：Alt + Enter；工具列 ⊟自動換列 。

4. 資料內容與格式清除：

   (1) 按「Delete」：只是清除儲存格內的資料，但「格式」等設定並無法去除。

   (2) 清除：可將資料及格式一併清除。

5. 填滿控點的功能：

   (1) 相同的資料時：可進行「重複性資料的填滿」。

   (2) 具有順序性的資料時：可進行「順序性資料的填滿」。

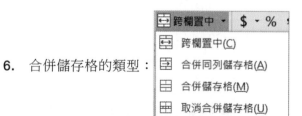

6. 合併儲存格的類型：

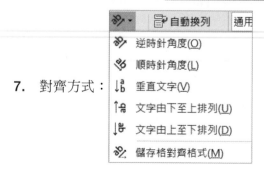

7. 對齊方式：

Quiz & Ans

(　) 1. 下列哪一項不是電子試算表所擁有的功能？
(A) 製作簡報　　　　　　　　　　(B) 計算分析
(C) 製作圖表　　　　　　　　　　(D) 編輯資料

(　) 2. Excel 可以將活頁簿儲存為哪種類型的檔案？
(A) docx　　　　　　　　　　　　(B) pptx
(C) htm　　　　　　　　　　　　(D) ufo

(　) 3. 在試算表軟體 Microsoft Excel 中，下列哪一個按鍵可以切換相對位址、絕對位址和混合位址？
(A) F1　　　　　　　　　　　　　(B) F4
(C) F10　　　　　　　　　　　　(D) F12

(　) 4. 在 Excel 中，如果將資料的類別格式自訂為 "00.0"，則在儲存格輸入 "7.85" 後，會顯示下列哪一個結果？
(A) 07.8　　　　　　　　　　　　(B) 07.85
(C) 07.9　　　　　　　　　　　　(D) 7.9

(　) 5. 在 Excel 中，要將輸入的數字轉換為文字時，輸入時須於數字前加上哪個符號？
(A) 逗號　　　　　　　　　　　　(B) 雙引號
(C) 單引號　　　　　　　　　　　(D) 括號

(　) 6. 在 Excel 中，要在同一個儲存格輸入多列資料時，可以按下下列哪組快速鍵，進行換行的動作？
(A) Alt + C　　　　　　　　　　(B) Ctrl + Enter
(C) Alt + Enter　　　　　　　　(D) Ctrl + C

(　) 7. 在儲存格 A1 中輸入 "1" 後，按住 Ctrl 鍵不放，再拉曳填滿控點至儲存格 A50，則儲存格 A50 會顯示下列哪一個資料？
(A) 50　　　　　　　　　　　　　(B) 1
(C) A1　　　　　　　　　　　　　(D) A50

(　) 8. 下列有關儲存格欄寬及列高的敘述，何者正確？
(A) 雙按 C 欄與 D 欄之間的框線可調整 D 欄的欄寬
(B) 當儲存格內容顯示為 "####"，表示列高高度不足
(C) Excel 會依儲存格內容自動調整列高
(D) 雙按第 5 列的上框線，可讓 Excel 自動調整第 5 列的列高

(　) 9. Excel 儲存格預設的資料格式為？
(A) G/ 通用格式　　　　　　　　(B) 數值
(C) 貨幣　　　　　　　　　　　　(D) 日期

( ) 10. 在 Excel 中，若要表示 A1、A2、B1、B2、C3、D4 等儲存格，下列何者正確？
(A) A1:A2:B1:B2:C3:D4
(B) A1~B2:C3~D4
(C) A1:B2,C3,D4
(D) A1:B2,C3:D4

( ) 11. 在 Microsoft Excel 中，若設定 A1 儲存格式為自訂格式「000.0」後，再輸入 A1 儲存格
的資料為「58.158」，則下列何者為儲存格 A1 的顯示內容？
(A) 58.2
(B) 058.2
(C) 58.16
(D) 8.158

( ) 12. 如果要改變儲存格的文字角度，讓文字變成 45 度顯示，要到「儲存格格式」視窗的哪一
個標籤去設定？
(A) 對齊方式
(B) 數值
(C) 外框
(D) 字型

( ) 13. 在 Excel 執行公式運算，如果要選取儲存格 C2 到 F3 的範圍，要怎麼設定其範圍才正確？
(A) C2+F3
(B) C2&F3
(C) C2：F3
(D) C2~F3

( ) 14. 在 Excel 中用來表示絕對位址的符號是
(A) $
(B) %
(C) #
(D) ！

( ) 15. 在 Microsoft Excel 中，若 A1 和 B1 儲存格內的資料分別為 a1 和 b1，在選取 A1 至 B1
儲存格，並拖曳其右下角的填滿控點至 B5，則下列何者為 A5 儲存格內的資料？
(A) a1
(B) b1
(C) a5
(D) b5

( ) 16. 在 Excel 的儲存格中輸入「＝ 2016/8/3」，結果會顯示以下何者？
(A) 2016 年 8 月 3 日
(B) #VALUE
(C) 2016/08）2016/08/03
(D) 84

( ) 17. Excel 儲存格顯示 ##### 符號，表示：
(A) 引用計算之儲存格參照無效
(B) 同一列資料未對齊
(C) 用來顯示資料之儲存格寬度不足
(D) Excel 不支援此種資料格式

( ) 18. 在 Excel 中，若儲存格 A3 中存放公式「＝ B1/2」，將此儲存格複製後貼到儲存格 C5，
請問儲存格 C5 中的公式為何？
(A)「＝ B1/2」
(B)「＝ B3/2」
(C)「＝ D1/2」
(D)「＝ D3/2」

( ) 19. 下列哪一種方法最適合用來在 Excel 試算表中，複製一個儲存格中的數字資料到與該儲
存格相連接的其他儲存格中？
(A) 拖曳儲存格左下角的「填滿控點」至欲複製的儲存格中
(B) 按下「Ctrl」鍵，然後拖曳儲存格右下角的「填滿控點」至欲複製的儲存格中
(C) 拖曳儲存格右下角的「填滿控點」至欲複製的儲存格中
(D) 拖曳儲存格左下角的「填滿控點」至欲複製的儲存格中

(   ) 20. 在 Excel 中，儲存格 D3 的公式為 =A$1+$B2，若將 D3 的公式複製到儲存格 F4，請問儲存格 F4 會顯示的值為何？

D3	▼	fx	=A$1+$B2
	A	B	C	D
1	60	90	70	
2	80	50	70	
3				110

(A) 50   (B) 120

(C) 70   (D) 140

💡 解答

1	2	3	4	5	6	7	8	9	10
A	C	B	C	C	C	A	C	A	C

11	12	13	14	15	16	17	18	19	20
B	A	C	A	C	D	C	D	C	C

📄 解析

10. A1,A2,B1,B2 是連續的儲存格，所以可用 A1:B2 來表示。C3 與 D4 為非連續的，所以只能用「,」隔開，如 C3,D4。

16. 在儲存格中輸入公式「= 2016/8/3」其運算結果為 84 (=2016/8/3 =252/3)。

20. D3 → F4，欄數增加 2，列數增加 1。
公式複製後，將從 A$1+$B2 變成 C$1+$B3 → 70+0=70。（因為被 $ 鎖住者，不能被改變）

Excel 公式與函數的應用

一、Excel 公式與函數

= 函數 (A1:A3) 是 A1 及 A2 及 A3，而 = 函數 (A1,A3) 是 A1 及 A3

函數名稱	功能
=SUM(A1:A3)	加總
=SUMIF(A1:A5,">80")	條件 >80 加總
=AVERAGE(範圍)	平均 = 加總 / 個數
=AVERAGEIF(A1:A5,">90")	條件 >80 平均
=COUNT(A1:A5)	計算數值資料儲存格個數
=COUNTIF(A1:A5,"<60")	<60 個數
=COUNTA(A1:A5)	非空格個數
=ABS(X)	取 X 之絕對值
=VLOOKUP(尋找值 , 範圍 , 回應第 N 欄)	
=HLOOKUP(尋找值 , 範圍 , 回應第 N 列)	
=RANK(搜尋儲存格 , 依某範圍 , 排序方式) =RANK(A2,$A$1:$A$5,0)	遞減排序輸出名次即 A2 在 A1:A5 中的排名（註：0 為遞減，表示分數高的排在前面；1 為遞增，表示分數低的排在前面）
=MAX(範圍)	最大值
=MIN(範圍)	最小值
=IF(條件 , 真 , 假)	判斷條件真假
=ROUND(X,2)	4 捨 5 入取到小數 2 位數
=ROUNDUP(X,1)	無條件進位取到小數 1 位數
=ROUNDDOWN(X,2)	無條件捨去取到小數第 2 位
=INT(X)	取 <=X 之最大整數
=HYPERLINK(" 路徑 "," 顯示名稱 ")	建立超連結之捷徑

函數名稱	功能
=Right(儲存格 ,n)	右邊取 n 個字元
=Left(儲存格 ,n)	左邊取 n 個字元
=Mid(儲存格 ,m,n)	中間第 m 個開始，取 n 個字元

Quiz & Ans

( )1. 在 Excel 中輸入如下表的資料後，下列敘述何者**錯誤**？

	A	B	C	D
1	水梨	4	15	60
2	香蕉	5	8	40
3	蘋果	4	10	40

    (A) SUM(B1:B3) 的結果為 13
    (B) MAX(B1:D3) 的結果為 60
    (C) ROUND(AVERAGE(C1:C3) , 1) 的結果為 11
    (D) VLOOKUP(" 香蕉 ",A1:D3,3) 的結果為 8

( )2. 利用 Excel 2010 的哪一項功能，可在儲存格 B2 ～ B6 中加入橫條的圖示（如右圖所示）？
    (A) 套用填滿效果
    (B) 設定格式化的條件
    (C) 套用佈景主題
    (D) 設定跨欄置中

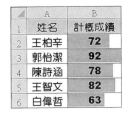

	A	B
1	姓名	計概成績
2	王柏辛	72
3	郭怡潔	92
4	陳詩涵	78
5	王智文	82
6	白偉哲	63

( )3. 在 Microsoft Excel 中，若儲存格 A1 和 B2 內的資料分別為 10 和 11，在選取儲存格 A1 至 B2，並拉曳其右下角的填滿控點至 B6，則下列何者為儲存格 B6 內的資料？
    (A) 14　　　　　　　　　　(B) 13
    (C) 12　　　　　　　　　　(D) 11

( )4. 假設儲存格 A1=10、A2=A，在儲存格 A3 輸入公式「=A1+A2」，則儲存格 A3 會顯示下列何者？
    (A) 10A　　　　　　　　　　(B) A10
    (C) #VALUE!　　　　　　　(D) ######

( )5. 在 Microsoft Excel 試算表軟體中，下列有關函數功能的敘述，何者正確？
    (A) ADD 函數主要用來計算總和
    (B) AVERAGE 函數主要用來計算平均值
    (C) COUNT 函數主要用來計算欄位數目
    (D) RANGE 函數主要用來計算排名

( ) 6. AVERAGE、COUNT、MIN 和 SUM 都是 Microsoft Excel 試算表軟體常用的函數,如果以 12、34 和 56 等三個數值作為上述四個函數的參數,計算的結果下列何者正確?
(A) AVERAGE(12, 34, 56) > SUM(12, 34, 56)
(B) COUNT(12, 34, 56) > MIN(12, 34, 56)
(C) MIN(12, 34, 56) > AVERAGE(12, 34, 56)
(D) SUM(12, 34, 56) > COUNT(12, 34, 56)

( ) 7. 在 Excel 中,儲存格 A1、A2、A3、A4、A5 內的存放數值分別為 -5、-3、2、5、8,則下列函數運算結果,何者的數值最大?
(A) = COUNTIF(A1 : A5 ,"> - 5")
(B) = IF(A2 > A3 , A1 , A4)
(C) = RANK(A2 ,$A$1 : $A$5)
(D) = ROUND(SUM (A1 : A5) / 2 , 0)

( ) 8. 在 Microsoft Excel 中,儲存格 A1 到 A5 的值分別為 3、2、4、5、1,在儲存格 B1 中輸入公式「=RANK(A2,A1:A5,1)」,則該公式計算值為何?
(A) 1   (B) 2
(C) 3   (D) 4

( ) 9. AVERAGE、COUNT、MIN 和 SUM 都是 Excel 試算表軟體常用的函數,如果以 12、34 和 56 等三個數值作為上述四個函數的參數,計算的結果下列何者正確?
(A) AVERAGE(12,34,56)>SUM(12,34,56)
(B) COUNT(12,34,56)>MIN(12,34,56)
(C) MIN(12,34,56)>AVERAGE(12,34,56)
(D) SUM(12,34,56)>COUNT(12,34,56)

( ) 10. 在 Excel 中,如果儲存格 A1 輸入公式「=IF(A2>5," 對 "," 錯 ")」,當儲存格 A2 的值為「6」時,儲存格 A1 會顯示什麼內容?
(A) 對   (B) 錯
(C) 0   (D) =IF(A2>5," 對 "," 錯 ")

( ) 11. 若儲存格 A1、A2、A3、A4、A5 的值分別為 10、20、30、40、50,則公式「= SUMIF(A1:A5,"<30")」的運算結果為何?
(A) 2   (B) 3
(C) 30   (D) 60

( ) 12. 在 Excel 中欲在儲存格 L2 輸入 G2,H2,I2,J2 和 K2 的加總,應該如何輸入?
(A) (G2+H2+I2+J2+K2)
(B) =SUM(G2:K2)
(C) =SUM(G2-K2)
(D) ($G2+$H2+$I2+$J2+$K2)

( ) 13. 使用電子試算表軟體如 Microsoft Excel,在儲存格 B1、B2、B3、…、B10 依序輸入數值 1、2、3、…、10,若儲存格 B11 的公式為 =MAX(SUM(B1:B10),AVERAGE(B1:B10)) 則儲存格 B11 的值是多少?
(A) 40   (B) 55
(C) 60   (D) 65

( ) 14. 在一個 Excel 儲存格內容是 =AVERAGE(E7:H11)，請問它是計算多少個儲存格的平均值？
(A) 20 (B) 15
(C) 16 (D) 77

( ) 15. 欲得 Excel 試算表 F4 至 K10 範圍內含有數值資料的儲存格數目，可使用下列哪一個指令？
(A) =COUNT(F4:KIO) (B) =MAX(F4:K10)
(C) =SUM(F4:K10) (D) =TOTAL(F4:K10)

( ) 16. Microsoft Excel 表格中，A1、A2、B1、B2 的值分別為 10、30、20、40，若儲存格 C1 中存放公式「=MAX(B1,A1:A2)」，則儲存格 C1 的公式計算值為何？
(A) 30 (B) 40
(C) 60 (D) 100

( ) 17. 在 Excel 中，儲存格 A1、A2、A3、A4、A5 內存放的值分別為 5、-7、2、0、-4，下列函數運算結果，何者的數值最小？
(A) MIN(A3:A5)
(B) AVERAGE(A2, A4, A5)
(C) COUNT(A1:A5)
(D) IF(A1>0, A2, A5)

( ) 18. Excel 資料表如下，若在儲存格 C1 中輸入「=ROUND(AVERAGE(A1:B3), 2)」，則 C1 的值應為？

	A	B
1	8	6
2	5	7
3	13	10

(A) 8.1 (B) 8.18
(C) 8.17 (D) 8.2

( ) 19. 在 Microsoft Excel 中，下列公式之結果為何？
=INT(ROUND(16.59,-1)+ROUND(5.26,1)+ROUND(-27.63,-1))
(A) -7 (B) -6
(C) -5 (D) -4

( ) 20. 執行函數「=INT(3×5+2/4)」，儲存格顯示的結果是？
(A) 15 (B) 15.5
(C) 16 (D) 4

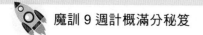

 解答

1	2	3	4	5	6	7	8	9	10
C	B	B	C	B	D	B	B	D	A
11	12	13	14	15	16	17	18	19	20
C	B	B	A	A	A	D	C	C	A

 解析

8. B1=RANK(A2,A1:A5,1)，1 表示遞增，最小的為 1，以此類推表示 A2 在 A1 到 A5 之間的排名結果，即為 2。

14. E-H 有 4 欄，7-11 有 5 列，4×5=20。

16. MAX(B1,A1:A2) 表示在 20、10、30 間找出最大的數值，答案為 30。

17. MIN(A3:A5)=-4；AVERAGE(A2, A4, A5)=-3.67；COUNT(A1:A5)=5；IF(A1>0, A2, A5)=-7。

18. =ROUND(AVERAGE(A1:B3), 2)=ROUND(8.166666667, 2)=8.17

19. 取到小數 1 位
    ROUND(16.59,-1)=20　4 捨 5 入取到 -1 位即十位數 6 進位為 20
    ROUND(5.26,1)=5.3　取到小數 1 位，即 5.3
    ROUND(-27.63,-1)=-30　4 捨 5 入取到 -1 位即十位數 6 進位為 -30
    INT(20+5.3-30)=INT(-4.7)=-5

20. （3×5+2/4）的計算結果為 3×5+2/4=15+0.5：15.5+0.5=15.5，取整數部分便是 15。

Excel 統計圖表、排序、小計、篩選、樞鈕分析表

一、排序

1. 將資料依遞增或遞減的順序排序。

2. 可以依字母、顏色、圖示等方式,將資料由遞增、遞減、單一欄位或多個欄位排序。

3. 有主要鍵、次要鍵及第三鍵,2010 最多 64 層。

二、資料驗證

1. 資料驗證功能可設定資料輸入的「驗證準則」。

2. 可利用資料驗證功能來找出不合理的資料。

三、資料篩選

1. 分為「自動篩選」與「進階篩選」。

2. 自動篩選只能選出同時符合每個條件的資料,而進階篩選可選出符合任一條件的資料。

3. 進階篩選:能將符合準則條件的資料複製到工作表上。

學科	術科
>60	>70

同時符合每個條件

學科	術科
>60	
	>70

符合任一條件

四、小計

1. 計算同類資料的快速方法。

2. 將同鍵值資料的數值欄位做計算。

3. 小計的資料必須先經過「排序」,並以分組小計欄位加以排序。

4. 執行資料小計後,資料清單便被修改,往後若須繼續輸入資料,必須先移除資料小計功能。

5. 完成資料小計後,工作表的左側會出現群組及大綱結構,反之,若移除小計,則群組及大綱亦會自動消失。

五、樞紐分析表

1. 資料無需先進行排序處理。

2. 對文字、數值與日期資料提供群組統計的功能。

3. 對於無法計算的數值不產生數值，不會顯示錯誤訊息。

4. 可新增或刪除樞紐分析表中的欄位來更改設定，以利資料的分析。

5. 可製作出統計圖表及報表。

6. 摘要方式是樞紐分析表進行資料統計的方式（如平均、加總與項目加總等）。

六、資料剖析

一種切割文字欄位資料的方法。

七、圖表

圖表	說明
直條圖	用於顯示不同時間點或不同類別的資料數值，或比較同一工作表中，不同資料類別的值。
橫條圖	和直線圖的用途相同。
折線圖	用描點的方式繪製資料再相連接，表示不同時間點或不同類別的資料數值趨勢。
圓形圖	只能顯示 1 組資料數列，表示某項資料占整個資料數列的比例。
區域圖	強調不同類別資料在不同區間內的變動情形。
泡泡圖	可比較項目間三個數據的表現差異。
雷達圖	可比較多個資料數據，並顯示資料點距離中心點的偏離情形，距離中心點越遠代表數值越高，相反，則越低。
股票圖	通常用於說明股價波動，也能用於科學資料。
曲面圖	如地形圖一樣，將相同值的範圍設定相同色彩或圖樣。
XY 散佈圖	用來比較兩類資料數值。

Quiz &Ans

( ) 1. 在 Excel 中，下列哪個圖表類型只適用於包含一個資料數列所建立的圖表？
(A) 環圈圖　　　　　　　　　(B) 圓形圖
(C) 長條圖　　　　　　　　　(D) 泡泡圖

(　　) 2. 在 Excel 中建立一個如下圖所示的圖表後，有關該圖表的敘述何者**有誤**？

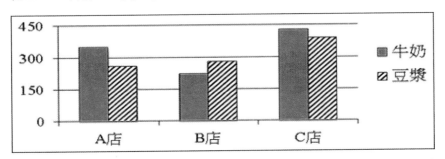

(A) 垂直座標軸的主要刻度間距為 150　　(B) 垂直座標軸的最小值為 0
(C) 該圖表未顯示圖例　　(D) 該圖表未顯示資料標籤

(　　) 3. 下列何種 Excel 功能，最適合快速合併與比較大量資料、靈活調整欄列分析項目與資料摘要方式、方便查看來源資料的不同彙總結果、與建立不同分析角度的報表與圖表？
(A) 合併彙算　　(B) 樞紐分析
(C) 資料剖析　　(D) 資料驗證

(　　) 4. 利用 Excel 的哪一項功能，可以快速地將相同的資料自動歸類進行加總、平均…等運算處理？
(A) 排序　　(B) 驗證
(C) 小計　　(D) 篩選

(　　) 5. Excel 的哪一個功能可將工作表中的資料，依照特定的條件，過濾出使用者所需的資料，例如找出全班學期成績低於 60 分者？
(A) 小計　　(B) 資料篩選
(C) 驗證　　(D) 資料剖析

(　　) 6. 若要以一連串闖關遊戲來挑戰參賽者的體能極限，製作單位要利用圖表來呈現各關卡在耐力、體力、肌力、平衡感、意志力等 5 方面的體能要求，應選擇下列哪一種圖表類型最適合？
(A) 圓形圖　　(B) 直條圖
(C) 股票圖　　(D) 雷達圖

(　　) 7. 在右表的 Microsoft Excel 表格中，我們在選取 A1:B4 後，將排序條件設定如下：首要的排序方式為「依照欄 B 的值由最小到最大排序」，次要的排序方式設為「依照欄 A 的值由最大到最小排序」，則在排序後的結果中，下列敘述何者正確？

	A	B
1	30	20
2	60	10
3	40	20
4	5	30

(A) A1 的值為 60　　(B) A2 的值為 30
(C) A3 的值為 5　　(D) B3 的值為 30

（ 　 ）8. 在 Excel 2010 中，插入圖表後，無法進行下列哪一項變更？
(A) 將圖表移至新的工作表 　 　 (B) 變更圖表色彩
(C) 縮放圖表區大小 　 　 (D) 旋轉圖例的角度

（ 　 ）9. 使用 Excel 2010 時，為了避免使用者輸入資料時發生**錯誤**，可以先行設定資料輸入的範圍及類型，當使用者輸入**錯誤**時，Excel 2010 便會跳出提醒訊息，要求使用者重新輸入。請問上述說明為 Excel 中的何種功能？
(A) 資料驗證 　 　 (B) 資料篩選
(C) 設定格式化條件 　 　 (D) 樞紐分析

（ 　 ）10. 在 Microsoft Excel 裡，下列何者最適合用來將單欄中的資料，利用分隔符號或固定寬度，切割至多個欄位中？
(A) 資料剖析 　 　 (B) 自動篩選
(C) 資料驗證 　 　 (D) 取消群組

（ 　 ）11. 在 Microsoft Excel 中，當我們要使用資料小計時，必須先將要分組的欄位進行下列何種處理？
(A) 存檔 　 　 (B) 搜尋
(C) 加總 　 　 (D) 排序

（ 　 ）12. 若工作表中的資料很多時，下列哪一項功能可幫助我們快速進行統計分析？
(A) 資料排序 　 　 (B) 保護工作表
(C) 條件式加總 　 　 (D) 樞紐分析

（ 　 ）13. 在製作 Excel 圖表時，如果忘記輸入座標軸的標題，可在圖表建立後，選按圖表功能表中的哪一個選一個選項，來補輸入標題？
(A) 圖表類型 　 　 (B) 來源資料
(C) 圖表選項 　 　 (D) 圖表位置

（ 　 ）14. 下列 Excel 圖表設定內容，何者沒有提供變更？
(A) 修改字型為微軟正黑體 　 　 (B) 刻度間距改小
(C) 讓文字傾斜為 30 度 　 　 (D) 變更圓餅圖為魚骨圖

（ 　 ）15. 使用 Excel 的哪一項功能，可將直條圖變更為折線圖？
(A) 圖表 / 圖表類型 　 　 (B) 圖表 / 來源資料
(C) 圖表 / 圖表選項 　 　 (D) 格式 / 選定圖表區域

（ 　 ）16. 下列有關 Excel 資料小計功能的敘述，何者**不正確**？
(A) 分組小計前必須先排序才能得到正確的結果
(B) 小計對話方塊的「新增小計位置」，可以設定要進行小計的欄位
(C) 在小計對話方塊中勾選「取代目前小計」，可以建立巢狀層級小計
(D) 執行小計功能後，可以自動建立大綱結構便利逐層檢視資料

（ 　 ）17. 老師想要知道班上有多少人數學成績低於 60 分以下，他可以使用 Excel 的何種功能找出不及格的學生？
(A) 分頁預覽 　 　 (B) 自動篩選
(C) 錯誤檢查 　 　 (D) 驗證

(　　) 18. 老師想要讓工讀生輸入成績，只能輸入 0~100 的數值，他可以使用 Excel 的什麼功能來限制資料的輸入範圍？
(A) 小計
(B) 自動篩選
(C) 資料驗證
(D) 資料剖析

(　　) 19. Excel 下列何項功能，可以讓使用者輸入不符合條件的資料時，出現警告訊息提示？
(A) 小計
(B) 排序
(C) 驗證
(D) 篩選

(　　) 20. 編輯 Excel 圖表時，覺得圖表所呈現的數值結果非常不明顯，則他可以在圖表中增加哪一個項目讓讀者能更直覺的知道圖表中的每一個數值？
(A) 圖表標題
(B) 資料標籤
(C) 圖例
(D) 水平 / 垂直軸標題

 解答

1	2	3	4	5	6	7	8	9	10
B	C	B	C	B	D	A	D	A	A
11	12	13	14	15	16	17	18	19	20
D	D	C	D	A	C	B	C	C	B

解析

16. (C) 在小計對話方塊中勾選「取代目前小計」，會移除先前設定的小計資料。

色彩原理與影像類型

一、色彩原理

1. 色彩數位化

   黑白 = 2^1 色即 1bit 即 $\frac{1}{8}$ Byte

   灰階 = 256 階層 = 2^8 色即 8 bit = 1 Byte

   彩色 = 256 色 = 2^8 色即 8 bit = 1 Byte

   高彩 = 65536 色 = 2^{16} 色即 16 bit = 2Byte

   全彩 = RGB 各佔 8bit = 2^{24} 色即 24 bit = 3Byte

   更高全彩 = 2^{32} 色即 32bit = 4Byte

2. RGB 模式（色加法）通常用在光學原理的周邊設備如螢幕、數位相機。

   ● 全彩影像最多可以有 1677 萬 = 2^{24} 種顏色。

   ● 即 RGB 各佔 8bit，每一個像素需佔用 24 位元即 3Bytes 的資料空間。

   ● R 為 Red 即紅色、G 為 Green 即綠色、B 為 Blue 即藍色，其每種顏色其色階有 256 種即從 0~255。

   ● 色階越大越亮，越小則越暗。R = 255、G = 0、B = 0 表示純紅色，R = 255、G = 255、B = 255 表示全白色，R = 0、G = 0、B = 0 則為全黑色。

3. CMYK 影像模式（色減法）：C 為 Cyan 青色、M 為 Magenta 洋紅色、Y 為 Yellow 黃色、K 為 Black 黑色，主要用在印刷用途上。每個色彩由 0% ~ 100%，愈高愈色彩愈深，需要 7bits 表示。

4. HSB 影像模型：

   ● H（Hue）即色相：指色彩種類分別為紅、橙、黃、綠、藍、靛、紫

   ● S（Saturation）即彩度：顏色的濃淡及飽和度為色彩的鮮艷程度

   ● B（Brightness）即明亮度：顏色的明亮程度由 0% ~ 100%

二、影像類型

	點陣圖	向量圖
優點	1. 易取得影像，可直接由掃描器、數位相機拍攝人物、風景照片 2. 易處理，可透過 PhotoImpact、Photoshop 等軟體處理。 3. 色彩豐富自然且變化多。	1. 儲存記憶體較小 2. 放大、縮小不易失真，不會有鋸齒狀 3. 由線段、色塊組成。用於 LOGO 設計、室內設計等
缺點	1. 以像素 Pixel 組成，高解析度＝高品質，記憶體需求較大 300dpi 拍 4×6 吋照片需 216 萬畫素 ＝(300×4)×(300×6)=2160000 畫素 2. 轉換的過程易失真，會有鋸齒狀 3. 無法呈現立體 3D 影像	1. 缺乏真實感，不易繪人物照 2. 由人繪出，較花費時間 3. 可利用軟體 AutoCAD（工業製圖）、CorelDRAW、Illustrator，搭配數位板進行設計
圖檔	BMP、GIF、JPG、PNG、TIF、UFO、PSD	CDR、AI、WMF

三、常考圖檔案格式

檔案類型	特性
BMP 檔	● 任何在 Windows 上執行的影像軟體 ● 缺點是檔案體積很大，因為未經壓縮
TIFF 檔	● 在專業印刷市場幾乎是指定格式 ● 支援各種色彩類型的影像（黑白、灰階、16 色、256 色、全彩）
JPG 檔（JPEG）	● 提供了極佳的破壞性壓縮（失真壓縮） ● 網路上流通的影像，只要是全彩影像，幾乎都是 JPG 檔案
GIF 檔	● 非破壞性壓縮 ● 支援動畫影像 ● 色彩能力最多到 256 色 ● 提供了透明色的功能 ● 網頁設計最常用
PNG 檔	● 綜合了 JPG 及 GIF 的優點，但不支援動畫 ● 支援全彩圖形、漸進式顯示、透明背景 ● 網頁設計最常用
EPS 檔	● PostScript 的一種延伸類型，多用於單鏡反光相機。 ● 向量及點陣圖皆可包容，向量圖形的 EPS 檔可以在 Illustrator 及 CorelDraw 中修改，也可再載入到 Photoshop 中做影像合成 ● 可以在任何的作業平台及高解析度輸出設備上，輸出色彩精確的向量或點陣圖 ● 是做分色印刷美工排版人員最愛使用的圖檔格式。

四、點陣圖檔案由大到小

無壓縮	>	非失真壓縮	>	失真（破壞性）壓縮

BMP：用在 Windows   GIF：用在網頁動畫   JPG：用在網頁全彩
PSD：用在 PhotoShop   PNG：用在網頁全彩
UFO：用在 PhotoImpact   TIF：用在印刷用途

Quiz & Ans

(   ) 1. 下列有關電腦處理影像圖形的敘述，何者**不正確**？
(A) 影像圖形依其儲存與表示方式，可分為點陣式圖形與向量式圖形兩類
(B) 相較於向量圖，點陣圖在呈現細膩的影像時通常比較真實
(C) WMF 格式為 Windows 常見的一種向量式圖形檔
(D) 向量式圖形在縮小或放大後容易失真

(   ) 2. 同一張影像，以全彩（24bits）模式儲存，其所佔記憶體的容量，是以 256 色之色彩模式儲存記憶體容量的幾倍？
(A) 1.5 倍   (B) 2 倍
(C) 3 倍   (D) 4 倍

(   ) 3. 檔案格式中，下列何者不是印刷常用的格式？
(A) PDF   (B) AI
(C) GIF   (D) TIF

(   ) 4. 下列有關 RGB 色彩模式的敘述，何者正確？
(A) 以色彩強度（0, 0, 0）混合，所得顏色為黑色
(B) 以色彩強度（0, 255, 0）混合，所得顏色為藍色
(C) RGB 色彩模式中，R 表示洋紅色
(D) RGB 色彩模式中，B 表示黑色

(   ) 5. 請問對向量圖形的描述，下列何者正確？
(A) 適宜用來修改掃瞄圖像   (B) 擅長製作手繪質感創作
(C) 圖像放大後容易產生鋸齒狀   (D) 由數學的點線面原理所構成

(   ) 6. 下列何種型態的圖片不論如何放大，線條都不會呈現鋸齒狀？
(A) 點陣圖   (B) 向量圖
(C) JPEG   (D) GIF

(   ) 7. 下列何種圖檔格式，能以非破壞性壓縮方式，儲存支援 256 種階層透明程度之全彩點陣影像？
(A) AI（Adobe Illustrator）
(B) GIF（Graphics Interchange Format）
(C) JPEG（Joint Photographic Experts Group）
(D) PNG（Portable Network Graphics）

(   ) 8. 常見的影像格式包含：BMP、JPG、GIF、PNG，試問何者支援背景透明的功能？
(A) BMP 與 JPG
(B) JPG 與 GIF
(C) GIF 與 PNG
(D) BMP 與 PNG

(   ) 9. 下列關於 RGB 色盤的敘述何者正確？
(A) 可以表示 255 種不同色階的綠
(B) 不能表示灰階
(C) 是一種減色法色盤
(D) 色彩（125, 0, 125）比色彩（125, 0, 100）亮

(   ) 10. 在 RGB 彩色模式中，將紅、綠、藍三色以色彩強度（255, 255, 255）混合，所得顏色為何？
(A) 白
(B) 黑
(C) 黃
(D) 紫

(   ) 11. 在 PhotoImpact 軟體中，下列哪一項選取工具提供使用者以滑鼠逐一點選圖片中某一圖案邊緣的方式來選取不規則形狀的區域？
(A) 魔術棒工具
(B) 套索工具
(C) 標準選取工具
(D) 橢圓選取工具

(   ) 12. 在 PhotoImpact 中，下列哪一個項目提供使用者以視覺化的方式，快速的套用各種特殊效果？
(A) 魔術棒工具
(B) 百寶箱
(C) 變形工具
(D) 貝茲曲線工具

(   ) 13. 下列那些影像格式未經壓縮？(1)bmp (2)png (3)ai (4)psd (5)ufo (6)jpg
(A) (1)(3)(5)
(B) (1)(2)(4)
(C) (1)(3)(4)(5)
(D) (1)(3)(4)(6)

(   ) 14. 小明想設計一個六旋翼飛機，他使用了美工軟體繪製該飛機的外觀，然後他想要輸出一動畫圖檔來觀看動態影像，請問下列何種圖檔格式可以實現？
(A) BMP 圖檔
(B) JPG 圖檔
(C) TIF 圖檔
(D) GIF 圖檔

(   ) 15. 下列敘述何者正確？
(A) .jpg 是一種點陣圖的圖檔格式
(B) Windows 中的小畫家可編輯向量圖檔
(C) 點陣圖放大後不會產生鋸齒狀失真
(D) 向量圖是由一個一個的像素（Pixel）排列組合而成

(   ) 16. 有關影像格式「向量式圖形」與「點陣式圖形」的敘述，下列何者正確？
(A) Illustrator 是一種向量式圖形的繪圖軟體
(B) 向量圖採用像素來紀錄圖形
(C) 點陣式圖形較適合用於精準的工程及設計繪圖
(D) 點陣式圖形放大後不會有鋸齒邊緣的情形發生

( ) 17. 下列有關影像檔案的敘述，何者**不正確**？
(A) BMP 類型的影像檔案為 Microsoft Windows 系統上的標準影像檔案格式
(B) GIF 類型的影像檔案可用來製作透明圖效果影像與動畫圖檔
(C) JPEG 類型的影像檔案採用破壞性壓縮方式
(D) TIFF 類型的影像檔案最多只可處理 256 色的影像

( ) 18. 下列何者無法儲存向量圖影像？
(A) *.ai
(B) *.wmf
(C) *.ico
(D) *.eps

( ) 19. 彩色印表機通常利用 CMYK 四種顏色呈現輸出結果，其中 K 代表哪一種顏色？
(A) 紅色
(B) 黃色
(C) 黑色
(D) 藍色

( ) 20. 下列圖檔格式中，大部分的使用情況下採用非破壞性壓縮且支援全彩的為何？
(A) BMP、GIF
(B) GIF、JPEG
(C) JPEG、PNG
(D) PNG、TIFF

 解答

1	2	3	4	5	6	7	8	9	10
D	C	C	A	D	B	D	C	D	A
11	12	13	14	15	16	17	18	19	20
B	B	C	D	A	A	D	C	C	D

解析

13. bmp：為 windows 中未壓縮的影像格式。.ai、psd、ufo 皆為檔案的原始檔，所以沒有採壓縮技術。

16. (B) 向量式圖形佔用較少的記憶體空間
(C) 向量式圖形較適合用於精準的工程及設計繪圖
(D) 向量式圖形放大後不會有鋸齒邊緣的情形發生

18. (C) *.ico 是圖示檔，屬於點陣圖

19. C (Cyan) 青色、M (Magenta) 洋紅色、Y (Yellow) 黃色、K (Black) 黑色，一般俗稱印刷四色。

20. BMP 無壓縮；GIF 不支援全彩；JPEG 雖然支援非破壞性壓縮，但大多採用破壞性壓縮。

影像的尺寸與解析度設定

一、影像解析度

1. 數位影像實際上是由一點一點的細小色點所排列組合而成。這樣的小點稱做像素（英文為 Pixel，是 Picture Element 的縮寫），它是構成影像的最小單位，每一個像素內只能有一種顏色，不同的像素則可以是不同的顏色。

2. 像素的大小和它們彼此之間排列的緊密程度是影響影像的品質的重要因素，這種因素稱為解析度，通常以單位長度內的點數來做為測量的單位，常用的單位有：

   (1) PPI（Pixel Per Inch，每一英吋影像上的像素數，應用在光學螢幕、數位相機）

   (2) DPI（Dot Per Inch，每一英吋影像上的點數，應用在印表機、沖洗數位相片）

   但兩者相併使用，解析度愈高的影像品質就愈好，相對地製作影像的成本及所佔的資料量就愈大。人類的眼睛對於 200dpi 以上的印刷物，已很難分辨出畫質精緻度。因此理想的解析度的設定需依據輸出品的性質調整，在常見的解析度設定上：

   ● 報紙排版：150 dpi

   ● 沖洗相片：200 dpi 以上，目前常用的是 300 dpi

   ● 封面印刷：300 dpi

   ● 特殊印刷、年鑑印刷：400 dpi 以上

低解析度 ──────────────────────────────────────▶ 高解析度		
桌機螢幕相關的設定 72dpi ~ 96dpi	文字辨識 OCR 200dpi ~ 300dpi	列印數位照片或印刷 300dpi ~ 400dpi
使用時機： 1920*1080=2 百萬畫素 1280*1024=1.3 百萬畫素	將圖片中的文字轉成可編輯的文字，解析度愈高，辨識率愈高	3600×2400 = 864 萬畫素 ↓　　↓　　300dpi 列印 12" × 8" = 96 平方英吋

二、圖片尺寸與像素大小

解析度設為 300dpi，像素大小與輸出尺寸關係如下表：

總像素數	像素大小 Pixel	輸出尺寸（寸）	以公分為單位
135 萬 =1.35M	900 × 1500=1350000	3×5	7.62×12.7
216 萬 =2.16M	1200×1800=2160000	4×6	10.16×15.24
315 萬 =3.15M	1500×2100=3150000	5×7	12.7×17.78
432 萬 =4.32M	1800×2400=4320000	6×8	15.24×20.32
653 萬 =6.53M	2150×3036=6527400	B5	18.2×25.7
720 萬 =7.2M	2400×3000=7200000	8×10	20.32×25.4
870 萬 =8.7M	2480×3508=8699840	A4	21×29.7
1352 萬 =13.52M	3036×4299=1351764	B4	25.7×36.4
1740 萬 =17.4M	3508×4961=17403188	A3	29.7×42

Quiz & Ans

( ) 1. 若要在 1024x768 模式下顯示全彩（2^{24} 色），其顯示記憶體至少需要：
(A) 1MB (B) 2MB
(C) 2.5MB (D) 3MB

( ) 2. 新一代數位式電視機的規格，標示為 4K 電視，請問其解析度為多少？
(A) 720×480 (B) 1280×720
(C) 1920×1080 (D) 4096×2160

( ) 3. 解析度為 500 dpi 的照片，表示照片內每一平方英吋有多少像素點數？
(A) 2500 (B) 500
(C) 1000 (D) 250000

( ) 4. 有一台數位相機擁有 1000 萬像素，此處「1000 萬像素」是指：
(A) 內建儲存容量 (B) 記憶卡最大容量
(C) 照片每一個點的顏色成分 (D) 最大可拍攝的解析度

( ) 5. 下列四張影像，何者所需的記憶空間最大？
(A) 800×600 像素的 24 位元全彩影像 (B) 840×480 像素的灰階影像
(C) 1,440×900 像素的 256 色影像 (D) 3,600×1,200 像素的黑白影像

( ) 6. 若一張全彩影像，每一個像素（Pixel）都用三原色（RGB）的強度來表示該像素的顏色，每個原色的強度都用 16 位元表示。則若要儲存 6 萬張大小為 1920×1080 的無壓縮影像，至少共需要下列多大容多量的儲存裝置才存得下？
    (A) 1TB   (B) 10GB
    (C) 100MB   (D) 1000KB

( ) 7. 以解析度 100 dpi 列印一張 4×6（高 4 吋，寬 6 吋）的照片，至少需要多少畫素？
    (A) 24   (B) 2400
    (C) 240000   (D) 2400000

( ) 8. 1,000 萬像素的數位相機，最高可拍出以下哪種大小的影像？
    (A) 2,500×2,000   (B) 3,000×2,500
    (C) 3,600×2,700   (D) 4,000×3,000

( ) 9. 掃描器以解析度 300 dpi 的 256 灰階模式掃描一張 4 英吋 ×5 英吋的文件，請問掃描後之文件影像共有多少 Bytes？
    (A) 6,000   (B) 1,536,000
    (C) 1,800,000   (D) 460,800,000

( ) 10. 若要設定某網頁的圖形，則會將解析度設定為多少？
    (A) 72 dpi   (B) 120 dpi
    (C) 200 dpi   (D) 300 dpi

( ) 11. 下列何者為列印解析度的單位？
    (A) DPI   (B) PPI
    (C) Dot   (D) Bits

( ) 12. 將一張 4×6 英吋的照片，掃描為 8,640,000 像素的影像，則掃描器的解析度應設定為何？
    (A) 100dpi   (B) 300dpi
    (C) 600dpi   (D) 900dpi

( ) 13. 一張數位影像圖片寬為 2270 點，高為 1800 點，該圖片大約有多少像素點？
    (A) 400 萬像素   (B) 500 萬像素
    (C) 600 萬像素   (D) 800 萬像素

( ) 14. 一張 3200×2400 像素的影像，若以 400 dpi 的解析度輸出，則尺寸為多少？
    (A) 3×5 吋   (B) 4×6 吋
    (C) 8×6 吋   (D) 40×8 吋

( ) 15. 若未來要將此圖片沖洗成相片，應將解析度設定為多少？
    (A) 72 dpe   (B) 100 dpi
    (C) 150 dpi   (D) 200 dpi

( ) 16. 若想要用數位相機拍照，再由相片印表機輸出而且不失真，相片印表機的解析度為 300dpi，輸出相片尺寸為 4 英吋 ×6 英吋，則數位相機的解析度至少需要多少畫素？
    (A) 300 萬   (B) 100 萬
    (C) 600 萬   (D) 200 萬

( ) 17. 儲存下列何種影像組合所需的記憶空間最大？
    (A) 640×480 像素的 24 位元全彩影像
    (B) 800×600 像素的 256 色影像
    (C) 1240×768 像素的灰階影像
    (D) 1400×800 像素的黑白影像

( ) 18. 以同一部數位相機拍攝二張像素分別為 800×600 與 640×480 的同一地點風景時，到數位像館放大加洗後，哪一張的照片看起來會比較清楚？
    (A) 一樣
    (B) 640×480，因為檔案較小
    (C) 800×600，因為解析度較高
    (D) 需視沖洗照片沖洗照片的機器而定

解答

1	2	3	4	5	6	7	8	9	10
C	D	D	D	A	A	C	C	C	A

11	12	13	14	15	16	17	18
C	C	A	C	D	C	C	C

解析

1. $1024 \times 768 \times 3$ Bytes = 2304 KB = 2.25 MB

2.   SD：720×480
     HD：1280×720
     Full HD：1920×1080
     4K 電視：4096×2160

3. $500 \times 500 = 250000$

6.   11. $(1920 \times 1080 \times 16 \times 3 \times 60000)/(8 \times 1024 \times 1024 \times 1024) = 695$ GB。

7. $(4 \times 100) \times (6 \times 100) = 400 \times 600 = 240,000$ 畫素。

9. $256 = 2^8$，表示每個像素有 8 位元。$(300 \times 4) \times (300 \times 5) \times 8/8 = 1800000$ Bytes。

12. $4x \times 6x = 8640000 \rightarrow 2^4 \times 2 = 8640000 \rightarrow x^2 = 360000 \rightarrow x = 600$

14. $3200/400 = 8$；$2400/400 = 6$，所以是 8×6 吋

17. $40 \times 480 \times 24$bits = 7,372,800bits，$800 \times 600 \times 8$bits = 3,840,000bits；
     $1,240 \times 768 \times 8$bits = 7,618,560bits；$1,400 \times 800 \times 1$bits = 1,120,000bits。

PhotoImpact 軟體環境
介紹及基本操作

一、PhotoImpact 介紹

1. 是一個由 **Corel** 推出的圖像處理軟體，由友立資訊於 1996 年 2 月開發完成上市，運行於 Windows 作業系統下，以家庭用戶為主。

2. 通過所謂 TWAIN 介面，它可以直接從掃描器或數位相機匯入照片。在 PhotoImpact 的幫助下，用戶可以製作自己的網頁。

3. 其原始檔副檔名為 .UFO，為封閉式檔案格式，可存成 .JPG、.TIF、.GIF …等。

二、PhotoImpact 基本操作

在 PhotoImpact 中，提供使用者以視覺化的方式，快速的套用各種特殊效果。

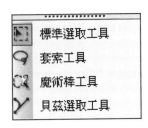

1. 套索工具：選取不規則形狀的區域

   可讓您輕鬆地選取不規則形狀的主題，例如人的臉孔。這對於將前景物件和背景分離相當有用。特別是當前景主題和背景具有相當對比的色彩時。

2. 魔術棒工具：選取包含相似顏色的區域

   可選取特定顏色的區域。若影像中的主題或背景為清晰的色彩，就可使用此工具。

3. 貝茲選取工具適合用來繪製包含線性路徑的形狀，也可用來建立曲線路徑。

4. 變形工具：利用變形工具可將圖片變形。

5. 百寶箱：提供豐富的圖庫及資料庫，直接拖曳現成的物件至影像中，即可套用產生新的物件。

6. 路徑繪圖工具

工具	說明
路徑繪圖工具	繪製基本形狀（圖形、方形、圓角矩形等）及自訂形狀，可填充顏色。
輪廓繪圖工具	與路徑繪圖工具相同，但只能繪製外框。
線條與箭頭工具	提供線條（直線或曲線）及能繪製直線並可以選擇端點箭頭形式。
路徑編輯工具	用來編修已存在之線條路徑。

7. 在拍照時如果打出閃光燈，常常會遇到紅眼情況，可利用「移除紅眼」的工具消除紅眼。

8. 在 PhotoImpact 中，如果要列印的作品超過印表機所能列印的最大尺寸，可執行「檔案→其他列印選項→列印海報」功能，將該作品以原尺寸輸出。

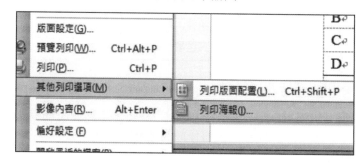

Quiz
&Ans

(　　) 1.　在 PhotoImpact 軟體中，下列哪一項選取工具提供使用者以滑鼠逐一點選圖片中某一圖
案邊緣的方式來選取不規則形狀的區域？
(A) 魔術棒工具　　　　　　　　　　　(B) 套索工具
(C) 標準選取工具　　　　　　　　　　(D) 橢圓選取工具

(　　) 2.　在 PhotoImpact 中，下列哪一個項目提供使用者以視覺化的方式，快速的套用各種特殊
效果？
(A) 魔術棒工具　　　　　　　　　　　(B) 百寶箱
(C) 變形工具　　　　　　　　　　　　(D) 貝茲曲線工具

(　　) 3.　PhotoImpact 預設的副檔名為何？
(A) jpeg　　　　　　　　　　　　　　(B) gif
(C) ufo　　　　　　　　　　　　　　(D) bmp

(　　) 4.　下列敘述何者正確？
(A) .jpg 是一種點陣圖的圖檔格式
(B) Windows 中的小畫家可編輯向量圖檔
(C) 點陣圖放大後不會產生鋸齒狀失真
(D) 向量圖是由一個一個的像素（Pixel）排列組合而成

(　　) 5.　在 PhotoImpact 中，下列哪一項工具主要是用來選取具有相似顏色的區域？
(A) 貝茲曲線工具　　　　　　　　　　(B) 魔術棒工具
(C) 套索工具　　　　　　　　　　　　(D) 標準選取工具

(　　) 6.　下列有關影像檔案的敘述，何者**不正確**？
(A) BMP 類型的影像檔案為 Microsoft Windows 系統上的標準影像檔案格式
(B) GIF 類型的影像檔案可用來製作透明圖效果影像與動畫圖檔
(C) JPEG 類型的影像檔案採用破壞性壓縮方式
(D) TIFF 類型的影像檔案最多只可處理 256 色的影像

(　　) 7.　使用 PhotoImpact 進行影像處理時常會使用的魔術棒工具，其功能是為了要：
(A) 將魔術棒所點選的影像物件自動進行去背處理
(B) 選取魔術棒點取位置具有相似顏色的區域
(C) 將魔術棒所點選的影像物件自動複製到另一個開啟的圖形編輯視窗中
(D) 將魔術棒所點選的圖形自動做亮度及對比的調整

(　　) 8.　在 PhotoImpact 工具箱中，提供多種繪圖相關工具，下列敘述何者**錯誤**？
(A) 路徑繪圖工具用來繪製實心且封閉的圖形物件
(B) 輪廓繪圖工具所繪製的圖形內部可以填色
(C) 線條與箭頭工具能繪製直線並可以選擇端點箭頭形式
(D) 路徑編輯工具可以編輯現有圖形物件的路徑

( ) 9. 影像處理軟體中常有消除「紅眼」的功能，下列何者是產生「紅眼」的主要原因？
(A) 拍照時相機晃動　　　　　　　　(B) 拍照時色彩飽和度不夠
(C) 拍照時使用閃光燈　　　　　　　(D) 拍照時解析度設定太低

( ) 10. 使用 PhotoImpact 進行影像處理時常會使用的魔術棒工具，其功能是為了要：
(A) 將魔術棒所點選的影像物件自動進行去背處理
(B) 選取魔術棒點取位置具有相似顏色的區域
(C) 將魔術棒所點選的影像物件自動複製到另一個開啟的圖形編輯視窗中
(D) 將魔術棒所點選的圖形自動做亮度及對比的調整

( ) 11. 下列關於 PhotoImpact 軟體的功能敘述，何者最<u>不正確</u>？
(A) 「魔術棒」工具可以選取相同色彩的區域
(B) 「滴管」工具可以選擇影像中的顏色
(C) 「修容」工具可以消除影像人臉的青春痘
(D) 「剪裁」工具可以將影像縮放或旋轉

( ) 12. 下列關於點陣圖（Bitmap）的敘述，何者正確？
(A) 影像放大與縮小都不會有失真現象　　(B) 影像放大與縮小都不會有鋸齒狀
(C) 由像素（Pixel）所組成　　　　　　(D) 以數學方程式來定義影像中的點與線段

( ) 13. 在 PhotoImpact 軟體中，哪一種選取工具主要用來選取固定形狀的影像？
(A) 魔術棒選取工具　　　　　　　　(B) 標準選取工具
(C) 套索工具　　　　　　　　　　　(D) 貝茲曲線工具

( ) 14. 影像處理軟體一般在做去背景處理時，如果背景顏色單純通常會利用哪一項工具來選取背景？
(A) 貝茲曲線工具　　　　　　　　　(B) 魔術棒工具
(C) 套索工具　　　　　　　　　　　(D) 標準選取工具

( ) 15. 影像處理軟體（例如 Photoshop、PhotoImpact）中通常曾有一項工具用來選取具有相似顏色的區域，這項工具通常稱為：
(A) 貝茲曲線工具　　　　　　　　　(B) 魔術棒工具
(C) 套索工具　　　　　　　　　　　(D) 調色畫筆

 解答

1	2	3	4	5	6	7	8	9	10
B	B	C	A	B	D	B	B	C	B

11	12	13	14	15
D	C	B	B	B

 解析

13. (A) 魔術棒選取工具：選取顏色相近的區域
(C) 套索工具：選取不規則的選取區
(D) 貝茲曲線工具：建立路徑線段或曲線

聲音數位化原理、取樣

一、聲音的概念

1. 聲音的產生是來自物體的震動，包含 3 種要素：

   ● 音量（即響度）：指聲音的強弱，計量單位為分貝。

   ● 音調：指聲音的高低，計量單位為 Hz。

   ● 音色：指聲音的特色，與聲波有關。

2. 聲音數位化即將類比訊號轉換成數位訊號，要經過：

   ● 取樣：將聲波切割成相等時間間隔的樣本並擷取及儲存，每秒取樣的次數稱為取樣頻率，例如 **CD** 或 **MP3** 為 **44100 Hz** 即 **44.1 KHz**，愈高音質愈好。

   ● 量化：將樣本振幅高度切割成相等間隔，再以位元記錄稱為取樣大小或量化解析度，若樣本大小為 8 位元，可記錄 256 音階，故樣本愈大，聲音愈接近原音。

二、聲音檔介紹

檔案格式	功能描述
1. AC-3	AC-3 是由美國杜比實驗室（Dolby Laboratorg）發展出的音響壓縮技術，是將聲音數位化的格式。
2. CD Audio APE 用來保存 CD 音樂	一般最常見的音樂 CD（Music CD），一片標準的 CD 約可存放 74 分鐘的立體聲音樂。
3. WAV	Windows 用來儲存數位聲音的檔案格式，稱為波形音訊檔案格式。
4. WMA	Windows Media Audio 為波形音訊檔案格式，屬聲音檔。
5. RM	RealPlay 的檔案格式 *.rm 檔
6. MIDI	是電腦內建的音源所組合而成的合成音效，優點是檔案佔空間小。
7. AAC	MEPG-2 規格的一部分，取樣頻率高，逼近 CD 音質，優於 MP3。
8. AU	用在大型電腦的聲音檔，如 UNIX、LINUX。
9. AIF	MAC OS 的聲音檔格式。

檔案格式	功能描述
10. FLAC	Free Lossless Audio Codec = 自由無損音頻壓縮編碼（「Free」指的是自由軟體），其特點是可以對音訊檔案無失真壓縮，可以還原音樂光碟音質，支援播放 .mp3、wav、ogg 等格式。

音訊檔的儲存空間大小

聲音檔的輸出格式依佔空間由大到小為：

無壓縮	>	非失真壓縮	>	失真（破壞性）壓縮

WAV：用在 Windows
AIFF：用在 Mac OS
AU：用在 UNIX、LINUX

APE ：CD 音樂保存
FLAC：開放格式

MP3：高壓縮比，最普及
WMA：網路串流傳輸
AAC：壓縮率及音質優於 MP3
OGG：開放格式

Quiz &Ans

( ) 1. 透過網路播放影片時，串流媒體的特性是：
　　(A) 串接完成後開始播放
　　(B) 將影片與他人分享
　　(C) 一邊播放一邊接收
　　(D) 可以達到與影片播放機相同品質

( ) 2. 下列何者為影格傳輸速率的單位？
　　(A) mhz
　　(B) mips
　　(C) fps
　　(D) bps

( ) 3. 串流技術是指影片內容可在網路上一邊下載一邊播放的技術，下列何者是串流檔案？
　　(A) motion-1.wmv
　　(B) movie-1.avi
　　(C) window-1.vob
　　(D) apple-1.dat

( ) 4. 以下描述何者對 MPEG Audio Layer 3（MP3）而言是正確的？
　　(A) 聲音完全不失真
　　(B) 影像品質佳
　　(C) 壓縮技術的應用
　　(D) 可以隨意轉送燒錄共享

( ) 5. 下列有關 MPEG 影音壓縮技術的說明，何者**錯誤**？
　　(A) MP3 是使用 MPEG-3 壓縮技術
　　(B) MP4 是使用 MPEG-4 壓縮技術
　　(C) MPEG-1 主要應用於 VCD 影音光碟的製作
　　(D) MPEG-2 主要應用於數位電視、DVD 影音光碟的製作

( ) 6. 單位時間內對聲音取樣的次數稱「取樣頻率」，下列取樣頻率何者最接近真實的聲音？
　　(A) 22 KHz
　　(B) 44.1 KHz
　　(C) 8 KHz
　　(D) 11 KHz

(　　) 7. MPEG-4 做什麼用？
   (A) 壓縮視訊　　　　　　　　　(B) 播放視訊
   (C) 剪輯視訊　　　　　　　　　(D) 剪輯照片

(　　) 8. 下列何者不是音樂的檔案格式？
   (A) MP3　　　　　　　　　　　(B) WMA
   (C) AAC　　　　　　　　　　　(D) MPEG

(　　) 9. 電腦是透過哪 2 個步驟，將聲音從類比訊號轉換成數位訊號？
   (A) 取樣與量化　　　　　　　　(B) 編碼與解碼
   (C) 壓縮與解壓縮　　　　　　　(D) 解碼與執行

(　　) 10. 下列何者不是聲音的要素之一？
   (A) 像素　　　　　　　　　　　(B) 響度
   (C) 音調　　　　　　　　　　　(D) 音色

(　　) 11. 下列何者為常見的 MPEG-4 編碼器？
   (A) AU　　　　　　　　　　　(B) DivX
   (C) RA　　　　　　　　　　　(D) WMV

(　　) 12. 下列哪一項不屬於多媒體設計中的動態視訊格式？
   (A) AVI　　　　　　　　　　　(B) MOV
   (C) MPEG2　　　　　　　　　(D) WAV

(　　) 13. 下列哪一類軟體，適合用來編輯聲音？
   (A) Word　　　　　　　　　　(B) Audacity
   (C) PowerPoint　　　　　　　(D) PhotoImpact

(　　) 14. 下列哪一種聲音檔格式係採非破壞性壓縮？
   (A) AAC　　　　　　　　　　　(B) FLAC
   (C) MP3　　　　　　　　　　　(D) WMA

(　　) 15. 下列何種語音檔案格式，屬於未壓縮的波型音訊？
   (A) AAC　　　　　　　　　　　(B) MID
   (C) MP3　　　　　　　　　　　(D) WAV

(　　) 16. 下列何者是 Windows 內建的影片剪輯軟體？
   (A) 會聲會影　　　　　　　　　(B) PhotoImpact
   (C) Movie Maker　　　　　　　(D) 威力導演

(　　) 17. 有關數位影片的敘述，下列何者**錯誤**？
   (A) 影片是由多張連續的影像組成
   (B) 影片數位化時，取樣密度越高，畫面越細膩
   (C) 影片數位化時，使用的位元深度越高，畫面的亮度越亮
   (D) MPEG 是一種影片格式

( ) 18. 若某部影片標示「30 fps」，代表：
(A) 每秒播放 30 張影像 　　　　(B) 每分鐘播放 30 張影像
(C) 影片解析度為 30×30 　　　　(D) 影片解析度為 30 ppi

( ) 19. MP3 格式的檔案屬於一種：
(A) 有音樂的遊戲檔 　　　　(B) 無失真的影音壓縮檔
(C) 有失真的音訊壓縮檔 　　　　(D) 有字幕的音樂檔

( ) 20. 夜市攤商為了放大說話的音量，常會使用擴音器，以便客戶也能聽見。請問擴音器能放大音量，最有可能是因為它能使聲波產生什麼變化？
(A) 頻率變快 　　　　(B) 頻率變慢
(C) 振幅變大 　　　　(D) 振幅變小

 解答

1	2	3	4	5	6	7	8	9	10
C	C	A	C	A	B	A	D	A	A
11	12	13	14	15	16	17	18	19	20
B	D	B	B	D	C	C	A	C	C

影音的品質與影音的剪輯及輸出格式

一、MPEG（動態圖像壓縮）

1. MPEG-1 壓縮技術，可將 74 分鐘的動態影像和聲音，壓縮在一片 650 MB ~ 700MB 的光碟片中（即 VCD），解析度是 352×240（NTSC 模式）。

   語音壓縮技術 ----- 屬破壞性（失真）壓縮

   - MPEG Layer1 第一層：壓縮比 1：4
   - MPEG Layer2 第二層：壓縮比 1：6~1：8
   - MPEG Layer3 第三層：壓縮比 1：10~1：12，即目前普遍使用的 MP3

2. MPEG-2 原本是專門為 DVD 和高畫質電視（HDTV）而設計的壓縮技術。

二、視訊影音檔介紹

副檔名	功能說明
MOV	為 APPLE 所開發的影音檔，需裝 QuickTime 才可播放。
SWF	是 Flash 動畫軟體所製作的動畫檔。
DAT	存於 VCD 中的影音檔，如 music01.dat，若將副檔名改成 .mpg 則可對應到 Windows Media Player 中播放。
AVI	這種影音格式的優點是畫質佳、可跨多個平台使用，缺點是因未壓縮則檔案大小很大。
RM/RAM RMVB	Real Network 的串流影音檔案格式。
MP4	1. 為 MPEG-4 Part 14，是一種使用 MPEG-4 的視訊檔案格式，其檔案格式較小，適合用於網路或行動裝置。 2. 使用 DivX 編碼器
WMV	微軟公司所開發的串流影音檔案格式。
ASF	Windows 的串流影音檔案格式，檔案較 WMV 小。利用 Windows Media Player 播放。

副檔名	功能說明
H.264	1. 是目前較新的視訊壓縮標準，屬於 MPEG-4 標準的第 10 部分。 2. 適用於網路及藍光光碟等。 3. 編碼器為 H.264(AVC)。
3GP	1. 是新一代手機專屬的影片格式，手機大廠 Nokia 與 Apple 等公司開發而成的，編碼的格式源自於 MPPEG-4 技術。 2. 適用於網路或行動裝置。

三、串流技術檔案格式

1. 串流（Streaming）：指在網路上邊傳輸邊播放的技術（即緩衝處理），例如：YouTube

2. 串流通訊協定：RTSP:// 或是 MMS://

3. 常見檔案：

   - Windows Media Player：.wma 串流聲音、.asf 及 .wmv 串流影音

   - RealPlayer：.ra 串流聲音、.ram 及 rmvb 串流影音

   - Qucik Time：.mov（Apple 串流影音）

   - YouTube：.flv（Flash Video）

Quiz &Ans

( ) 1. 下列哪一種影音檔案格式並是由 Apple 公司所發展制定的？
(A) mov　　　　　　　　　　　(B) asf
(C) avi　　　　　　　　　　　(D) wmv

( ) 2. 有關影音處理的敘述，下列何者正確？
(A) 取樣頻率愈高，則品質愈差
(B) *.mid 屬常見的串流影音檔，可以儲存人聲
(C) 會聲會影和威力導演屬於視訊剪輯軟體
(D) 500×300 解析度的灰階 8 bit 影片，以 30 fps 的速率播放，在未壓縮的情況下，資料傳輸率至少需要 40 Kbps

( ) 3. 有關多媒體相關的敘述，下列何者**錯誤**？
(A) .FLAC 為非失真壓縮的聲音檔，屬於自由音訊的格式
(B) 串流 (Streaming) 影音檔，可一邊下載，一邊播放，採用的 URL 位址為 MMS:// 或 RTSP:// 開頭
(C) .WAV 與 .BMP 是屬於無壓縮的數位檔案
(D) Internet 上流行的 Div X 串流檔，視訊壓縮採用 MPEG-2，音訊壓縮採用 MPEG-4

( ) 4. 下列影音技術的說明，何者**不正確**？
(A) MPEG-2 DVD 採用的格式
(B) WMV 是微軟推出的影片格式支援串流
(C) 網路影音的串流技術，是一邊傳輸一邊播放，所以不需要緩衝處理
(D) H.265 又稱為高效率視訊編碼（HEVC），壓縮比高，適合 4 K 電視使用

( ) 5. 下列檔案中，何者的檔案類型與其他三者不同？
(A) Antonio1.wma   (B) Antonio2.tif
(C) Antonio3.wav   (D) Antonio 4.mid

( ) 6. 有關網路上常見的影音檔，下列何者通常是不支援串流（streaming）播放？
(A) .wmv   (B) .asf
(C) .rmvb   (D) .avi

( ) 7. 下列所列出的各種類型檔案與其常用相關副檔名，何者**不正確**？
(A) 「.htm 、 .asp 、 .php」是網頁類型檔案
(B) 「.mp3、.wma 、 .aac」是音效類型檔案
(C) 「.jPg、 .prig、 .wmf」是圖片類型檔案
(D) 「.avi 、 .wmv 、 .csv」是影片類型檔案

( ) 8. 請問，小資上 YouTube 網站點閱爆笑、娛樂、運動等影片時，不需將檔案完整下載就可以線上觀看，這是因為這類影片可能是屬於下列哪一種類型的檔案格式？
(A) FLV   (B) AVI
(C) DAT   (D) MPEG

( ) 9. 有關影音格式的敘述，下列何者**錯誤**？
(A) AVI、WMV、FLV 均適合用於支援串流傳輸播放
(B) 同一個原始聲音，使用 AAC 格式壓縮後的檔案，應比使用 MP3 格式壓縮後的檔案更小，音質更佳
(C) CDA、AIFF、AU 均為無壓縮的聲音檔格式
(D) 微軟的 WMA、WMV 格式均支援 DRM（Digital Right Management）

( ) 10. 不須完全下載全部的檔案即可一邊播放一邊下載，播放結束後，也不會將檔案儲存在電腦中，這是哪一種影音檔的特性？
(A) 互補流檔案   (B) 交錯流檔案
(C) 並流檔案   (D) 串流檔案

( ) 11. 有關網路上常見的影音檔，下列何者通常是不支援串流（streaming）播放？
(A) .mov   (B) .ra
(C) .wmv   (D) .flv

( ) 12. 下列何者為常見的 MPEG-4 編碼器？
(A) flU   (B) DivX
(C) RA   (D) WMV

( ) 13. 以「.AVI、.FLV、MOV、.WMA」為副檔名之檔案中,有幾種與影片有關?
(A) 1 (B) 2
(C) 3 (D) 4

( ) 14. 檔案的副檔名經常被用來作為檔案型態的區別,下列何者不是視訊影片檔的副檔名?
(A) .avi (B) .mov
(C) .rm (D) .wmf

( ) 15. 下列何者不是串流影音資料格式的特性?
(A) 各公司所發展的影音串流格式,都遵循唯一標準,市面上各種播放軟體,都可以執行每一種串流格式的檔案
(B) 可以透過網際網路傳遞影音視訊
(C) 不須完全下載全部的檔案即可播放,播放結束後,也不會將檔案儲存在電腦中
(D) 影音資料不易被複製,有助於智慧財產權的保護

( ) 16. 下列哪種視訊格式,所輸出的影片品質最佳?
(A) AVI (B) MPEG
(C) WMV (D) MP4

( ) 17. 目前非常流行的線上即時觀賞影片 YouTube,它是採取哪一種技術?
(A) 串流 (B) P2P
(C) VRML (D) Wi-Fi

( ) 18. 有關音頻格式的 述,下列何者**錯誤**?
(A) WAV 是微軟所開發的一種高壓縮比的聲音編碼格式
(B) ALAC 是一種經壓縮的聲音檔
(C) AAC 是一種高壓縮比的音訊壓縮演算法,壓縮比較 MP3 高
(D) CDA 為 CD 光碟常用的格式

( ) 19. 下列哪一種影片格式檔案小,只能用 RealPlayer 播放?
(A) MPEG (B) RMVB
(C) MP4 (D) MP3

( ) 20. 下列有關多媒體檔案的敘述,何者**不正確**?
(A)「.WAV」是音訊檔的副檔名
(B)「.WMA」是音訊檔的副檔名
(C)「.WMF」是音訊檔的副檔名
(D)「.WMV」是視訊檔的副檔名

解答

1	2	3	4	5	6	7	8	9	10
A	C	D	C	B	D	D	A	A	D
11	12	13	14	15	16	17	18	19	20
C	B	C	D	A	A	A	A	B	C

解析

1. .mov 格式是由蘋果公司所發展制定的。

2. (A) 取樣頻率愈高,則品質愈佳
   (B) *.mid 屬常見的串流影音檔,無法儲存人聲
   (D) 500×300 解析度的灰階 8 bit 影片,以 30 fps 的速率播放,在未壓縮的情況下,資料傳輸率至少需要 (500×300×8×30)/(1000)=36000Kbps

3. Internet 上流行的 Div X 串流檔,視訊壓縮採用 MPEG-4,音訊壓縮採用 MPEG-2。

4. (C) 串流技術會先在客戶端電腦建立緩衝區,影片先下載一小段到緩衝區,播放緩衝區資料的同時一邊下載其餘部分

5. tif 屬於圖片檔,其餘三者皆屬於聲音檔。

7. (D) CSV 為文字檔

9. (A) AVI 不支援串流

14. .wmf 為美工圖案。

15. (1) 串流(Streaming):指在網路上邊傳輸邊播放的下載技術(即緩衝處理),如 YouTube。
    (2) 串流通訊協定:RTSP:// 或是 MMS://。
    (3) 常見檔案如下,互不相容:
       A. Windows Media Player:.wma 串流聲音、.asf 及 .wmv 串流影音。
       B. RealPlayer:.ra 串流聲音、.ram 及 rmvb 串流影音。
       C. Qucik Time:.mov(Apple 串流影音)。

16. AVI 是完全沒有壓縮的格式,所需要的記憶體空間較大,MPEG 是經過壓縮後的格式,檔案當然就小多了。經過壓縮後的影像,在畫質上必定會有所流失,所以當然是 AVI 格式的影片品質最佳。

18. WAV 是未壓縮的音訊格式。

20. 「.WMF」是向量圖的副檔名。

程式語言的發展與種類

一、語言分類

低階語言近機器語言 執行速度快→慢 機器 > 組合 > 高階	機器語言	由 0 或 1 所組成的，直接執行，速度最快，因為不需經過翻譯
	組合語言 （Assembly）	又稱符號語言，其命令與機器語言 1-1 對應。 【例】ADD AX,3ß → 101010011010100100010
高階語言近人類語言 易開發、易維護、可攜性高→高階 > 組合 > 機器	Visual Basic Visual C++ JAVA	1. 寫法和語句都非常接近人類的語法 2. 轉移性、可攜性高，不同機器上執行之差異性較小 3. 程序導向有：QB、C、PASCAL、COBOL、FORTRAN 4. 物件導向：VB、C++、JAVA、Smalltalk、Delphi

程式語言的演進過程中分成 5 代（Generation Lauguage）

    1GL = 第一代程式語言：機器語言

    2GL = 第二代程式語言：組合語言

    3GL = 第三代程式語言：高階語言

    4GL = 第四代程式語言：極高階語言，例如：資料庫查詢語言（SQL）

    5GL = 第五代程式語言：自然語言

※ 不同的電腦使用不同的機器語言與組合語言，但高階語言則相同。

二、高階語言介紹

程式語言	用途、特性
FORTRAN	福傳語言，適合解決工程科學的語言。
COBOL	商業程式語言，適用於商業的資料檔案處理，目前最主要的商業語言。

程式語言	用途、特性
BASIC	1. 培基語言，易懂、易學、易寫的高階語言。 2. 由 John Kemeny 和 Thomas Kurtz 所發展出來的。 3. 可直譯（interpreter）及編譯（compiler），目前 Visual Basic 用來撰寫視窗程式。 4. Windows 版本： Visual Basic 為物件導向、視覺化、直/編譯式。 5. 適合初學者學習，VB 用來開發 Windows 下的應用軟體。
PASCAL	巴斯卡語言，為結構化程式。
PROLOG LISP SMALLTALK	人工智慧常用程式語言包含了一個人工智慧程式的三要項：使用者介面、推論引擎和知識庫。其中 SMALLTALK 具有物件導向特性。
C（程序導向） C++（物件導向）	1. 用來撰寫作業系統，由貝爾實驗室發展，具有高階語言的好寫和低階語言的優點。 2. UNIX 作業系統為 C 語言所撰寫成。 3. 開發 iOS 行動裝置的 Apps，使用 Objective C 與 Swift 程式語言。
PL/1	程式一號語言，兼具 FORTRAN、COBOL、ALGOL 等三種程式語言的特點
JAVA	1. 由昇陽公司發展出來，中文譯為爪哇。 2. 具有物件導向特性，類似 C++ 語言，且較容易學習。 3. 跨平台使用，可攜性高，目前 Android 行動裝置使用來開始 Apps。 4. 編譯後會產生 byte code，透過平台上的直譯器才可執行。 5. 撰寫家電、網頁應用程式，主要是透過 Java applets（獨立的小程式，必須在瀏覽器中才能執行）。

三、結構化程式

1. 由上而下設計

2. 模組化設計，每個模組獨立功能，內聚力強但耦合力弱

3. 少用 GOTO

4. 每一模組單一入口和出口

三種程式邏輯控制結構

1. 循序（順序）

2. 條件（選擇）：If...Else、Select Case

3. 重覆（反覆）：For...Next、Do...Loop

四、物件導向程式

1. 繼承性：子類別（subclass）會分享父類別（superclass）所定義的結構與行為

2. 封裝性＝包裝性：物件都包含許多不同「屬性」及眾多針對不同「事件」而回應的「方法」

3. 多型性：1 種界面有多種的功能呈現，即同名異式

   ● 抽象性：用簡單的東西來描述複雜的過程及細節

   ● 屬性（表示特性）：.text（標題）、.fontsize（字型大小）、.alignment（對齊 0 左 1 右 2 中）

   ● 事件（動作）：_click（按 1 下）、_dblclick（按 2 下）、_load（載入時）、_Activate（執行）

   ● 方法（本身具備）：form.hide（表單隱藏）、form.print（表單列印）

   ● 類別（class）：以校務行政課程管理系統：課程、學生、教師

Quiz & Ans

(　　) 1. 功能相同而執行檔的檔案長度最小、執行效率最高、速度最快，是指何種程式語言？
(A) 機器語言
(B) 組合語言
(C) 高階語言
(D) 物件導向語言機器語言的檔案長度最小、執行效率最高、速度最快

(　　) 2. 下列何者不是微軟公司所發展出來的程式語言架構？
(A) .NET
(B) VB
(C) PHP
(D) ASP

(　　) 3. 下列哪一個程式語言具有「物件導向」的特性？
(A) C++
(B) C
(C) Fortran
(D) 組合語言

(　　) 4. 程式語言種類非常多，但都必須轉換成下列哪一種語言才能執行？
(A) JAVA 語言
(B) 人工智慧語言
(C) 自然語言
(D) 機器語言

(　　) 5. 下列哪一種屬於物件導向程式設計語言？
(A) 標準 C 語言
(B) 機器語言
(C) 組合語言
(D) JAVA 語言

(　　) 6. 下列哪一種程式語言，兼具有高階語言的語法與低階語言的易控制性，又可稱為中階語言？
(A) BASIC 語言
(B) JAVA 語言
(C) C 語言
(D) 物件導向程式語言

(　) 7. 功能相同而執行檔的檔案長度最小、執行效率最高、速度最快，是指何種程式語言？
　　　(A) 機器語言　　　　　　　　　　(B) 組合語言
　　　(C) 高階語言　　　　　　　　　　(D) 物件導向語言

(　) 8. 物件導向程式語言中，可依照呼叫時傳入的參數、方法而有不一樣的功能，此種特性稱為：
　　　(A) 封裝　　　　　　　　　　　　(B) 繼承
　　　(C) 多型　　　　　　　　　　　　(D) 委派

(　) 9. 下列哪一個不是「機器語言（Machin Language）」的特性？
　　　(A) 不易辨識與閱讀　　　　　　　(B) 以英文符號來表示命令
　　　(C) 執行速度最快　　　　　　　　(D) 程式可攜性低

(　) 10. iPhone 與 iPad App 應用程式的開發是常使用何種程式語言？
　　　(A) Objective-C 與 Swift　　　　　(B) C# 與 C++
　　　(C) Lisp 與 Prolog　　　　　　　　(D) JAVA 與 HTML

解答

1	2	3	4	5	6	7	8	9	10
A	C	A	D	D	C	A	C	B	A

解析

5. 低階語言：機器語言（直接可執行）、組合語言（組譯處理）、高階語言（直譯或編譯）。

6. C 語言雖屬高階語言，但因高階語言如 Python、Java、Perl 等物件導向程式語言，直接使用 C 編譯好的函數庫，所以某些說法稱 C 為中階語言。

7. 機器語言的檔案長度最小、執行效率最高、速度最快。

8. 多型：相同訊息可能會送給多個不同的類別之物件，而程式可依據物件所屬類別，引發不同的行為對應方法。

程式開發流程及常數、變數與運算式

一、演算法及流程圖

1. 系統開發的生命週期所經過的階段，其次序

   規劃→分析→設計→撰寫程式→建置→維護

2. 演算法

   - 不一定要有輸入

   - 一定要有輸出

   - 有限性：步驟有限

   - 明確性

   - 有效性

3. 流程圖：圖形及簡易文字表示，在設計程式之前，不一定符合語言的文法

4. 虛擬碼：是介於自然語言與程式語言之間，用文字敘述法描述流程

輸出：PRINT、MsgBox 輸入：InputBox	處理符號 SUM=SUM+I	開始 / 結束符號：end
文件、報表列印	流向符號 →合法 ↕不合法	選擇、比較、決策 IF、Select case
迴圈或設定條件 FOR..NEXT	連接	註解說明：rem 或 '
預定處理程式 或副程式		

二、語言翻譯程式（器）

流程步驟：編輯→編譯→連結→載入→執行

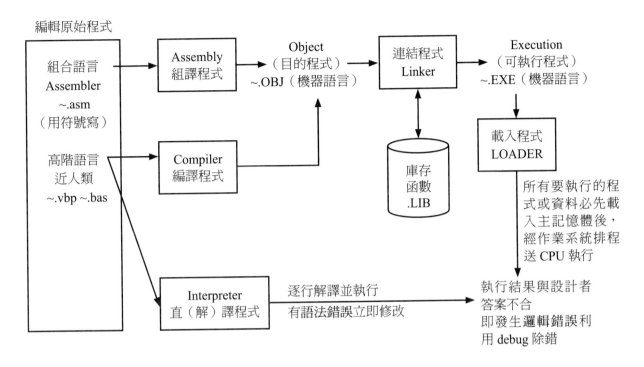

※ 直譯適合開發階段，但因沒有 .EXE 及 .OBJ 故執行速度慢。

三、常數、變數

資料型態：變數（會改變）

1. 數值變數

   (1) 短整數：Dim S as **Short** 宣告，佔 **2** Byte，範圍 -32768~32767

   (2) 整數：A%，Dim A as **integer** 宣告，佔 **4** Byte，有小數 4 捨 5 入取整數

   (3) 長整數：B&，Dim B as **long** 宣告，佔 **8** Byte

   (4) 單精：C!，Dim C as **single** 宣告，佔 **4** Byte，可存印 7 位數

   (5) 倍精：D#，Dim D as **double** 宣告，佔 **8** Byte，可存印 15 位數

2. 字串變數

   E$：Dim E as string 宣告，1 字元佔 2 Byte，用＋串接，若用 & 可串接不同型態資料，長度可固定或不固定

3. 邏輯：Dim F as boolean 宣告，佔 2 Byte，結果只有 True/False

4. 日期：Dim G as date 宣告，佔 8 Byte，前後必須加上 #2019/5/7#

5. 可變：用 Dim H as object 宣告，依運算式或資料而異，執行速度會變慢

6. 位元組：用 Dim I as Byte 宣告，佔 1 Byte 即 0 ~ 255

- **Const** 宣告常數 → 不可再改變，例如：Const pi=3.14159 及 VB 內建常數 < 例 > vbOkCancel…等

- **DIM** 是宣告動態區域變數，只用於該模組中（副程式），若再度執行時，將會清除上次的值

- Static 是宣告靜態區域變數，只用於該模組中（副程式），若再度執行時，將會保留上次的值

變數命名

- 由 A~Z，a~z，底線，0~9 所組成，但變數名稱第 1 個字必須為英文字母

- 最多 1023 個字

- 保留字不可當變數名稱，如 msgbox、if、loop、inputbox、vbOkonly…等

四、算術 > 關係 > 邏輯運算式

VB 的運算子優先次序：算術 > 關係 > 邏輯（優先順序相同時由左至右運算）

算術	關係	邏輯
1. 函數及 ( ) 先做 2. ^ (指數) 3. - (負號) 4. * (乘) / (除) 5. \ (除取商) 6. MOD(除取餘) 7. + (加) - (減) 8. & (串接)	9. 比較 　 = (等於) 　 <> (不等於) 　 > (大於) 　 < (小於) 　 >= (大於等於) 　 <= (小於等於)	10. NOT：錯 / 對相反 11. AND：有錯則錯 12. OR：有對則對 13. XOR：不同為對

※\ 若有小數先 4 捨 5 入取整數，" 字串 " 比較時以 UNICODE 逐字比較

Quiz & Ans

( ) 1. 下列何者不是結構化程式設計的主要控制結構？
　　(A) 順序
　　(B) 輸入 / 輸出
　　(C) 選擇
　　(D) 重複

( ) 2. 電競公司舉辦一場比賽，參賽者如果是員工則打 7 折，其餘打 9 折。請問這種根據顧客身份來決定折扣數的處理，適合使用程式語言中的哪一種基本結構來設計？
　　(A) 重複
　　(B) 條件
　　(C) 樹狀
　　(D) 循序

( ) 3. 程式語言分類中，唯一不需經過翻譯處理，即可直接被電腦執行的語言是：
    (A) 組合語言   (B) C 語言
    (C) 機器語言   (D) VB 語言

( ) 4. 根據圖（一）流程圖執行後，印出 A 的結果為何？

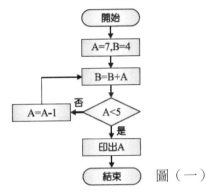

圖（一）

    (A) 5   (B) 4
    (C) 22   (D) 26

( ) 5. 在流程圖符號中，下列何者表示迴圈符號？

    (A) ▭   (B) ◇

    (C) ▢   (D) ⬡

( ) 6. 如圖（二）所示之流程圖，總共使用了幾個「決策判斷」的符號？

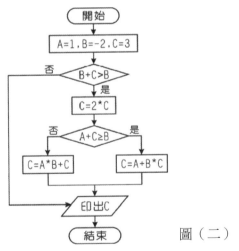

圖（二）

    (A) 1 個   (B) 2 個
    (C) 3 個   (D) 4 個

( ) 7. 承上題，該流程執行後，印出的 C 值為何？
    (A) 3   (B) 4
    (C) -6   (D) -11

（　）8. 有關程式語言的敘述，下列何者**錯誤**？

 (A) 編譯式（Compiler）程式語言，若有某段語法錯誤，即無法執行

 (B) 機器語言執行速度較高階語言快，利用 0 或 1 編寫程式碼較簡易

 (C) C++、JAVA 均為目前所風行的物件導向程語言

 (D) 好的演算法可有較佳的執行效率，且可用不同形式表達

（　）9. 有關程式語言的敘述，下列何者**錯誤**？

 (A) 機器語言（Machine language）不用翻譯即可執行

 (B) 高階語言需經編譯程式（Compiler）或直譯程式（Interpreter）翻譯才可執行

 (C) 直譯程式（Interpreter）翻譯時會產生執行檔，下次執行時不用再翻譯

 (D) 組合語言（Assembly language）需經組譯程式（Assembler）翻譯才可執行

（　）10. 在流程圖符號中，下列何者表示輸入與輸出符號？

(A) ▭   (B) ▱

(C) ⬭   (D) ⬡

（　）11. 有關程式語言的敘述，下列何者**錯誤**？

 (A) 機器語言（Machine language）不用翻譯即可執行

 (B) 高階語言需經編譯程式（Compiler）或直譯程式（Interpreter）翻譯才可執行

 (C) 直譯程式（Interpreter）翻譯時會產生執行檔，下次執行時不用再翻譯

 (D) 組合語言（Assembly language）需經組譯程式（Assembler）翻譯才可執行

（　）12. 在 VB 程式片段中宣告以下兩個變數，則下方關係運算子的運算式中，哪一個選項的結果與其他選項不同？

```
Dim hello as String = "well"
Dim smile as String = "high"
```

(A) "stupid" > "Stupid"   (B) hello >= well

(C) "hello" < "smile"   (D) "smile" & smile = "smilesmile"

（　）13. 在 Visual Basic 程式語言的運算式：-2^3+30/2-4*6\4，其結果等於多少？

(A) 1   (B) 6

(C) 8   (D) 9

（　）14. 在 Visual Basic 程式語言的即時運算視窗執行如後之運算式「20^2/2*(12-2\2) mod 22」，請問其執行結果為何？

(A) 0   (B) 2

(C) 8   (D) 16

（　）15. 在 Visual Basic 中，如果 A= True，B = False，C = False，則執行下列哪一個邏輯運算之後，其結果為 True？

(A) A And B Or C   (B) A Or B Or C

(C) Not B Xor Not C   (D) A Xor B Or C

解答

1	2	3	4	5	6	7	8	9	10
B	B	C	B	D	B	D	B	C	B

11	12	13	14	15
C	D	A	A	B

解析

2. 判斷身分是否為員工屬於條件結構。

4. 變數 A 每次經過判斷式後，如果沒有小於 5 就會減 1，一直到小於 5 後才會脫離此迴圈流程，所以最後值就是 4。

6. 機器語言難懂，不易編寫。

7. 編譯程式（Compiler）在翻譯時會產生執行檔，下次執行時不用再翻譯。

9. 因為第一個判斷「B＋C＞B」成立，故變數 C 的值變更為 6，而第二個「A＋C ≥ B」也成立，故變數 C＝ A＋B×C ＝ 1＋(-2)×6 ＝ -11。

11. 編譯程式（Compiler）在翻譯時會產生執行檔，下次執行時不用再翻譯。

12. "smile" 是字串常數，串接變數 smile 其值為 "high"，結果 = "smilehigh"

13. - 2 ∧ 3 + 30 / 2 - 4×6 \ 4

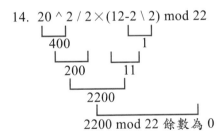

14. 20 ∧ 2 / 2×(12-2 \ 2) mod 22

```
20 ∧ 2 / 2×(12-2 \ 2) mod 22
   └──┘        └──┘
   400          1
      └───┐  └──┘
      200    11
         └────┘
         2200
            └──────────┘
         2200 mod 22 餘數為 0
```

15. 優先順序 Not → And → Or → Xor。

VB 基本指令及輸入與輸出

一、MsgBox 及 InputBox

1. Msgbox 訊息視窗（輸出函數）

   ● MsgBox " 顯示訊息 ", 格式碼 ," 標題 "

   ● 回應變數 =MsgBox" 提示訊息 ", 格式碼 , 標題)

vbOKOnly	0	確定		參數	值	圖示
vbOKCancel	1	確定　取消		vbCritical	16	✖
vbAbortRetryIgnore	2	中止(A)　重試(R)　忽略(I)		vbQuestion	32	?
VbYesNoCancel	3	是(Y)　否(N)　取消		vbExclamation	48	⚠
vbYesNo	4	是(Y)　否(N)		vbInformation	64	ⓘ
vbRetryCancel	5	重試(R)　取消				

2. InputBox 提供使用者輸入的視窗（輸入函數）

   回應變數 =InputBox(" 提示訊息 "[, [標題] [, 預設值] [,X 座標] [,Y 座標]])

二、工具箱控制物件

控制項	圖示	功能及用途
文字標籤 Label	**A**	顯示文字，但使用者無法輸入，用來提示用、輸出結果
文字盒 TextBox	ab|	提供使用者輸入或修改資料，也可用於顯示結果

控制項	圖示	功能及用途
圖片盒 PictureBox		顯示圖片，並將圖片當在背景來安置其他控制項 支援 bmp、jpg、gif、wmf、emf、ico、cur 語法： Picture1.Picture=LoadPicture(App.path & "\64.jpg")

命令鈕
Button（VB 2010）
		可以執行的指令按鈕
		
		Button1　　　　　　　　　▼　 Click
		⊟Public Class Form1
		⊟　　Private Sub Button1_Click(ByVal sender As System.
		　　　　　Dim score As Integer
		　　　　　score = TextBox1.Text
		　　　　　If score >= 560 Then
		　　　　　　　MsgBox("國立科大")
		　　　　　Else
		　　　　　　　MsgBox("私立科大")
		　　　　　End If
		　　End Sub
		End Class

核取方塊 CheckBox	☑	用於多個選擇的項目，例如興趣、擇偶條件 If Check1.Value = 1 Then Label1.FontBold = True
選項鈕 RadioButton	◉	只能單一選項，例如：性別、是或否
下拉式選單 ComboBox		列出下拉式清單供使用者選擇 新細明體　　　　　▼ 金梅海報小豆豆字 ▲ 細明體 華康標楷體 華康標楷體(P) 新細明體 ▼
清單 ListBox		列出清單供使用者選擇 大小(S)： 12 10.5 ▲ 11 12 ▼
定時器 Timer		產生計時事件，無法人為控制，若設定 1 秒即 Timer.Interval=1000 即 1000 毫秒 =1 秒
框架或 GroupBox		不同框架可分別集合一群控制項，進行分組

三、基本指令

指令	說明
1. REM 可用 '（單引號）取代	功能：註解說明用的指令 注意：為不執行指令，只當註解用
2. CLS	清除表單 Form 的畫面

指令	說明

3. VB6.0 → PRINT
（用?可以代替）
輸出結果至表單
VB 2010 使用→
Debug.Print
	1. PRINT 表示式，表示式；表示式
	   ① "," 表示下一次印出在下一區間。
	   ② ";" 表示下一次印出緊接著印。
	   ③ 若敘述最後未加 "," 或 ";" 表示換下一列。
	2. 字串輸出不加雙引號。
	3. 印數字時正數會空 1 格，負數印負號 " − "，印完後空 1 格。

4. 指定運算子 A = 3*8	變數＝表示式（常數、變數、運算式） ※ 變數與表示式型態必相同 應用：作 A,B 之交換，T 為暫存值 T = A：A = B：B = T T = B：B = A：A = T

程式語言的基本結構 - 選擇結構 IF、SELECT

一、If..Then..Else

1. 選擇結構：選擇其中一個執行

IF	SELECT（依條件判斷擇 1 執行）
單途決策	

1. 單行敘述：
　IF 條件 **THEN** 動作
 	
2. 多行敘述：
　IF 條件 **THEN**
　　多個動作
　END IF
	Select Case lover →依表示式來執行條件
	　Case　Is <=1　→ **lover<=1** 時為真愛
	　　MsgBox " 真愛 "
	　Case 2 To 4　→ **2<=lover<=4** 時為可愛
	　　MsgBox " 可愛 "
	　Case 5,6　　→ **lover=5** 或 **6** 時為多愛
	　　MsgBox " 多愛 "
	　Case Else　　→其他情況時為亂愛
	　　MsgBox " 亂愛即沒人愛 "
	End Select

雙途決策	

1. 單行敘述：
　IF 條件 **THEN** 動作 1 **ELSE** 動作 2
 	
2. 多行敘述：
　IF 條件 **THEN**
　　多個動作 A
　ELSE
　　多個動作 B
　END IF	

Quiz
&Ans

(　　) 1. 下列 Visual Basic 程式執行的結果為何？

```
A=3.5:B=6.5
If B \ A = 2 then
   If B Mod A/3+1=2 then
      Console.write("One")
   Else
     Console.write("two")
   End if
Else
   If B \ A +1 = 3 then
     Console.write("Three")
   Else
     Console.write("Four")
   End if
End if
```

(A) One

(B) Two

(C) Three

(D) Four

(　　) 2. 承上題，該流程執行後，A+B 的值為何？

(A) 10

(B) 4

(C) 6

(D) 12

(　　) 3. 以下程式是將變數 A 與 B 的數值依大小重新調整，把較大的數存放到變數 A，較小的數存放到變數 B，則空格中應填入的程式碼為何？

```
If B > A Then
   _____
   B = A
   A = H
End If
```

(A) B = H

(B) A = B

(C) H = A

(D) H = B

(　　) 4. 在 Select Case 敘述中，下列有關 Case 子句的用法，何者**錯誤**？

(A) Case "A" To "Z"

(B) Case Is > 20

(C) Case Is > 1 And Is <=5

(D) Case 3, 8 , Is > 10

( ) 5. 執行以下程式後，Tax 的值為何？

```
D = 50 : Tax = 0
If D <= 100 Then
    Tax = D * 2
Else
    If D <= 250 Then
        Tax = 150 + (D - 50) * 3
    Else
        Tax = 700 + (D - 100) * 5
    End If
End If
```

(A) 100   (B) 150
(C) 450   (D) 700

( ) 6. 執行下列 Visual Basic 程式片段後，d 的值為何？

```
a = 5 : b = 4 : c = 3
If a > b Then c = 0
If a < b Then c = 1
Select Case c
    Case 0 : d = a * 3
    Case 1 : d = b * 3
End Select
```

(A) 5   (B) 4
(C) 12   (D) 15

( ) 7. 執行下列程式後，有關 A 與 B 的值，下列何者正確？

```
A = 5 : B = 15
If (A Mod 2 = 0) Then
    A = A + 1
ElseIf (B Mod 2 = 0) Then
    B = B + 2
Else
    A = A + 2
    B = B + 1
End If
```

(A) A = 6   (B) A = 7
(C) B = 11   (D) B = 12

( ) 8. 執行下列程式片段後，X 值為何？

```
X = 2
Y = 4
If X * 2 > Y Then X = X + 3
X = Y ^ X
```

(A) 5   (B) 8
(C) 16   (D) 1024

( ) 9. 使用 Visual Basic 程式語言執行下列程式碼後，則螢幕輸出結果是多少？

```
X = 3 : Y = 5 : Z = 6
If (X Mod Y) > Z Then
      MsgBox(Y Mod X)
Else
      MsgBox(Y Mod Z)
End If
```

(A) 0   (B) 1

(C) 4   (D) 5

( ) 10. 執行下列 Visual Basic 程式片段後，變數 Rate 的值為何？

```
Dim Degree As Integer
Randomize()
Degree= 2+3*4^0.5 mod 3
Select Case Degree
Case 1 To 5
  Rate = " 一級 "
Case 6,7,8
  Rate = " 二級 "
Case 9, 10 To 12
  Rate =" 三級 "
Case Else
  Rate = " 四級 "
End Select
```

(A) 一級   (B) 二級

(C) 三級   (D) 四級

 解答

1	2	3	4	5	6	7	8	9	10
D	A	D	C	A	D	B	C	D	A

解析

1.　$6.5 \setminus 3.5$ (兩邊先 4 捨 5 入，奇入偶捨) 即 $6 \setminus 4$ 即 1，執行下半部。

4.　Case Is > 1 And Is <=5 其中 And 無法用在 Case 中，改成「，」即可。

5.　D=50<=100 即執行 Tax=50×2=100。

6.　a>b 則 c=0，所以執行 d=a×3=15。

7.　判斷 a Mod 2=0 即 a 是否為偶數，因為 a 與 b 皆不是偶數，所以 A = A + 2 即 5+2=7，B = B + 1 即 15+1=16。

10.　Degree= 2+3*4^0.5 mod 3 得到 Degree=2。

程式語言的基本結構 - 重覆結構FOR...NEXT、DO...LOOP

41 考前衝刺

一、For...Next

For..Next 先判斷再執行，屬於前測迴圈

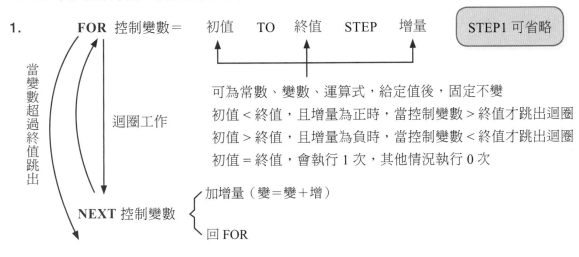

1.

```
    FOR 控制變數 =    初值    TO    終值    STEP    增量        STEP1 可省略
    迴圈工作
    NEXT 控制變數  { 加增量（變＝變＋增）
                  { 回 FOR
```

當變數超過終值跳出

可為常數、變數、運算式，給定值後，固定不變
初值＜終值，且增量為正時，當控制變數＞終值才跳出迴圈
初值＞終值，且增量為負時，當控制變數＜終值才跳出迴圈
初值＝終值，會執行 1 次，其他情況執行 0 次

2. 迴圈內動作次數速解＝（終－初＋增）\ 增 次

※ 三種迴圈考型

累乘：把所有 I 乘到 S 中	累加：把所有 I 加到 S	計次：每做 1 次就加 1
S＝1 不可省略 FOR I＝1 TO N 　　S＝S*I NEXT I PRINT S	[S＝0] 可省略 FOR I＝1 TO N 　　S＝S＋I NEXT I PRINT S	[S＝0] 可省略 FOR I＝1 TO N 　　S＝S＋1 NEXT I PRINT S
結果：S=1*2*3*...*N	結果：1+2+3+...+N	結果：1+1+1+...+1

3. DO...LOOP 迴圈

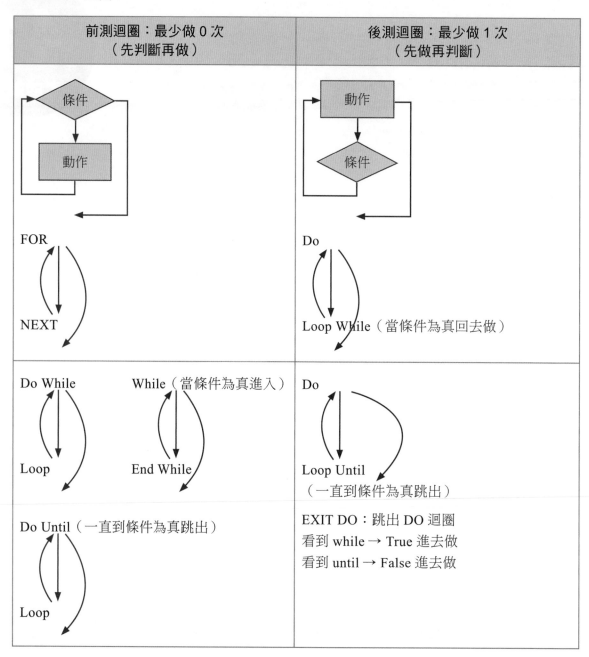

前測迴圈：最少做 0 次 （先判斷再做）	後測迴圈：最少做 1 次 （先做再判斷）
FOR ... NEXT	Do ... Loop While（當條件為真回去做）
Do While ... Loop　　While（當條件為真進入）... End While	Do ... Loop Until （一直到條件為真跳出）
Do Until（一直到條件為真跳出）... Loop	EXIT DO：跳出 DO 迴圈 看到 while → True 進去做 看到 until → False 進去做

二、For...Next 對照 Do...Loop

1. 遞增型：當初值 <= 終值且增值為正數時

FOR I= 初值 **a** to 終值 **b** step 增值 **c** 　　SUM=SUM+I NEXT I	I= 初值 **a** Do **While** I<= 終值 **b** 　SUM=SUM+I 　I=I+ 增值 **c** Loop	I= 初值 **a** Do **Until** I> 終值 **b** 　SUM=SUM+I 　I=I+ 增值 **c** Loop

2. 遞減型：當初值 > 終值且增值為負數時

FOR I= 初值 **a** to 終值 **b** step 增值 **c**
 	
    SUM=SUM+I
 	
NEXT I
	I= 初值 **a**
	Do While I>= 終值 **b**
	  SUM=SUM+I
	  I=I+ 增值 **c**
	Loop
		I= 初值 **a**
		Do Until I< 終值 **b**
		  SUM=SUM+I
		  I=I+ 增值 **c**
		Loop

Quiz
&Ans

( ) 1. 執行下列 Visual Basic 程式片段後，變數 A 的值為何？

```
A=3:B=3
Do
    B=B+A*2
    A=A+2
Loop Until A>10
```

(A) 10   (B) 11

(C) 12   (D) 13

( ) 2. 執行下列 Visual Basic 程式片段後，變數 B 的值為何？

```
A=3:B=3
For I=1 To 10 step 3
    B=B+A*I*(-1)
    A=A*(-2)
Next I
```

(A) 150   (B) 160

(C) 170   (D) 180

( ) 3. 執行下列 Visual Basic 語言片段程式後的結果為何？

```
Dim S, X, Y As Integer
S=50:Y=5
For X=1 To 10 Step4
    Y=Y+X
    S=S+S Mod Y
Next X
MsgBox(S)
```

(A) 30   (B) 45

(C) 60   (D) 125

( ) 4. 執行下列 Visual Basic 程式後，印出值為多少？

```
Dim I,Product As Integer
 Product=1
 I=2
    Do while I<10
         Product=Product*I
         Product=Product+1
         I=I+2
    Loop
Print Product
```

(A) 945   (B) 754

(C) 633   (D) 384

( ) 5. 執行下列 Visual Basic 程式，S 的值為何？

```
Dim S As Integer=0
For I As Integer=1 To 15
    If (15 Mod I)=0 Then
        S=S+I
    End If
Next
```

(A) 1   (B) 3

(C) 15   (D) 24

( ) 6. 執行下列 Visual Basic 程式片段後，Number 的值為何？

```
Dim Number
Number=0
For I=10 To 1 Step -3
    Number=Number+1
Next I
```

(A) 4   (B) 6

(C) 3   (D) 5

( ) 7. 執行下列 Visual Basic 程式片段後，請問 S= ？

```
S=10
I=0
Do
    I=I+1
    S=S-1
Loop Until I>4
```

(A) -5   (B) 0

(C) -10   (D) -1

( ) 8. 執行下列 Visual Basic 程式片段，變數 Sum 的值為何？

```
Dim I, Sum As Integer
Sum =0
For I=4 To 195 Step 5
  Sum = Sum+ I
Next
```

(A) 3851   (B) 3856

(C) 3861   (D) 3866

( ) 9. 執行下列 Visual Basic 程式片段後，Y 的值為何？

```
Dim X,Y,Z
X=0
For Z= 1 TO 10 Step-4
    X=X+Z
Next Z
Y=Z
```

(A) 1　　　　　　　　　　　　(B) 2

(C) 16　　　　　　　　　　　 (D) 18

( ) 10. 執行下列 Visual Basic 程式片段後，變數 I 的值為何？

```
Dim I, J, K As Integer
I=1:J=1
Do
  K=3*I^2
  I=I+K
  J=J+1
Loop Until J<3
```

(A) 4　　　　　　　　　　　　(B) 48

(C) 56　　　　　　　　　　　 (D) 60

 解答

1	2	3	4	5	6	7	8	9	10
B	D	C	C	D	A	A	C	A	B

解析

4. I = 2 , Product = 1x2+1 = 3

   I = 4 , Product = 3x4+1 = 13

   I = 6 , Product = 13x6+1 = 79

   I = 8 , Product = 79x8+1 = 633

5. For 迴圈中，只有當 I 是 15 的因數，才會將 I 的值累加到 S 中。而 I 的範圍是 1~15，只有 1、3、5、15 是 15 的因數，S = 1 +3 +5 +15 = 24

6. 因為迴圈 Step -3，所以 I = 10、7、4、1 執行 Number = Number + 1 共 4 次

7. S 依序改變為 9 → 7 → 4 → 0 → 5

9. 因為迴圈 Step -4，STEP -4 為遞減迴圈，但 Z=1 to 10 是遞增，不合理現象執行 0 次，所以當 Z=1 即跳出迴圈，Y=Z 所以 Y 為 1

雙迴圈進階應用 FOR...NEXT、DO...LOOP

一、雙迴圈應用三種考型

執行下列 Visual Basic 程式片段後,變數 Sum 的值為何?

```Dim X,Y,Sum Sum="" For X=1 To 10 Step 2 For Y=X To 1 Step -1 Sum=Sum & "*" Next Y Next X```	計次型: X=1 → Y=1 To 1 Step -1,Sum 串接 "*" X=3 → Y=3 To 1 Step -1,Sum 串接 "***" X=5 → Y=5 To 1 Step -1,Sum 串接 "*****" X=7 → Y=7 To 1 Step -1,Sum 串接 "*******" X=9 → Y=9 To 1 Step -1,Sum 串接 "*********" X=11 跳出迴圈 故 Sum=1+3+5+7+9=25 顆 *
```Dim X,Y,Sum Sum=0" For X=1 To 10 Step 2 For Y=X To 1 Step -1 Sum=Sum +Y Next Y Next X```	累加內迴圈 Y 變化值: X=1 → Y=1 To 1 Step -1,Sum 累加 1 X=3 → Y=3 To 1 Step -1,Sum 累加 3+2+1 X=5 → Y=5 To 1 Step -1,Sum 累加 5+4+3+2+1 X=7 → Y=7 To 1 Step -1,Sum 累加 7+6+5+4+3+2+1 X=9 → Y=9 To 1 Step -1,Sum 累加 9+8+7+…+2+1 X=11 跳出迴圈 故 Sum=1+(3+2+1)+…+(9+8+7+…+2+1)=95
```Dim X,Y,Sum Sum=0 For X=1 To 10 Step 2 For Y=X To 1 Step -1 Sum=Sum +X Next Y Next X```	累加外迴圈 X 變化值: X=1 → Y=1 To 1 Step -1,Sum 累加 1 X=3 → Y=3 To 1 Step -1,Sum 累加 3+3+3 X=5 → Y=5 To 1 Step -1,Sum 累加 5+5+5+5+5 X=7 → Y=7 To 1 Step -1,Sum 累加 7+7+7+7+7+7+7 X=9 → Y=9 To 1 Step -1,Sum 累加 9+9+9+…+9+9 X=11 跳出迴圈 故 Sum=1+(3+3+3)+…+(9+9+9+9+9+9+9+9+9)=165

二、混搭雙迴圈題型

<table>
<tr><td>

執行下列程式後，Sum 值為何？

```
i = 1: j = 1
Do
   Do
      sum = sum + j
      j = j + 2
   Loop Until j > 3
   i = i + 1
Loop While i < 3
```

(A) 4　　　　　　(B) 9

(C) 10　　　　　(D) 12

</td><td>

i	j	sum
1	1	+1
	3	+3
	5	
2		+5
	7	
3		

Sum=1+3+5=9

</td></tr>
<tr><td>

執行下列 Visual Basic 程式片段後，sum 值為何？

```
i = 1 : j = 1
Do While i < 5
   For j = 1 to i
      sum= sum + j
   Next j
   i = i + 1
Loop
MsgBox("sum=" & sum)
```

(A) 10　　　　　　(B) 15

(C) 20　　　　　(D) 35

</td><td>

i	j	sum
1	1 to 1	+1
2	1 to 2	+1+2
3	1 to 3	+1+2+3
4	1 to 4	+1+2+3+4

5 跳出

sum=1+(1+2)+(1+2+3)+(1+2+3+4)=20

</td></tr>
<tr><td>

下列填空為何可輸出該圖形？

```
For I = -3 To 3
  For J= 1 To _____
    Print "*";
  Next J
  Print
Next I
```

```
****
***
**
*
**
***
****
```

</td><td>

外迴圈 I 控制列數故 -3 To 3 共 7 列

內迴圈 J 控制每列 * 個數

當 I = -3 或 I = 3 皆印出 4 顆，故將 I 加 ABS 絕對值再加 1，其空格為 ABS(I)+1

</td></tr>
</table>

Quiz
&Ans

( ) 1. 在 VB 2010 中執行下列程式片段，程式輸出 s 的值為何？

```
Dim s, k, i As Integer
s=0
k=1
For i = 20 To 40 step 3
    For j = 2 To 10
        If i / j = i \ j then
            s = s + j * k
        End if
    Next
    k * = -1
Next
MsgBox(s)
```

(A) 99   (B) 75
(C) 51   (D) 27

( ) 2. 在 VB 2010 執行下列程式片段，請問程式執行後會輸出幾個「*」？

```
Dim s As String
Dim j As Integer
For i = 3 To 0
    s = s & "*"
    Do
        s = s & "*" & vbNewLine
        j += 1
    Loop Until j >= 10
Next
MsgBox(s)
```

(A) 0   (B) 4
(C) 17   (D) 無窮迴圈，程式無法正確執行

( ) 3. 使用 Visual Basic 程式語言執行下列程式碼後，i + s 的值為何？

```
s = 0
i = 1
Do Until i > 4
    i = i + 1
    While s < i
        s + = i
        i + = 1
    End While
Loop
```

(A) 9   (B) 10
(C) 11   (D) 18

( ) 4. 執行下列 Visual Basic 程式後，印出值為多少？

```
Dim I,J,K,Sum As Integer
Sum=0
   For I=1 To 5
      J=I*2-1
        For K=1 To J
            Sum=Sum+K
        Next K
     Next I
Print Sum
```

(A) 15   (B) 55

(C) 75   (D) 95

( ) 5. 執行下列程式後，A 值為多少？

```
Dim A,B As Integer
  A=0:B=5
  While B<=70
     If B Mod 12=0 Then
         A=A+B
       End If
  B=B+5
End While
```

(A) 83   (B) 78

(C) 60   (D) 40

( ) 6. 執行下列 Visual Basic 語言片段程式後的結果為何？

```
Dim X,Y,Z As Integer
   X=5
      For Y=1 To 15 Step 4
         For Z=16 To 1 Step -3
            If Y=Z Then
               X=X*2
            End If
         Next Z,Y
MsgBox(X)
```

(A) 5   (B) 10

(C) 20   (D) 100

( ) 7. 執行下列 VB 程式，結果 s 的值為何？

```
F=true:y=10
Do while F
 s=0
  For i=1 to y step 2
     s=s+i
  Next i
    If (s mod 7)=0 then F=false
  y=y+2
Loop
```

(A) 42   (B) 49

(C) 56   (D) 100

( ) 8. 執行下列程式後，請問 S= ？

```
S=0
For I=1 To 5
  For J=I To 1 Step-2
      S=S+1 Mod I
  Next
Next
```

(A) 9   (B) 8

(C) 7   (D) 6

( ) 9. 執行下列 Visual Basic 程式片段後，變數 Sum 的值為何？

```
Dim Sum As Integer = 0
Dim x As Integer = 1
Dim y As Integer = I
For x=I To 2
  For y=3 To 4
      Sum= Sum +1
  Next
Next
```

(A) 5   (B) 10

(C) 8   (D) 4

( ) 10. 下列 Visual Basic 語言片段程式，請問執行後的結果為何？

```
Dim A,B,C As Integer
  For A =1 To 9 Step 2
    For B = 7 To 1 Step -1
      If A = B Then
        C=A/B
      End If
    Next B
  Next A
  MsgBox(C)
```

(A) 1   (B) 25

(C) 63   (D) 84

解答

1	2	3	4	5	6	7	8	9	10
D	A	B	D	C	C	B	B	D	A

解析

1. i/j=i\j 只會出現在 i 為 j 的倍數時（i 被 j 整除，餘數為 0 時，i/j 才會等於 i\j）。

2. For 迴圈中，沒有設定 Step 遞增值時，則 Step 遞增值預設為 1。當 Step 遞增值為正，而初始值卻大於終止值時，則迴圈不會進行。

4. Sum 1 + (1 + 2 + 3) + (1 + 2 + 3 + 4 + 5)...+(1 + 2 + 3 + 4 + 5 + 6 + 7 + 8 + 9)= 95

5. 5,10,15......,70 能被 12 整除者為 60。

8. 當 I=1 則 J=1 to 1 Step -2->s=0+0=0；當 I=2 則 J=2 to 1 Step -2->s=0+1=1；當 I=3 則 J=3 to 1 Step -2->s=1+1+1=3；當 I=4 則 J=4 to 1 Step -2->s=3+1+1=5；當 I=5 則 J=5 to 1 Step -2->s=5+1+1+1=8

陣列及其程式應用

一、陣列（Array）

1. 使用前必須宣告，應用在排序、二分搜尋、成績處理，即一群連續排序且相同型態的資料

2. 陣列宣告：DIM A(3,4) As Integer 故產生 (0~3) 列 ×(0~4) 欄

$$= (3+1) \times (4+1) = 20 \text{ 個元素}$$

$$\text{共佔 } 20 \times 4 = 80\text{Bytes}$$

3. 註標起始值若設定為 1：Option Base 1

$$\text{DIM X}(3,4,5) \text{ 則共有 } 3 \times 4 \times 5 = 60 \text{ 個元素}$$

一維陣列要用一層迴圈控制

```
Private Sub Command1Click()
  Dim a(6),i,b As Integer
  a(1)=27:a(2)=12:a(3)=8
  a(4)=9:a(5)=21:a(6)=72
    For i=1To3
      b=a(i)
      a(i)=a(7-i)
      a(7-i)=b
    Next I
    For  i=1To 6
      Print a(i);
    Next I
EndSub
```

將 a(i) ⟷ a(7-i) 交換

將 a(1)~a(6) 輸出

排序前 A 陣列內容

a(1)	a(2)	a(3)	a(4)	a(5)	a(6)
27	12	8	9	21	72

排序後 A 陣列內容

a(1)	a(2)	a(3)	a(4)	a(5)	a(6)
72	21	9	9	12	27

二維陣列要用二層迴圈，用畫圖速解

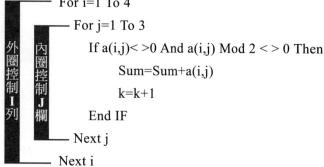

```
Dim a(4,3)
a(1,1)=0:a(1,2)=1:a(1,3)=11
a(2,1)=0:a(2,2)=2:a(2,3)=22
a(3,1)=0:a(3,2)=3:a(3,3)=33
      For i=1 To 4
         For j=1 To 3
            If a(i,j)< >0 And a(i,j) Mod 2 < > 0 Then
               Sum=Sum+a(i,j)
               k=k+1
            End IF
         Next j
      Next i
Print Sum,k
```

外圈控制 I 列
內圈控制 J 欄

排序前 a 陣列內容

a(i,j)	1	2	3
1	0	1	11
2	0	2	22
3	0	3	33
4	0	0	0

找出規則：

判斷當 a(i,j) 非 0 且不是偶數時

累加到 Sum=1+11+3+33=48

計次到 K=1+1+1+1=4

Quiz & Ans

(　　) 1. 在 Visual Basic 中，執行陣列宣告敘述 "Dim A(,) = {{11, 22}, {33, 44}}"，則 A(1, 1) 的值為何？

  (A) 11   (B) 22

  (C) 33   (D) 44

(　　) 2. 執行下列 Visual Basic 程式片段後，請問 A(3, 2) + I + J = ？

```
Dim A (5, 5) As Integer
Dim I , J As Integer
For I = 1 to 5
   For J = 1 to 5
     If (I > J) Then
       A(I, J) = A(I - 1, J)
     ElseIf (I = J) Then
       A(I, J) = I + J
     Else
       A(I, J) = I * J
     End If
   Next J
Next I
```

  (A) 10   (B) 12

  (C) 14   (D) 16

( ) 3. 執行下列程式後，A(0) ～ A(5) 的值為何？

```
Dim i , b As Integer
Dim a(5) As Integer={3,2,1,6,5,4}
For i = 0 To 2
    b = a(i)
    a(i) = a(5 - i)
    a(5 - i) = b
Next i
```

(A) 1 ,2,3,4,5,6　　　　　　　(B) 4,5,2,3,1,6

(C) 3,2,1,4,5,6　　　　　　　(D) 4,5,6,1,2,3

( ) 4. 執行以下程式後，訊息交談窗顯示的結果為何？

```
Dim A(10, 10), i, j As Integer
For i = 1 To 5
  For j = i To 5
    IF i<j then
      A(i, j) = i * j
    Else
      A(i, j)= i + j
    End if
  Next j
Next i
MsgBox(A(1, 1) + A(3, 4)+A(2,6))
```

(A) 3　　　　　　　　　　　　(B) 6

(C) 12　　　　　　　　　　　 (D) 14

( ) 5. 執行下列 Visual Basic 程式，A(5,5) 的值為何？

```
Dim A(5,5) As Integer,I,J As Integer
For I=1 To 5
    A(I,I)=I
    For J=5 To 1
        A(I,J)=A(I-1,J-1)+I+J
    Next J
Next I
```

(A) 0　　　　　　　　　　　　(B) 5

(C) 24　　　　　　　　　　　 (D) 30B

( ) 6. 執行下列程式後，訊息交談窗顯示的結果為何？

```
Dim A(5)
A(1)=2
For N=2 To 5
    A(N)=A(N-1)+N
Next N
```

(A) 5　　　　　　　　　　　　(B) 14

(C) 15　　　　　　　　　　　 (D) 16

( ) 7. 執行下列 Visual Basic 程式片段，其 A(1, 1) 和 A(3, 4) 的結果各為何？

```
Dim A(4, 4), i,j As Integer
For i=0 To 4
  For j =0 To 4
    If(i +j Mod 2) = 0 Then
      A(i,j) =(i* 1)+(j*2)
    Else
      A(i,j) =(i* 3)+(j*4)
    End If
  Next j
Next i
```

(A) 3, 11   (B) 3, 25

(C) 7, 11   (D) 7, 25

( ) 8. 執行下列程式後，A(1, 2) 的值為何？

```
Dim A(,) = {{1, 2, 3}, {4, 5, 6},{7, 8, 9}}
For i = 0 To 2
  For j = 0 To 2
    A(i, j) = A(j, i)
  Next j
Next i
```

(A) 2   (B) 4

(C) 6   (D) 8

( ) 9. 執行下列 Visual Basic 程式片段後，變數 SUM 的值為何？

```
Dim X, Y, Total,A(5, 5) As Integer
SUM=0
For X=1 to 5
  For Y=1 To 5
    A(X,Y)=X+Y
  Next Y
Next X
For X=5 To 2 Step-1
  For Y=2 ToX
    SUM=SUM+A(X,Y)
  Next Y
Next X
```

(A) 40   (B) 50

(C) 60   (D) 70

( ) 10. 執行下列程式後，A(1, 2) 的值為何？

```
Dim A(,) = {{8, 5, 10}, {4, 7, 21}, {2, 4, 18}}
For i = 0 To 2
  For j = 0 To 2
    A(i, j) = A(j, i)
  Next j
Next i
```

(A) 21   (B) 2

(C) 4   (D) 18

💡 解答

1	2	3	4	5	6	7	8	9	10
D	D	D	D	B	D	D	D	D	C

📄 解析

2. $A(3, 2) = A(2, 2) = I + J = 4$

   能離開 FOR...NEXT 迴圈時

   $I = 5 + 1 = 6$

   $J = 5 + 1 = 6$

3. 本題是交換 a(i) 與 a(5 - i)

   當 i=0 則 a(0) 與 a(5) 交換

   當 i=1 則 a(1) 與 a(4) 交換

   當 i=2 則 a(2) 與 a(3) 交換

   交換後陣列內容：

a(0)	a(1)	a(2)	a(3)	a(4)	a(5)
4	5	6	1	2	3

4. 雙迴圈將 2 維陣列依規則填滿值

A(i,j)	j=1	j=2	j=3	j=4	j=5
i=1	1+1	1*2	1*3	1*4	1*5
i=2	2+1	2+2	2*3	2*4	2*5
i=3	3+1	3+2	3+3	3*4	3*5
i=4	4+1	4+2	4+3	4+4	4*5
i=5	5+1	5+2	5+3	5+4	5+5

   當 i<j 即 A(i,j)=i*j 所以右上角灰階

   當 i>=j 即 A(i,j)=i+j 所以左下角

   故 A(1, 1) + A(3, 4)+A(2,6)=2+12+0=14

   PS.A(2,6) 未執行，因此初值為 0

8. 雙迴圈將 2 維陣列依規則

   執行前

A(i,j)	j=0	j=1	j=2
i=0	1	2	3
i=1	4	5	6
i=2	7	8	9

   執行後

A(i,j)	j=0	j=1	j=2
i=0	1	4	7
i=1	4	5	8
i=2	7	8	9

6. 程式執行過程如下：

   $N = 2 \rightarrow A(2) = A(1) + 2 = 2 + 2 = 4$

   $N = 3 \rightarrow A(3) = A(2) + 3 = 4 + 3 = 7$

   $N = 4 \rightarrow A(4) = A(3) + 4 = 7 + 4 = 11$

   $N = 5 \rightarrow A(5) = A(4) + 5 = 11 + 5 = 16$

10. 陣列 A

	0	1	2
0	8	5	10
1	4	7	21
2	2	4	18

   故 $A(i, j) = A(j, i) \rightarrow A(1, 2) = A(2, 1) \rightarrow A(1, 2) = 4$。

44 考前衝刺 排序及搜尋

一、排序

排列程式構成 3 元素

1. 雙 LOOP（迴圈）
2. 陣列比較
3. 換

= 排序

主記憶體內為**內部排序**

輔助記憶 **外部排序**

下列 Visual Basic 程式片段執行後，若將陣列 A 之值由 A(0) 至 A(4) 列出，並以逗點分隔各元素，其結果為何？

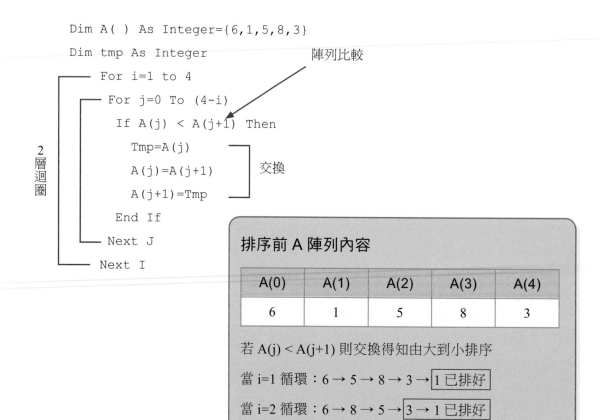

```
Dim A( ) As Integer={6,1,5,8,3}
Dim tmp As Integer
                                            陣列比較
    For i=1 to 4
      For j=0 To (4-i)
        If A(j) < A(j+1) Then
          Tmp=A(j)
          A(j)=A(j+1)              交換
          A(j+1)=Tmp
        End If
      Next J
    Next I
```

2層迴圈

排序前 A 陣列內容

A(0)	A(1)	A(2)	A(3)	A(4)
6	1	5	8	3

若 A(j) < A(j+1) 則交換得知由大到小排序

當 i=1 循環：6 → 5 → 8 → 3 → 1 已排好

當 i=2 循環：6 → 8 → 5 → 3 → 1 已排好

當 i=3 循環：8 → 6 → 5 → 3 → 1 已排好

當 i=4 循環：8 → 6 → 5 → 3 → 1 已排好

排列有升冪（小至大＝遞增排序）及降冪（大至小＝遞減排序）

選擇排序	氣泡排序（泡沫）
IF A(I) > A(J) THEN ※ 用 **I,J** 兩種當註標	IF A(J) > A(J+1) THEN ※ 用 **J** 一種當註標（相鄰兩筆比較）
 排好 （比較 n-1 回合＝循環）	 排好 （最多 n-1 回合）
比較 $\frac{n(n-1)}{2}$ 次 $\left[1+2+\cdots+(n-1)=\frac{n(n-1)}{2}\right]$ 最少作換 0 次（當 DATA 已排好）	最少比較 n-1 次，換 0 次 （當 DATA 已排好） 最多比較及換 $\frac{n(n-1)}{2}$ 次
速度慢	快（比完一循環後，若沒作換，表示已排好，可提前結束）

二、搜尋法

二分搜尋（二元搜尋）	循序搜尋（線性搜尋）
 找中間元素 M=(L+U)\2	 找 X 從第 1 個元素順序找
條件：資料需已排序且隨機存取	條件：不需排序過且循序存取
最少找 1 次	最少找 1 次
最多找 Int($\log_2$n)+1 次 （當 n→∞ 可寫成 $\log_2$n） 速解：2^x > n 筆資料，最多找 x 次	最多找 n 次
平均找 $\log_2$n 次	平均找 $\frac{n+1}{2}$ 次
快：1000 筆最多找 10 次 2^{10}>1000 筆	慢：1000 筆平均找 501 次

Quiz
&Ans

( ) 1. 下列那一組資料適用二分搜尋法
(A) -1, -2, -3, 0, 1, 2, 3   (B) 1, 3, 6, 2, 7, 10, 9, 30
(C) -6, -5, 0, 1, 8, 10, 60   (D) -3, -7, 10, 11, 18, 20

( ) 2. 在 N 筆（N>1000）已由大至小排序好的資料中，用二元搜尋法（Binary Search）搜尋某一筆特定資料，最多約要比較幾次才能搜尋到該筆資料？
(A) $\log_{10}N$ (B) N
(C) 1   (D) $\log_2 N$

( ) 3. 利用循序搜尋法，找尋某一筆已知存在陣列（有 15 筆資料）中的資料，最好的情況要作比較次數與最壞的情況要作比較次數的平均為：
(A) 15   (B) 7
(C) 8   (D) 2

( ) 4. 利用循序搜尋法在 31 筆「已排序」資料中尋找指定資料（假設該資料存在），請問最少需要比較幾次，才找到指定資料？
(A) 31   (B) 1   (C) 32   (D) 5

( ) 5. 利用氣泡排序法排列 N 筆資料的順序，最多做幾次的排序循環？
(A) N+1 次   (B) N-1 次
(C) N/2 次   (D) N 次

( ) 6. 給定 10 個大小隨機排列的正整數，如果要以泡沫排序的方式，由小而大排列，在程式設計上使用巢狀 For...Next 處理，請問至少要使用幾層巢狀 For...Next？
(A) 10   (B) 9
(C) 1   (D) 2

( ) 7. 下列程式片段之功能是在 M1 到 M10 中

```
 10 Dim M(10) As Integer
 20 For I=1 To 10
 30   M(I)=Val(InputBox(" 輸入一數 "))
 40 Next I
 50 For I=1 To 9
 60  For J=I+1 To 10
 70    If M(I)>M(J) Then 120
 80      K=M(I)
 90      M(I)=M(J)
100      M(J)=K
110  Next J
120  Next I
```

(A) 作由大至小的排列   (B) 找 10 個數最小的一個
(C) 找 10 個數目中最大的一個   (D) 作由小至大的排列

( ) 8. 在 N 筆資料中，將相鄰的兩資料以兩兩相互比較，其並按順序調整位置，繼續依此要領比較，直到所有的資料都比較完畢，此種方法稱為：

(A) 氣泡排序法   (B) 選擇排序法

(C) 循序搜尋法   (D) 二分搜尋法

( ) 9. 利用氣泡排序法，將以下數列資料 30，50，20，60，40 依遞減順序排列，請問在第一次循環結束後，此數列應是下列哪一個？

(A) 30，40，50，60，20   (B) 30，50，60，40，20

(C) 20，30，40，50，60   (D) 50，30，60，40，20

( ) 10. 若將陣列 A 之值由 A(0) 至 A(4) 列出，並以逗點分隔各元素，其結果為何？

```
Dim A( ) As Integer={3,1,5,8}
Dim tmp As Integer
┌ For i=1 to 3
│ ┌ For j=0 To (3-i)
│ │   If A(j) > A(j+1) Then
│ │   ┌ Tmp=A(j)
│ │   │ A(j)=A(j+1)
│ │   └ A(j+1)=Tmp
│ │   End If
│ └ Next J
└ Next I
```

(A) 1 3 5 8   (B) 8 5 3 1

(C) 1 5 3 8   (D) 3 1 5 8

 解答

1	2	3	4	5	6	7	8	9	10
C	D	C	B	B	D	A	A	D	A

考前衝刺 **45**

數值及文字函數

一、數值函數

1. ABS(X) = | X |　　　　　　取絕對值

2. SQR(X) = $\sqrt{x}$ (X ≧ 0)　　開根號

3. $$SGN(X) = \begin{cases} 1 & X > 0 \\ 0 & X = 0 \\ -1 & X < 0 \end{cases}$$
   取正負號

4. INT(X) 取 ≦ X 的整數即高斯函數

5. FIX(X) 只取整數，小數捨去

6. CINT(X)：四捨五入取整數

   小數剛好 .5 時，採奇入偶捨 .5

   例：四捨五入取 X 到小數後 2 位

   CINT(X×100)/100 = INT(X×100+0.5)/100

7. (1) 產生 0~1 的隨機亂數

   (2) 值介於 0 ≦ RND(種子) < 1

   (3) 產生 **M** 開始有 **N** 個數的亂數

   INT(RND * **N** + **M**)

   = INT(RND * **N**) + **M**

   例：大樂透中獎號碼 (1 到 49)

   roclotto=Int(Rnd*49)+1

   或 roclotto=Int(Rnd*49+1)

二、文字函數

1. CHR(X)：將 ASCII 轉成字元

   (1) 將數字轉成 ASCII 所代表的字元。

   (2) X 在 0~255 之間，否則產 Illegal Function Call 的錯誤訊息。

2. ASC(X$)：轉換成 ASCII 碼

   (1) 將 X$ 第一個字元，轉換成 ASCII 碼（美國資訊交換碼）。

   (2) CHR、ASC 為反函數。

3. LEN(X$)：計算長度

   (1) X$ 為空白字串，傳回值為 0。

   (2) 空白字元或無法印出的字元都算一個字元。

4. LEFT(X$,n)：從左邊取 n 個位元

5. Right(X$,n)：從右邊取 n 個位元

6. MID(X$,n,m)：中間第 n 個開始取 m 個字元

    (1) 若 n 大於 X$ 總長度，則取全部的字元。

    (2) n=0，結果為空字串。

    (3) MID 中的 m 若省略，表示自第 n 個開始，拿到結束為止。

7. OCT(n)：轉八進位字串資料

8. HEX(n)：轉十六進位字串資料

9. LTRIM(X$)：去除左邊空格。

10. RTRIM(X$)：去除右邊空格。

Quiz **&** Ans

( ) 1. 執行下列 Visual Basic 程式片段後，變數 Rate 的值為何？

```
Dim Degree As Integer
Randomize()
Degree= Int(Rnd()* 5)+1
Select Case Degree
Case 1 To 5
  Rate = "第一級"
Case 6,7,8
  Rate = "第二級"
Case 9, 10 To 12
  Rate ="第三級"
Case Else
  Rate = "第四級"
End Select
```

(A) 第一級　　　　　　　　　　(B) 第二級
(C) 第三級　　　　　　　　　　(D) 第四級

( ) 2. 下列有關內建函數的敘述，何者**有誤**？
(A) Fix(X) 用來取 X 的整數部分
(B) Str(X$) 用來將數值轉換成字串
(C) Len(X$) 用來傳回字串的字元個數
(D) Mid(X$, n) 傳回字串中前 n 個字元

( ) 3. 在 Visual Basic 指令 X = Int(Rnd( ) * 50)-20 中，若 X 可能值最大為 a，最小為 b，則 Abs(a) + Abs(b) 之值為何？
(A) 48　　　　　　　　　　　(B) 49
(C) 50　　　　　　　　　　　(D) 51

( ) 4. 請問下列運算式的運算結果，何者**錯誤**？
(A) Fix(CInt(2 + 0.9)) = 2　　　　(B) Fix(Math.Sqrt(39)) = 6
(C) Int(Math.Abs(-24.57)) = 24　　(D) Math.Sign(Rnd( ) + 9) = 1

( ) 5. 以下敘述何者**有誤**？
(A) 若 Int(x / 2) = x / 2，表示 x 為偶數
(B) Chr(Asc("A") + 1) 之值為 "B"
(C) Abs(Fix(Rnd( ) * -1)) 之值必為 0
(D) Abs(Int(Rnd( ) * -1)) 之值必為 -1

( ) 6. 下列有關函數與副程式的敘述，何者**錯誤**？
(A) 內建函數是指使用者自行撰寫的函數
(B) 自定函數有傳回值，副程式則無
(C) Mid、Rnd 等都屬於 VB 內建函數的一種
(D) 呼叫副程式的語法為「Call 副程式名稱 (參數)」

( ) 7. Visual Basic 敘述 Debug.Print(Mid("X1Y2K3", 3)) 的輸出結果為：
(A) Y2K3　　　　　　　　　　(B) 1Y2
(C) 2K3　　　　　　　　　　 (D) Y2K

( ) 8. 執行 Visual Basic 敘述 "Debug.Print(Val(Asc("A") + 3))" 的輸出結果為何？
(A) 65　　　　　　　　　　　(B) 68
(C) A　　　　　　　　　　　 (D) C

( ) 9. 下列 Visual Basic 程式片段執行後，即時運算視窗顯示的結果為何？

```
X$ = "13.2" : Y$ = "22.22" : L = 4
Z = Val(Strings.Left(X$ + Y$, L))
Debug.Print(Z)
```

(A) 13.22　　　　　　　　　 (B) 3.22
(C) 13　　　　　　　　　　　(D) 13.2

( ) 10. 下列程式片段執行後 C 值為

```
A = "1234" : B$ = "5678"
C = Val(Mid$(B$, 2, 3)) + Val(Strings.Right$(A$, 2))
```

(A) 312　　　　　　　　　　 (B) 601
(C) 690　　　　　　　　　　 (D) 712

解答

1	2	3	4	5	6	7	8	9	10
A	D	B	A	D	A	A	B	D	D

解析

1. 先求出 Int(Rnd()*5)+1 可能的值

   $0 \le Rnd() < 1$

   $0*5 \le Rnd()*5 < 1*5$

   Int(Rnd()*5) 可能為 0 , 1 , 2 , 3 , 4

   所以 Degree=Int(Rnd()*5)+1 可能為 1 , 2 , 3 , 4 , 5

   所以執行 Case 1 To 5

7. 從第 3 個字取到最後 1 個

   1 2 │ 3 4 5 6

   X 1 │ Y 2 K 3 ⟶

9. 1 2 3 4

   ┌─────────┐
   │ 1 3 . 2 │ 2 2 . 2 2
   └────┬────┘
        ↓
   Z = 13.2

副程式及自訂函數

一、自訂函數

1. 自訂函數：Function / End function → 會傳回值

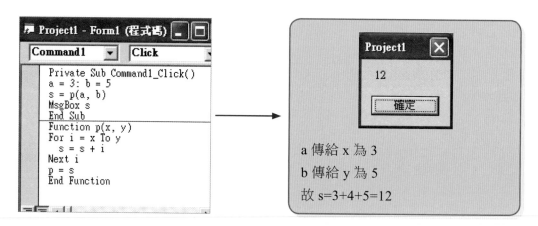

a 傳給 x 為 3
b 傳給 y 為 5
故 s=3+4+5=12

2. 遞迴函數：可以利用 Return 回傳值給主程式

```
Function F(X As Integer)
  If X=0 Then
    Return 0
  ElseIf X=1 Then
    Return 1
  Else
    Return F(X-2)+F(X-1)
  End If
End Function
```

如何解題較快及正確？

F(0)=0

F(1)=1

F(2)=F(0)+F(1)=0+1=1

F(3)=F(1)+F(2)=1+1=2

F(4)=F(2)+F(3)=1+2=3

F(5)=F(3)+F(4)=2+3=5

F(6)=F(4)+F(5)=3+5=8 以此類推

二、副程式

1. Visual Basic 是一個模組化的程式,每一個所對應功能都有一個對應的程式碼區塊,如事件。例如:

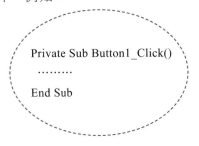

Private Sub Button1_Click()
....
End Sub

所包裹的區域是一塊程式碼區塊,這一個區塊就是一個副程式。

由 Sub ... End Sub 這段範圍就是一個副程式,即一個事件 Button1 就是一個副程式

說明:

(1) 副程式可使程式更具模組化。

(2) 可將大問題分解成小問題解決。

(3) 程式碼可以重覆利用,以簡短程式的大小,並減少程式維護的困難度,結構簡單,多處可共用,開發程式時間較快,易除錯,易維護。

(4) 電腦利用堆疊(STACK)來處理 RETURN 的問題。

(5) Out of memory(當重覆呼叫,使堆疊超出記憶而當機)。

2. 上方主程式利用 Call 呼叫下方副程式

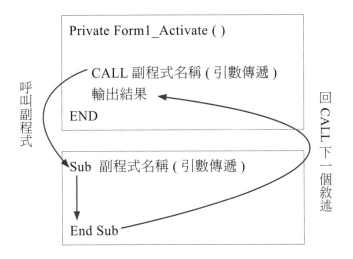

主程式與副程式之間參引數傳遞可分:

(1) 傳址呼叫 (Call by address) ——形成參數和實際參數乃是共用相同的記憶體位址,可將副程式可以改變主程式內實際參數值。可於被呼叫副程式中的形式參數前面加上 **ByRef**。

(2) 傳值呼叫 (Call by Value) ——在呼叫副程式的時候,可於被呼叫副程式中的形式參數前面加上 **ByVal**,系統就會使用以值傳送的方式,不共用記憶體位址。

例如,下列 Visual Basic 程式執行後,所輸出的資料為何?

例 1

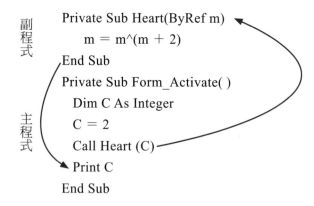

副程式
```
        Private Sub Heart(ByRef m)
            m = m^(m + 2)
        End Sub
        Private Sub Form_Activate( )
            Dim C As Integer
            C = 2
            Call Heart (C)
        Print C
        End Sub
```
主程式

> Heart(C) 引數採傳址呼叫 ByRef m
> 故引數 C 與 m 共同位址
> m=2^(2+2)=16 傳回 c 變成 16

例 2

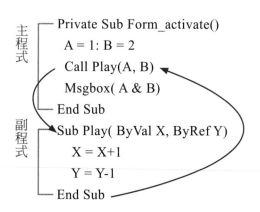

主程式
```
        Private Sub Form_activate()
            A = 1: B = 2
            Call Play(A, B)
            Msgbox( A & B)
        End Sub
        Sub Play( ByVal X, ByRef Y)
            X = X+1
            Y = Y-1
        End Sub
```
副程式

A 採傳值呼叫 ByVal X	B 採傳址呼叫 ByRef Y
不共用位址 A 傳值給 X=1	共用位址 B 傳址給 Y=2
A=1 不變 X=X+1=2	B → Y=Y-1=2-1=1 故 B 及 Y 皆為 1
輸出結果 A=1	輸出結果 B=1

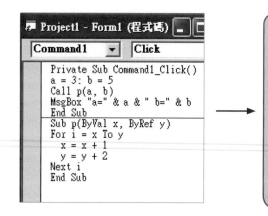

```
Private Sub Command1_Click()
a = 3: b = 5
Call p(a, b)
MsgBox "a=" & a & " b=" & b
End Sub
Sub p(ByVal x, ByRef y)
For i = x To y
   x = x + 1
   y = y + 2
Next i
End Sub
```

> a 傳值 x,當副程式 x 變化,主程式 a 仍為 3
> b 傳值 y,當副程式 y 變化,主程式 b 變成 y
> 故 i=3 to 5 做 3 次,y=5+2+2+2=11 傳回 b=11

Quiz
&Ans

( ) 1. P 為下列的 Viusal Basic 函數，P(P(P(7))) 的值為何？

```
Function P (ByVal N As Integer) As Integer
    If (N <= 5) Then
        Return N
    Else
        Return P(N-3)+P(N-2)-P(N-1)
    End If
End Function
```

(A) -2   (B) 9

(C) 0   (D) 7

( ) 2. X 為下列的 Viusal Basic 函數，試求 X(12,16) 的值為何？

```
Function X (ByVal A As Integer,ByVal B As Integer) As Integer
    If B=0 Then Return (A)
    Do Until A<B
        A=A-B
    Loop
    Return (X(B,A))
End Function
```

(A) 16   (B) 12

(C) 4   (D) -8

( ) 3. 執行下列 Visual Basic 程式片段，其結果為何？

```
Sub Main()
    MsgBox (X(8))
End Sub
Function X(ByVal n) As Integer
    If n= 1 Then
        X=1
    Else
        Select Case n Mod 3
        Case2
          X=X(n\2+1)+2
        Case I
          X=X(n\2+1)+1
        Case Else
          X=X(n\2)
        End Select
    End If
```

(A) 4   (B) 5

(C) 6   (D) 7

( ) 4. 在 VB 2010 中執行下列程式片段，按下 Button1 後，請問跳出的訊息方塊依序分別顯示什麼數值？

```
Function bmi1(ByVal w As Single, ByVal h As Single)As Single
    h = h / 100
    bmi1 = w / h ^ 2
End Function
Sub bmi2(ByRef w As Single, ByRef h As Single, ByRef bmi As Single)
    h = h / 100
    bmi = w / h ^ 2
End Sub
Private Sub Button1_Click(sender As System.Object, e As
System.EventArgs)Handles Button1.Click
    Dim h1, w1, h2, w2, ans1, ans2 As Single
    h1 = 150
    w1 = 45
    h2 = 150
    w2 = 45
    ans1 = 0
    ans2 = 0
    ans1 = bmi1(w1, h1)
    Call bmi2(w2, h2, ans2)
    MsgBox(h1)
    MsgBox(h2)
    MsgBox(ans1)
    MsgBox(ans2)
End Sub
```

(A) 1.5,1.5,20,20　　　　　　　　(B) 150,150,20,0

(C) 150,150,20,20　　　　　　　　(D) 150,1.5,20,20

( ) 5. 執行下列 Visual Basic 程式片段，最後 n 值是多少？

```
Private Sub Form1_Load(...)
    Dim i, n As Integer
    For i = 1 To 10
      n = n + FB(i)
    Next
    MsgBox(n)
End Sub

Function FB(ByRef x As Integer) As Integer
    x = x + x ^ 2
    FB = x
  End Function
```

(A) 12　　　　　　　　(B) 14

(C) 36　　　　　　　　(D) 72

( ) 6. 執行下列 VB 程式，當按下命令鈕後結果將印出何值？

```
Private Sub Button1_Click() Handles Button1.Click
  Dim a, b As Integer
  a=3:b=8
  a=a+b
  b=b-a
  Call LBS(a, b)
  MsgBox(a-b)
End Sub

Private Sub LBS(ByRef x, ByVal y)
  Dim T As Integer
  T=x:x=y:y=T
End Sub
```

(A) 0   (B) 5

(C) 6   (D) 14

( ) 7. 執行下列 VB 程式片段，程式輸出結果為何？

```
Dim A(5) AS Integer
A(0)=1:A(1)=30:A(2)=15:A(3)=31:A(4)=20
For x=1 to 3
  For y=x+1 to 4
    If A(x)>A(y) then A(x)=A(y)
  Next y
Next x

For i=1 to 4
  debug.write(A(i) & " ")
Next i
```

(A) 15 15 20 20   (B) 15 2 0 30 31

(C) 31 30 20 15   (D) 1 15 2 0 30 31

( ) 8. 下列 Visual Basic 的程式碼為自訂函數，若在主程式中執行 Hello(4)，則該函數的傳回值為何？

```
Function Hello (X As Integer ) As Integer
  If X=0 Then
    Hello=1
  Elself X=1 Then
    Hello=2
  Else
    Hello=Hello(X-2) + Hello(X-1)
  End If
End Function
```

(A) 6   (B) 7

(C) 8   (D) 9

( ) 9. 下列 Visual Basic 的自訂函數，主程式執行 S(5) 傳回的值為何？

```
Function S(K As Integer) As String
  If K=0 Then
    Return "x"
  ElseIf K=1 Then
    Return "o"
  Else
    Return S(K-2)&S(K-1)
  End If
End Function
```

(A) oxoxooxo   (B) xooxo

(C) oxoxoo   (D) oxoox

( ) 10. P 為下列的 Viusal Basic 函數，P(P(P(6))) 的值為何？

```
Function P (ByVal N As Integer) As Integer
If (N <= 3) Then
Return N
Else
Return P(N-3)+P(N-2)-P(N-1)
End If
End Function
```

(A) 5   (B) 6

(C) 7   (D) 8

( ) 11. X 為下列的 Visual Basic 函數，試求 X(4, 8) 的值為何？

```
Function X (ByVal A As Integer,ByVal B As Integer) As Integer
   If B=0 Then Return (A)
   Do Until A<B
      A=A-B
   Loop
   Return (X(B，A))
End Function
```

(A) 8   (B) 0

(C) 4   (D) -8

( ) 12. 執行下列 Visual Basic 程式片段後，變數 S 的值為何？

```
Dim A,B,S As Integer
S=0
For A=1 To 10
   For B=11 -A To 1Step -1
         S=S+1
   Next B
Next A
```

(A) 45   (B) 46

(C) 54   (D) 55

(　　) 13. 執行下列 VB 程式，當按下命令鈕後結果將印出何值？

```
Private Sub Button1_Click() Handles Button1.Click
  Dim a, b As Integer
  a=3:b=8
  a=a+b
  b=b-a
  Call f(a, b)
  MsgBox(a-b)
End Sub

Private Sub f(ByRef x, ByVal y)
  Dim T As Integer
  T=x:x=y:y=T
End Sub
```

(A) 0 　　　　　　　　　　　　　　(B) 5

(C) 6 　　　　　　　　　　　　　　(D) 14

解答

1	2	3	4	5	6	7	8	9	10
D	C	B	D	B	A	A	C	A	A

11	12	13
C	D	A

解析

1. P(3) = 3 , P(4) = 4 , P(5) = 5

   P(6) = P(3) + P(4) - P(5) = 3 + 4 - 5 = 2

   P(7) = P(4) + P(5) - P(6) = 4 + 5 - 2 = 7

   P(P(P(7))) = P(P(7)) = P(7) = 7

2. X(12 , 16) = X(16 ,12) = X(12 , 4) = X(4 , 0) = 4

3. X(8) = X(5) +2 → 3+2 = 5

   X(5) = X(3) +2 → 1+2 = 3

   X(3) = X(1) = 1

4. bmi1 函數使用傳值方式呼叫，故 h1 並不會改變

   bmi2 自訂程序為傳址方式呼叫，h2 變數進入 bmi2 中執行 h = h/100 敘述後，會變成 1.5

5. 因為是傳址呼叫（call by Reference），故參數會共用位址，值相同，i = x = FB

8. Hello(4) = Hello(2) + Hello(3) = Hello(0) + Hello(1) + Hello(1) + Hello(2) = 1 + 2 + 2 + Hello(0) + Hello(1) = 5 + 1 + 2 = 8

9. S(0) = "x"

   S(1) = "o"

   S(2) = S(0)&S(1) = "xo"

   S(3) = S(1)&S(2) = "oxo"

   S(4) = S(2)&S(3) = "xooxo"

   S(5) = S(3)&S(4) = "oxoxooxo"

10. P(1) = 1 , P(2) = 2 , P(3) =3

   P(4) = P(1) + P(2) - P(3) =1 + 2 - 3 = 0

   P(5) = P(2) + P(3) - P(4) = 2 + 3 - 0 = 5

   P(P(P(5))) = P(P(5)) = P(5) = 5

11. X(4 ,8) → X(8 ,4) → X(4,4) → X(4,0)=4

12. 此程式在求 10 + 9 + 8 + 7 + 6 + 5 + 4 + 3 + 2 + 1 = 55

全國模擬考第 1 回範圍

包含電腦科技與現代生活、電腦硬體知識、電腦作業系統

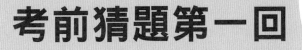

( ) 1. 請問下列專有名詞的解釋何者**有誤**？
   (A) IoT（Internet Of Things）即物聯網
   (B) Augmented Reality + Virtual Reality =Mixed Reality
   (C) BigData 即大數據
   (D) FaceID 即指紋辨識

( ) 2. 關於智慧財產權，下列何者**正確**？
   (A) Public Domain Software（公共財軟體）具有著作權，使用者需付費給政府單位方可使用
   (B) Free Software 有著作權，但因 GPL 授權協議，使用者可自由修改或散佈
   (C) Shareware 經皆無需付費即可取得合法使用權
   (D) Freeware 具無著作權，使用者可以免費使用，也可以複製備份

( ) 3. 下列何者**不屬於目前** RFID（Radio Frequency Identification）的運用？
   (A) 高速公路電子收費系統
   (B) IC 健保卡用來記錄看診記錄
   (C) 悠遊卡 / 一卡通用來支付車資或小額付款
   (D) ZARA 服飾公司用來控管服飾庫存及銷售狀況

( ) 4. 中央處理單元（CPU）是電腦內部的運作核心，有關 CPU 的敘述，下列何者**不正確**？
   (A) CPU 目前執行的指令儲存於程式計數器中（Program Counter）
   (B) CPU 內部的位址匯流排有 34 條，表示主記憶體的最大定址空間有 16GB
   (C) 若 CPU 的速度為 100MIPS，代表 CPU 平均執行一個指令所需的時間為 10ns
   (D) CPU 執行一個指令的步驟為：擷取指令→解碼指令→執行指令→儲存結果，又稱為機器週期

( ) 5. 有關電腦在職場上的應用，下列何者**不正確**？
(A) 工廠為了更精簡成本，透過電腦輔助製造可降低生產不良率
(B) 乘客利用 APP 線上訂 UBER 計程車的電子商務交易模式可視為 O2O
(C) 企業與企業間的電子商務交易模式可視為 B2B
(D) GROUPON 團購議價是一種 B2C 電子商務模式

( ) 6. 有關資料處理的方式，下列何者**錯誤**？
(A) 自動櫃員機（ATM）是一種即時與連線處理系統
(B) 連線處理系統一定是即時處理系統
(C) 網路線上測驗系統具有即時處理的特性
(D) 手機費用帳單處理可視為批次處理方式

( ) 7. 請問下列多媒體檔案格式何者配對**不正確**？
(A) JPG、PNG、TIF 為點陣圖形檔
(B) EPS、CDR、AI 為向量圖形檔
(C) AAC、AIF、WMF 為聲音檔
(D) RM、WMV、ASF 為影音檔

( ) 8. 針對目前已知的網路攻擊模式，下列說法何者**不恰當**？
(A) 特洛依木馬程式（trojan horse）是利用後門程式侵入系統，進一步竊取電腦資料
(B) DoS（denial of service）阻絕服務是針對特定主機不斷且持續發出大量封包癱瘓系統
(C) 網路釣魚（phishing）是駭客入侵知名網站資料庫，盜取使用者的帳號與密碼
(D) 郵件炸彈（e-mail bomb）是利用攻擊程式一直不斷寄信給特定對象，導致信箱空間不足

( ) 9. 有關 USB 敘述何者**錯誤**？
(A) USB 接頭分成 TYPEA、B、C，正反皆可接的是 TYPE C
(B) USB 3.0 傳輸速率為 2.0 約 10 倍快
(C) USB 3.1 傳輸速率為 3.0 約 5 倍快
(D) USB 可串接 127 台設備，並可提供充電

( ) 10. 電腦硬碟技術已相當成熟，固態硬碟（Solid State Disk）最新技術已應用在一般電腦中，下列敘述何者**錯誤**？
(A) 傳統硬碟轉速單位是 RPM（Rotation Per Minute）
(B) 固態硬碟較傳統硬碟具有省電、低熱量與低噪音等特性
(C) 固態硬碟速度依碟片轉速快慢而有高低之分
(D) 目前家用電腦的硬碟傳輸介面大多使用 IDE、SATA 介面

( ) 11. SATA、USB3.0、PS/2、ThunderBolt（原 Intel Light Peak 技術），請問比 IDE 快的傳輸介面有幾種？
(A) 4 種
(B) 3 種
(C) 2 種
(D) 1 種

( ) 12. 一個 CHS：32767/16/256 硬式磁碟機有 16 個讀寫頭、每面有 32767 個磁軌、每個磁軌有 256 個磁區，請問此硬式磁碟機之總容量約為多少？
(A) 0.64PB
(B) 6.4TB
(C) 32GB
(D) 64GB

( ) 13. 下列說項何者**不正確**？
(A) BD（blu-ray disc）Combo 機可以燒錄 BD 藍光片與 DVD 光碟片
(B) DVD-RAW 機可以燒錄音樂 CD 及 DVD
(C) DVD 是使用紅色雷射光讀寫二進位資料
(D) BD 容量最大可支援到 128GB，規格為 BDXL

( ) 14. 關於 BIOS（Basic Input/Output System）的敘述，下列何者**不正確**？
(A) 儲存於主機板上 ROM 的軟體，又稱為韌體（firmware）
(B) 可使用 Flash ROM 儲存以利於更新 BIOS 程式
(C) BIOS 可以設定開機先後順序與螢幕解析度的調整
(D) 目前 UEFI（可延伸韌體介面）搭配 SSD 開機更快取代傳統 BIOS

( ) 15. 下列何者**不是**個人電腦（PC）作業系統的必要功能？
(A) 提供圖形化使用者介面 (B) 提供應用程式執行環境
(C) 提供檔案與磁碟管理 (D) 提供輸出 / 輸入管理

( ) 16. 關於作業系統的敘述，下列何者**正確**？
(A) Android 是 Google 開發出來的新一代作業系統，支援多人多工，主要應用於網路伺服器
(B) DOS 因為使用文字介面，所佔用的記憶體較少，因此被廣泛應用於 PDA 中
(C) Mac OS X 是用於麥金塔電腦的作業系統，具備圖形使用者介面
(D) Windows 10 最大的特色是開放原始碼，並供使用者在網路上免費下載試用

( ) 17. 為了提高安全性，我們在安裝 Windows 時應選用哪一種檔案系統，才能夠針對不同檔案或資料夾設定存取權限？
(A) FAT32 (B) NTFS
(C) FAT (D) FAT64

( ) 18. 關於著作權的敘述，下列何者正確？
(A) 將別人寄給自己的情書或 E-mail 公開在網路上，並不會違反著作權
(B) 出版社將統測歷屆試題整理後出版販售，已嚴重違反著作權
(C) 在自己開設的咖啡廳中播放自己合法購買的音樂 CD，並不會違反著作權
(D) 因為不能翻拍圖片，所以利用自己的美術專長照著重繪一張一模一樣的圖片，也算違反著作權

( ) 19. 有關電腦硬體的標示及說明，下列何者**正確**？
(A) 15000RPM 的硬碟，旋轉 1 圈需時 0.25ms
(B) 16 倍速的藍光光碟機，最高傳輸速率約為 21MB/s
(C) 使用 40ppm 的雷射印表機列印 60 張單面 A4 資料，需時 1.5 秒
(D) 使用 1200 萬像素的相機，可拍出 4000×3000 像素的數位相片

( ) 20. 有關 Windows 的操作，下列何者**錯誤**？
(A) 在檔案總管中，在一圖片檔上按滑鼠右鍵後，選「內容」，可查看檔案大小
(B) 直接在檔案總管將 C 磁碟根目錄下的檔案用滑鼠拖曳至 D 磁碟機，會將檔案複製至 D 磁碟機，原檔案亦會留在原本的位置
(C) 利用磁碟清理可將資源回收筒、垃圾郵件、網路暫存檔等
(D) 可變更檢視選項，讓使用者可在檔案總管看到副檔名

( ) 21. 目前智慧型手機使用已很普遍，下列有關其作業系統敘述何者**錯誤**？
(A) Apple iPhone 內建作業系統為 iOS，只有 Apple 公司獨家使用
(B) 各家手機大廠皆可將內建作業系統為 Google Android，因為是開放式 OS
(C) 若用 iPhone 到 Play 商店下載 App 並安裝到手機中，執行速度會加快
(D) 製造商使用 Android OS 比 iOS 軟體成本較低

( ) 22. 固態硬碟（Solid-state drive）簡稱 SSD 是目前儲存裝置的主流，下列敘述是**錯誤**的？
(A) 主要以快閃記憶體作為永久性記憶體的電腦儲存裝置
(B) 固態硬碟採用 SATA-III 介面、PCIe x8、mSATA、M.2 等介面
(C) 由於價格與儲存空間與機械硬碟有巨大差距，固態硬碟無法完全取代機械硬碟
(D) 因為存取速度快是因為轉速已達 20000 RPM

( ) 23. 小豪年邁的媽媽因為手機充電常常無法分正反面，請問哪一種 USB 插頭可解決這個問題？
(A) USB Type A   (B) USB Type B
(C) USB Type C   (D) USB Type D

( ) 24. 若在 Windows 中搜尋條件為 A?C*.*，下列哪一個檔案不會被找到？
(A) ABCDE.doc   (B) ACC.html
(C) AKCFG   (D) ACD.exe

( ) 25. 處理器的指令集可簡單分為 RISC（精簡指令集架構）與 CISC（複雜指令集架構）兩種架構，下列關於這兩種架構的敘述何者**錯誤**？
(A) CISC 的特點是指令數目多，且指令長度不固定
(B) iPhone 使用 A12 多核心處理器屬於精簡指令集的處理器架構
(C) ARM 是複雜指令集架構的代表
(D) 與 CISC 相比，RISC 提供的指令較為單純，所以許多工作都必須組合簡單的指令完成

解答

1	2	3	4	5	6	7	8	9	10
D	B	B	A	D	B	C	C	C	C

11	12	13	14	15	16	17	18	19	20
B	D	A	C	A	C	B	D	D	C

21	22	23	24	25
C	D	C	D	C

解析

1. (1) AR（Augmented Reality，擴增實境）是一種將虛擬資訊擴增到現實空間中的技術，在本質上還是現實，只是加入了一些虛擬的元素；(2) VR（Virtual Reality，虛擬實境）是利用電腦技術模擬出一個立體、高模擬真實的 3D 空間，戴上 VR 裝置後，會讓你產生身處在現實一般的錯覺，VR 目標是全面的虛擬。(3) MR 混合實境則是將虛擬的場景與現實進行更高程度的結合，產生全新的視覺化環境，也就是重新建立一個新的環境，符合我們一般視覺上所認知的虛擬影像。

2. Public Domain Software（公共財軟體）不具有著作權，使用者不需付費給政府單位就可以使用。

3. IC 健保卡是接觸式的

4. (A) 指令暫存器 IR（Instruction Register）負責儲存 CPU 所要執行的指令

5. (D) 團購議價是一種 C2B 電子商務模式

6. (B) 連線處理系統不一定是即時處理系統

7. (C) WMF 為圖形檔

8. (C) 網路釣魚（英文稱為 Phishing）是利用偽造知名網站的電子郵件或網頁，進行大量發送，引誘不知情的網友上當，藉此騙取網友的帳號、密碼，甚至是個人機密資料

9. USB 3.0：5 Gbps

   USB 3.1：10 Gbps

10. 固態硬使用 NAND Flash 記憶體，故速度不是依碟片轉速快慢而有高低之分

11. SATA3.0 速度為 6 Gbps

    USB3.0 速度為 5 Gbps

    ThunderBolt 速度為 10 Gbps

    IDE 速度為 133 MByte/S = 1 Gbps

    因此比 IDE 快的傳輸介面有 3 個

12. $16 \times 32767 \times 256 \times 512$ Byte

    $= 2^{(4+15+8+9)} = 2^{36}$Byte $= 2^6 \times 2^{30}$Byte $= 64$GB

13. (A) BD（blu-ray disc）Combo 機可以讀取 BD 藍光片與燒錄 DVD 光碟片

14. BIOS 無法設定螢幕解析度

15. 對於一群用戶端電腦或是 24 小時運作的伺服器電腦而言，採用命令列介面 / 文字介面，更能提供強大的控制與自動化系統管理力

16. (A) Android 是由 Google 開發應用於智慧型手機的作業系統，支援單人多工。也有廠商將它用來作為輕省筆電的作業系統

    (B) DOS 是早期的電腦作業系統，並非 PDA 作業系統

    (D) Windows 10 並非開放原始碼軟體

17. NTFS 安全性高，可設權限。安全性由低到高：FAT 16 → FAT 32 → FAT 64(=exFAT) → NTFS

18. (A) 收件者雖然取得信件或 E-mail 的物權，但並未取得著作權，故不能大量複製與公告（已違反著作權中的「公開發表權」）

    (B) 公文、法律、依法令舉行之考試試題與備用試題、標語及通用之名詞、符號、公式、表格、單純傳達事實之新聞報導…等，皆不受著作權保護。故出版社可將其編輯出版

    (C) 咖啡廳屬於公開的營業場所，故著作權人有權利主張收取「公開演出」的報酬

    (D) 直接原樣描繪與翻拍圖片一樣，只是重製方法不同，都算侵犯著作權

19. (A) 每分鐘 15000 轉，$1 \text{ 轉} = \frac{60}{15000}秒 = \frac{60}{15} \times \frac{1}{10^3}秒 = 4$ms

    (B) 藍光光碟機 1 倍速為 4.5 MB/s = $16 \times 4.5 = 72$ MB/s

    (C) 每分鐘 40 頁，60 頁需 60/40 = 1.5 分鐘 = 90 秒

20. (C) 垃圾郵件無法利用磁碟清理

21. Play 商店的 App 是以 Android 為主，iPhone 無法安裝。

22. FLASH ROM 是 IC，RPM 轉速是指傳統機械式硬碟。

23. Type C 接頭正反皆可插

24. *代表任多個（0 到多個），?代表任 1 個（一定要 1 個），ACD.exe 第 1 及 3 個字一定要 A 及 C，所以 ACD.exe 不會被找到。

25. ARM 的 R 即 RISC 精簡指令集，普遍用在行動裝置。

考前猜題第二回

48
考前衝刺

全國模擬考第 2 回範圍

包含第 1 次及電腦軟體應用、文書處理軟體、簡報軟體、試算表軟體、影像處理軟體、影音處理軟體

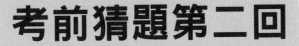
Quiz
&Ans

( ) 1. 有關目前市面上常見的 iPhone 的介紹何者**正確**？
(A) 最新 iPhone X 以上版本的觸控式螢幕皆為 TFT-LCD
(B) 5.5 英吋的 iPhone 螢幕 400ppi，則每平方英吋有 16 萬 Pixels
(C) iPhone 預設的作業系統為 Android
(D) iPhone 電腦若依製作元件劃分，可被列為第 5 代電腦

( ) 2. 下列敘述，何者**正確**？
(A) 我們可以利用某個專家系統解決各種領域的問題
(B) 我們可以使用網路銀行 24 小時的提款服務
(C) Blog 又稱為網誌，主要提供線上交談聊天服務
(D) Bluetooth 是一種無線通訊技術，其電波無接收角度的限制

( ) 3. 王小豪拿到一張介紹 4G 手機搭配門號優惠方案的廣告單，下列有關 4G 手機的說明及功能介紹何者最**不適當**？
(A) 4G 行動上網是利用 Wi-Fi 技術必須配對到無線基地台
(B) 4G 指的是第四代行動通訊技術即 Long-Term Evolution
(C) 4G 手機的網路通訊質量皆較 3G 手機佳
(D) 4G 手機內含 SiRF GPS 導航晶片亦可做汽車導航

( ) 4. 依下列檔案格式判斷有幾個為開放檔案格式？
(1) .DOCX (2) .TXT (3) .RAR (4) .HTML (5) .UFO (6) .ODP (7) .PDF
(A) 3　　　　　　　　　　　　　　(B) 4
(C) 5　　　　　　　　　　　　　　(D) 6

( ) 5. 有關電腦的發展及特色，下列敘述何者**正確**？
    (A) 以電腦的「硬體發展及設計」而言，複雜度越來越低
    (B) 「內儲程式」的概念是將程式和資料同時存在電腦中以加快執行速度
    (C) 時間單位「奈秒」（ns）指的是百萬分之一秒
    (D) 電腦虛擬實境最主要用於低危險低成本的職業訓練

( ) 6. 有關下列電子產品在生活中的應用，何者**較不適當**？
    (A) 廠商利用微型硬碟或 Flash ROM 做為 iPod 的儲存媒體
    (B) 爸爸的 Smart Phone 使用觸控螢幕取代鍵盤
    (C) 哥哥車上的 eTag（電子道路收費系統）採用光纖高速傳輸來完成扣款動作
    (D) 我們家有一台 New iPAD，可當電子書載具，並可當導航機

( ) 7. 有關資訊安全保護中，下列敘述何者**較不適當**？
    (A) 要預防駭客入侵可架設防火牆
    (B) Cookie 用以記錄使用者帳號、瀏覽網站等資料，故最好定期刪除避免資料外洩
    (C) P2P（點對點，Peer to Peer）傳輸模式的應用，雖能提供資源分享，但也容易造成中毒或駭客入侵
    (D) 如果要預防資料在網路傳輸過程之中被竊讀，最佳的做法是安裝防毒軟體

( ) 8. 資訊安全中常見的「數位簽章」加密方式，若甲要傳送資料給乙，並且確認是甲的身份傳出，那麼傳送端及接收端需以何人的公鑰或私鑰加解密？
    (A) 傳送端：甲私人金鑰加密→傳輸→接收端：甲公開金鑰解密
    (B) 傳送端：乙私人金鑰加密→傳輸→接收端：乙公開金鑰解密
    (C) 傳送端：甲公開金鑰加密→傳輸→接收端：甲私人金鑰解密
    (D) 傳送端：乙公開金鑰加密→傳輸→接收端：乙私人金鑰解密

( ) 9. 下列哪一種軟體具有著作權並可供人試用，若覺得好用須付費取得合法使用權？
    (A) Public domain software   (B) Shareware
    (C) Open Source   (D) Freeware

( ) 10. 小義沒有徵求好朋友同意，複製好朋友所繪畫的圖片，並在自己的無名部落格上使用，請問下列敘述何者**最為恰當**？
    (A) 由於兩人是好朋友，所以複製圖片屬於共享協助，沒有任何問題
    (B) 小義因沒有徵求好朋友同意，兩人的友情可能會破裂，但無違反任何法律
    (C) 小義複製圖片屬於「重製」行為，違反著作權
    (D) 圖片並不在著作權保護範圍內，故小義並無違法行為

( ) 11. 貝克豪的電腦資料匯流排一次可傳送 3Bytes 的資料、位址匯流排一次可傳送 4Bytes 的位址，試問貝克豪的電腦可定址最大的記憶容量是多少？
    (A) 16MB   (B) 4GB
    (C) 8MB   (D) 16GB

( ) 12. 下列有關 DRAM 和 SRAM 記憶體的敘述，何者**錯誤**？
    (A) DRAM 的速度比 Cache Memory 來得慢
    (B) DRAM 中通常可用來儲存基本輸入輸出系統 BIOS 功能
    (C) SRAM 的速度通常比 DRAM 來得快
    (D) SRAM 的元件單位成本較 DRAM 來得高

( ) 13. 帥豪到 3C 賣場買東西，下列哪項產品是他**最不可能**買到的？
(A) Hello Kitty 的主機機殼 　　　　(B) USB 連接埠的掃描器
(C) PS/2 連接埠的印表機 　　　　　(D) D-Sub 連接埠的螢幕

( ) 14. 有關電腦組成的單元中，下列敘述何者**錯誤**？
(A) 算術邏輯單元簡稱 ALU，主要以十進位來進行算術運算
(B) 控制單元簡稱 CU，可做指令的解碼及負責協調控制
(C) 輸入和輸出單可合稱「周邊設備」
(D) 中央處理單元 CPU 內含 CU 及 ALU

( ) 15. 下列有關「虛擬記憶體」的敘述何者**錯誤**？
(A) 虛擬記憶體是一種作業系統對記憶體管理的方式
(B) 可將主記憶體模擬成輔助記憶體（如硬碟）來使用
(C) 讓可使用的記憶體空間比實際的記憶體空間還大
(D) 可讓電腦執行比實際主記憶體大的程式

( ) 16. 阿義某一公司的網管人員，有關電腦資訊處理的作法，下列敘述何者**最不適當**？
(A) 電腦程式買入後，若不會用可修改，並可提供給人使用
(B) 一套授權軟體只安裝在一台電腦，不使用非法盜版軟體
(C) 定期更新病毒碼，避免電腦系統資料中毒
(D) 異地備份資料，不將備份檔案放在同一處

( ) 17. 若有一 CPU 商品規格如右表，判斷下列何者正確？
(A) 其 CPU 時脈頻率為 0.285ns
(B) 若 CPI=7，則 CPU 的 MIPS 為 500
(C) 此 CPU 最多可平行處理 8 個程式
(D) 其 FLASH 記憶體有 20MB 即 20×2^{20}Bytes

> Intel Core i7 5960X 八核心處理器
> ◆腳位：2011（需搭配 X99）
> ◆時脈速度：3.50 GHz
> ◆快取記憶體：20MB
> ◆核心 / 執行緒：8 / 16

( ) 18. 下列有關「綠色電腦」的概念，何者正確？
(A) 電腦有能源之星的標章是歸類於綠色電腦
(B) 目前市面上綠色電腦很少見，大多採預訂的方式才能買到
(C) 綠色電腦使用「休眠」或「待機」的模式，最主要在於保護電腦螢幕
(D) 綠色電腦主要是電腦機殼為綠色，與政治立場無關

( ) 19. 柯 P 想要買一台 1800 萬像素的數位相機拍騎鐵馬的英姿，請問「1800 萬像素」所指的意思是
(A) 相機的型號
(B) 相機的價格
(C) 相機的記憶容量，可拍的張數
(D) 相機的感光元件數量，分成 CMOS 及 CCD

( ) 20. 有關暫存器（Register）的說明，下列敘述何者正確？
(A) 暫存器負責保存電腦的資料，下次電腦重開後暫存器的內容並不會消失
(B) 暫存器內建在主機板上，負責記錄運算的結果
(C) 快取記憶體的存取速度比暫存器快
(D) 程式計數器（Program Counter）用來存放下一個要執行指令的位址

( ) 21. 豪叔叔使用 MS Word 的合併列印功能來製作商品的文宣,以便寄送給有業務往來的客戶們。他需要客戶的名冊及相關連絡資料,這些資料不能用下列哪一種方式來儲存?

(A) 在 Photoshop 中繪製客戶資料的圖片,並存成 .jpg 檔

(B) 在 Microsoft Word 中建立一個客戶資料的表格,並存成 .docx 檔

(C) 在 Microsoft Excel 中建立客戶資料的工作表,再存成 .xlsx 檔

(D) 在 Microsoft Access 中建立一個客戶的資料表,再存成 .accdb 檔

( ) 22. 豪叔叔使用 MS Word 進行公司的文宣編製,他要使用文字方塊的功能,請問下列對於文字方塊的描述,哪一個選項是**不正確**的?

(A) 在文字方塊的小短文內,用 Word 的繪圖工具加上一個流程圖

(B) 在文字方塊的小短文內的任意位置插入一張圖片

(C) 在文字方塊的小短文中加上一個統計數字的表格

(D) 在文字方塊中輸入一篇短文,再於短文的任意位置插入一個小文字方塊,以便加上「加油」兩個字

( ) 23. 在操作 MS PowerPoint 的過程中,他想要修改一下投影片的格式。下列哪一種設定是**不正確**的?

(A) 套用簡報範本設定整體的風格

(B) 不同張投影片可套用不同的色彩配置

(C) 可同時開啟不同的投影片檔案複製標題文字格式

(D) 套用簡報設計範本的色彩配置後,無法自行進行修改

( ) 24. 選舉快到了,各個候選人無不卯足全力想得到更多選民的支持,選前的民意調查可以看出選民對候選人的支持度有多少。如果使用 Microsoft Excel 來繪製相關的統計圖表,哪一種類型的圖表可以顯示各個候選人支持度的百分比?

(A) 圓形圖   (B) 雷達圖

(C) 折線圖   (D) 立體直條圖

( ) 25. 在 MS Excel 中,如果要在儲存格 B1 中計算儲存格 A1 至 A10 中大於 50 的數字總和,下列函數何者正確?

(A) =MAX(A1:A10)   (B) =SUMIF(A1:A10,">50")

(C) =COUNTIF(A1:A10,">50")   (D) =SUMPRODUCT(A1:A10)

 解答

1	2	3	4	5	6	7	8	9	10
B	D	A	C	B	C	D	A	B	C

11	12	13	14	15	16	17	18	19	20
B	B	C	A	B	A	B	A	D	D

21	22	23	24	25
A	D	D	A	B

解析

1. (A) 最新 iPhone X 以上版本的觸控式螢幕分為 TFT-LCD 及 OLED

    (B) 螢幕 400ppi，則每平方英吋 = 400×400 = 16 萬 Pixels

    (C) iPhone 預設的作業系統 iOS

    (D) iPhone 電腦若依製作元件劃分，可被列為第 4 代電腦

4. 開放式有 (1)、(2)、(4)、(6)、(7)

11. 4 Byte = 32 bit 位址匯流排可定址 $2^{32} = 2^2 \times 2^{30}$ = 4GB

17. (A) 其 CPU 時脈頻率為 3.5GHz，其時脈週期 = 0.0285ns

    (B) 若 1 個指令需 8 個時脈，3.5GHz = 3500MHz/7 = 500MIPS

    (C) 16 個執行緒即同時平行處理最多 16 個程式

    (D) Cache 即快取 =20MB

21. 合併列印來源檔不支援圖片檔。

22. 文字方塊之內不可再包含文字方塊。

25 =MAX(A1:A10) 求最大值

    =SUMIF(A1:A10,">50") 求範圍內 >100 的總和

    =COUNTIF(A1:A10,">50") 求範圍內 >100 的個數

    =SUMPRODUCT(A1:A10) 求乘積加總

49 考前衝刺

考前猜題第三回

全國模擬考第 3 回範圍

包含第 2 次及電腦網路與應用、電腦網路原理、簡易網頁設計、電子商務、網路安全與法規

Quiz & Ans

( ) 1. 微笑單車在全台共設有 778 個場站，因員林、彰化站經常因借、還車次數頻繁，導致發生「靠卡 A」無法借車的故障，「微程式資訊公司」即計畫程式工程師，執行程式更新後，竟造成全台大當機，2.2 萬輛 YouBike 停擺，影響 35 萬通勤族，因其中一位工程師不滿主管而放入一段程式，此行為與何者相似？
    (A) 木馬程式   (B) 分散阻斷服務
    (C) 零時差攻擊   (D) 邏輯炸彈

( ) 2. 馬雅人古文明利用 20 進位來計算，請問若以 0 ～ 9，A 表示 10，B 表示 11 以此類推，則（A5J）20 表示多少 10 進位？
    (A) 2012   (B) 3219
    (C) 3826   (D) 4119

( ) 3. 目前台灣採用先進的國道電子收費系統，在車上安裝 eTag 即可感應扣款，請問是使用下列何種技術？
    (A) Bluetooth   (B) USB
    (C) RFID   (D) Wi-Fi

( ) 4. 下列有關時間單位的敘述何者**錯誤**？
    (A) 1000 毫秒（millisecond）為 1 秒   (B) 0.1 微秒（microsecond）為 10^{-7} 秒
    (C) 10 奈秒（nanosecond）為 10^{-10} 秒   (D) 4G 時脈訊號的週期是 0.25 奈秒

( ) 5. AlphaGo 是由英國倫敦 Google DeepMind 開發的人工智慧圍棋程式，2015 年 10 月，它成為第一個無需讓子，即可在 19 路棋盤上擊敗圍棋職業棋士的電腦圍棋程式，請問下列與其技術無關？
    (A) Expert System   (B) Artificial Intelligence
    (C) artificial neural network   (D) Virtual Reality

( ) 6. hTC 宏達電的智慧型手機，採用之作業系統最不可能是使用下列哪一套作業系統？
(A) Windows Phone 10　　　　　　　(B) Android
(C) Linux　　　　　　　　　　　　(D) iOS

( ) 7. SHARP 公司推出了一台 60 吋 Full HD 液晶螢幕，能夠支援 HDMI 高畫質輸出介面，請
問這台螢幕可能還提供有下列哪幾種連接埠來傳送視訊？
a. D-SUB　b. DVI　c. USB　d. eSATA
(A) ab　　　　　　　　　　　　　(B) ad
(C) bc　　　　　　　　　　　　　(D) cd

( ) 8. 下列有關 SATA 介面規格的敘述，何者**錯誤**？
(A) 在安裝 SATA 硬碟時，需要將排線與主機板中的 ▬▬ 連接
(B) 採序列傳輸方式
(C) 因傳輸速度較快，已逐漸取代 IDE 介面規格
(D) 可連接硬碟機、光碟機

( ) 9. 假設某部電腦的 CPU 為 3.2GHz，執行 1 指令需要 4 個時鐘脈衝，請問此電腦執行 1 個
指令需要多少 ns（奈秒）？
(A) 0.625　　　　　　　　　　　　(B) 1.2
(C) 1.25　　　　　　　　　　　　(D) 2.25

( ) 10. 目前電腦輸出入連接技術愈來愈強，以 IEEE 1394b、USB 3.0、eSATA2.0 的敘述，何者
錯誤？
(A) 三者都是以序列方式傳輸資料　　(B) 三者都提供隨插即用及熱插拔的功能
(C) 三者中以 USB 3.0 可串接的設備最多　(D) eSATA2.0 的傳輸速度最快

( ) 11. 目前市售的 CMYK 模式印表機廠商廣告文宣強調其產品擁有 1200 DPI 的效果，30PPM
效能，支援無線列印，請問下列何者不是該廠商指的特色？
(A) 列印品質每平方英吋可達 144 萬點　(B) 列印速度每頁最快 30 秒
(C) 利用 Wi-Fi 可無線列印　　　　　(D) 彩色列印四色分

( ) 12. 下列就磁碟機及快閃記憶體（flash memory）的描述何者**錯誤**？
(A) 快閃記憶體往往應用在嵌入式系統上，其中一個重要的因素是快閃記憶體較為省電
(B) 目前為止，傳統的磁碟機於大量循序寫入時，其速度依然比普通快閃記憶體要來
得快
(C) 就目前的趨勢而言，快閃記憶體於售價及容量上的優勢漸漸的超越硬碟機。就這個
發展態勢，快閃記憶體將會取代傳統的硬碟機
(D) 由於快閃記憶體非常的耐震，因此在工業領域上快閃記憶體有其獨到的優勢

( ) 13. 下列針對微處理機暫存器（Register）的敘述，何者**錯誤**？
(A) 暫存器是 CPU 暫時存放資料的地方
(B) CPU 對暫存器的存取速度比記憶體快
(C) 暫存器的空間大小約略與快取記憶體相當
(D) 有分一般用途暫存器及特殊用途暫存器

( ) 14. 一般電腦所使用的磁碟機存取檔案所花費的時間中,延遲時間(Latency Time)是指?
(A) 尋找磁軌的時間 　　　　　　　(B) 資料從硬碟到記憶體的時間
(C) 資料傳輸的時間 　　　　　　　(D) 磁盤轉動的時間

( ) 15. 有關光碟的描述,下列何者**不正確**?
(A) 光碟片的容量可以達到數 Giga Bytes
(B) DVD-R 可以重複讀寫資料
(C) CD 的資料密度為均勻分佈(Uniform)
(D) BD-ROM 的資料可經由藍色雷射光束讀取

( ) 16. 已知每張圖片大小為 2MB,共有 10 萬張圖片,最少需要幾張 DVD 5 的光碟片才能儲存?
(A) 30 　　　　　　　　　　　　　(B) 35
(C) 43 　　　　　　　　　　　　　(D) 50

( ) 17. 以下何者正確?
(A) CPU 有 n 位元的資料匯流排表示可定址的記憶容量為 2^n Bytes
(B) MIPS 意指電腦的記憶容量,愈大容量愈多
(C) GIGO 意指先到的資料先處理
(D) 1GB=8192Mbits

( ) 18. 下列哪一介面可同時外接的裝置最少?
(A) HDMI 　　　　　　　　　　　　(B) SCSI
(C) USB 　　　　　　　　　　　　　(D) IDE

( ) 19. 已知某 100MIPS 的 CPU 執行 1 個指令需要 2.75ns 的擷取,3.25ns 的分析指令,2ns 的執行,則請問儲存需要多少 ns(奈秒)?
(A) 1.5 　　　　　　　　　　　　　(B) 2
(C) 3.5 　　　　　　　　　　　　　(D) 4

( ) 20. 請問 8 倍速的 BD 其資料傳輸速率比 20 倍速的 DVD 快多少倍?
(A) 1.33 　　　　　　　　　　　　　(B) 2.66
(C) 3.33 　　　　　　　　　　　　　(D) 4.66

( ) 21. 下列是常見的周邊設備,請依其存取方式判斷有幾個兼具輸入 / 輸出的設備?
(1) 觸控式螢幕;(2) 多功能事務機;(3) 藍牙滑鼠;(4) BD 燒錄機;(5) 雷射印表機
(A) 2 　　　　　　　　　　　　　　(B) 3
(C) 4 　　　　　　　　　　　　　　(D) 5

( ) 22. 下列關於作業系統及處理器的相關敘述何者**錯誤**?
(A) 即時作業系統在學理上最主要工作是非常快速的執行完所有的工作
(B) 英特爾(Intel)的 SpeedStep 技術可以動態調整處理器的電壓及執行頻率,藉此可以讓處理器更省電
(C) 當系統中只有一個行程是處於可執行的狀態,並且這個行程並無法多工處理,那麼即使處理器為雙核心或多核心,這個行程也只能利用其中的一個核心
(D) 專為單核心處理器設計的作業系統放到多核心處理器上執行時,這作業系統完全無法發揮多核心處理器的多工能

( ) 23. Windows 7 的 D 磁碟中只有 X.BMP、YY.PPT、ZZZ.JPG 三個檔案，對 D 磁碟進行檔案搜尋，下列敘述何者正確？

(A) ?*.* 搜尋到二個檔案　　　　　　(B) ??*.* 搜尋到二個檔案

(C) *.*p* 搜尋到二個檔案　　　　　　(D) ???.* 搜尋到三個檔案

( ) 24. 在 Windows 7 的一個資料夾中有 IPHONE7.txt、HTC.doc、三星 .xls 三個檔案，在檔案總管中以檔名遞增為排序條件，下列何者為這三個檔案的正確排序結果？

(A) HTC.doc、IPHONE7.txt、三星 .xls　(B) HTC.doc、三星 .xls、IPHONE7.txt

(C) 三星 .xls、IPHONE7.txt、HTC.doc　(D) 三星 .xls、HTC.doc、IPHONE7.txt

( ) 25. 下列副檔名與其對應的檔案類型，何者**不正確**？

(A) .com：可執行檔的命令檔　　　　(B) .tif：圖片檔

(C) .asp：網頁檔　　　　　　　　　(D) .wmv：聲音檔

解答

1	2	3	4	5	6	7	8	9	10
D	D	C	C	D	D	A	A	C	D

11	12	13	14	15	16	17	18	19	20
B	C	C	D	B	C	D	A	B	A

21	22	23	24	25
B	A	B	A	D

解析

1. 長期演進技術（Long Term Evolution，LTE），是第四代通信技術（4G）的其中一種標準格式。

2. A×202 + 5×201 + J×200 = 10×400 + 5×20 + 19 = 4119。

3. 使用無線射頻辨識。

4. 0.1 微秒（microsecond）=10^{-8} 秒。

5. (A) Expert System 專家系統；(B) Artificial Intelligence 人工智慧；(C) artificial neural network 類神經網路；(D) Virtual Reality 虛擬實境

6. iOS 為 Apple 公司獨家開發，用在 iPhone、iPod touch、iPad 等產品。

7. D-SUB 為類比傳統 VGA 連接埠，DVI 為數位訊號連接埠。

8. 為 HDMI 介面，SATA 應為 介面。

9. 3.2GHz=3200MHz/4=800MIPS 表示每秒執行 $800×10^6$ 的指令

   則執行 1 個指令 = $\dfrac{1}{800×10^6}$ 秒 =1.25ns。

10. 速度最快：USB3.0（625MByte/s）> eSATA2.0（600MByte/s）> 1394b（800Mb/s）。

11. 30PPM 為每分鐘 30 頁。

12. 但隨著現今記憶體降價及速度加快，固態硬碟使用快閃記憶體，就目前的趨勢而言，快閃記憶體於售價及容量上的優勢漸漸的超越硬碟機。但快閃記憶體仍無法取代傳統的硬碟機。

13. 暫存器速度最快但容量最小。

14. 延遲時間（Latency Time）是指旋轉時間。

15. DVD-R 是指可燒錄一次。

16. 2MB×100000=200000MB=200GB 除以 4.7GB=43 張才夠。

17. (A) 應為位址匯流排；(B) 每秒百萬指令是指 CPU 執行效能；(C) 垃圾進垃圾出。

18. (A) HDMI：1 個；(B) SCSI：31 個；(C) USB：127 個；(D) IEEE1394：63 個。

19. 100MIPS 表示每秒執行108個指令，則每個指令執行需要10ns＝擷取＋分析指令＋執行＋儲存，所以可得到 10 - 2.75 - 3.25 - 2 = 2（ns）。

20. $\dfrac{8 \times 4.5\text{MB}/秒}{20 \times 1.35\text{MB}/秒} = 1.33$。

21. （1）、（2）、（4）。

22. 即時作業系統是指立即回應，如一些線上查詢網站。

23. ? 表任 1 個字元，* 表任多個即 0~ 多個字元，所以 ??*.* 代表 2 個字元以上有 YY.PPT、ZZZ.JPG。

24. 排序是以第 1 個字元為判斷原則，特殊符號＜數字＜英文字母＜中文字，所以 H→I→三。

25. WMV 為影片檔。

考前猜題第四回

全國模擬考第 4 次範圍

全部範圍

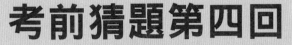

( ) 1. 針對行動通訊世代發展，下列敘述何者**錯誤**？

- (A) 二代行動電話（2G）：GSM 系統只支援線路交換（註）的語音通道，主要透過語音通道打電話與傳送簡訊，GPRS 系統支援封包交換因此可以上網，但是由於利用語音通道傳送資料封包，因此上網的速度很慢
- (B) 第三代行動電話（3G）：支援封包交換，可以用更快的速度上網，由於 3G 的手機同時支援 2G
- (C) 第四代行動電話（4G）：LTE / LTE-A 系統支援封包交換，可以用更快的速度上網，由於 4G 的手機大多同時支援 3G 與 2G，因此在手機找不到 LTE 基地台時仍然會以 3G 基地台上網，講電話或傳簡訊時仍然可以使用 GSM 系統的語音通道來完成
- (D) 4G 現時的傳輸速度為 100Mbps，而 5G 的速度能較 4G 快最少十倍或以上，至少可達 1000Mbps，若下載 1GB 影片只要 1 秒

( ) 2. 有關科技新知的敘述何者**錯誤**？
- (A) 虛擬實境是透過電腦來模擬具備整合視覺與聽覺訊息的 3D 虛擬世界，臨場感與沉浸感格外強烈，也就是容易讓你身歷其境，不過一切你所看到看到的都是虛擬的
- (B) AR（擴增實境），是在現實場景中加入虛擬資訊例如 Pokemon GO!、Google Glass
- (C) 還有 LINE 視訊讓你在自拍時，加入偽裝成熊大或是戴上兔寶寶墨鏡的虛擬效果此為 VR
- (D) MR（混合實境）就是將虛擬世界與真實世界混合在一起，產生全新的視覺化環境。用戶眼睛所見到的環境同時包含了現實的物理實體，以及虛擬訊息，且可以實時呈現。而較為知名的 MR 產品包含 Magic Leap 以及微軟的 Hololens

(　) 3. 若豪叔叔電話錄音（取樣頻率 22100Hz，取樣解析度 16bit）燒錄至 DVD-9 燒錄片中最長可存幾小時？
(A) 10 　　　　　　　　　　　　(B) 25
(C) 39 　　　　　　　　　　　　(D) 53

(　) 4. Windows 控制台中的工作項目何者敘述**錯誤**？
(A) 同步中心是專為協助您同步位於網路位置的檔案所設計的，可同步電腦與行動裝置（例如行動電話或可攜式音樂播放器）
(B) Windows 防火牆是可以檢查來自網際網路或網路上資訊的軟體或硬體，檢查後可根據防火牆的設定，決定是否封鎖或允許資訊下載到電腦上
(C) Windows 隨附許多已安裝的字型，若要安裝其他字型，必須先下載字型後安裝
(D) 變更電腦名稱必須在使用者帳戶中進行變更

(　) 5. 有關 PowerPoint 相關敘述何者**錯誤**？
(A) PowerPoint 可進行列印講義 1 頁可印 8 張投影片
(B) PowerPoint 的投影片母片中可在頁首加入公司 LOGO
(C) PowerPoint 可存成 .WMV、GIF、PPS 檔案型態
(D) 若要複製投影片跟前一張一樣可直接按 Ctrl + D

(　) 6. 小義考完統測後要製作備審資料，他希望用標題來製作目錄及頁碼，在 Word 中要如何操作才能最快完成？
(A) 先把各標題利用樣式先設定，再用參考資料索引標籤中的目錄來自動產生
(B) 用插入目錄方式，並選擇目錄的設定即可
(C) 利用校閱索引標籤中的目錄來自動產生
(D) 利用常用索引標籤段落中的定位點將所要的位置定位，再將各標題複製貼上即可

(　) 7. 在 EXCEL 中若要分析各區今年統測商管群各科的考生平均分數，要如何在數萬筆資料中彙總呈現出來完成此效果？
(A) 利用插入索引標籤中樞紐分析表產生　　(B) 利用資料索引標籤中樞紐分析表產生
(C) 利用公式索引標籤中樞紐分析表產生　　(D) 利用校閱索引標籤中樞紐分析表產生

(　) 8. 某 IPv4 的 C 類（Class C）網路位址欲設伺服器，若從主機位元（host bit）借 2 個位元進行子網路位址（subnetmask）規劃應用，則每個子網路系統可以擁有幾個可用的主機位址？其子網路遮罩號碼為？
(A) 62 , 255.255.255.192　　　　(B) 30 , 255.255.255.224
(C) 4 , 255.255.255.0　　　　　　(D) 14 , 255.255.255.248

(　) 9. 提供將 IP 位址轉換成 MAC 位址的服務是何種通訊協定（protocol）之功能？
(A) ARP 協定　　　　　　　　　(B) DNS 協定
(C) DHCP 協定　　　　　　　　(D) IMAP 協定

(　) 10. 請問有關 OSI 7 層中各層作用的內容何者**有誤**？
(A) 實體層：位元　　　　　　　(B) 資料連結層：訊框
(C) 網路層：封包　　　　　　　(D) 傳輸層：資料

(　) 11. 若小豪向 TWNIC 註冊網域名稱 whc.com.tw，請問下列敘述何者正確？
　　(A) 只能註冊一組網域名稱，並利用 DNS Server 轉成 IP 連上伺服器
　　(B) 網域名稱的主機名稱為 WWW、W3、ABC 皆可以自行定義
　　(C) 利用 DHCP 產生動態 IP 給 WWW Server
　　(D) 向 TWNIC 註冊網域名稱通常是免費的

(　) 12. 小豪統測完想購買一台電競筆電，則下列配備表中何者敘述**不正確**？
　　(A) Intel i9 8 核心＋超執行緒的 CPU，同時最多 16 個執行緒
　　(B) 輔助記憶體 M.2 SSD 256GB 插 PCI_E 插槽
　　(C) 主記憶體 32GB DDR4 SDRAM 插在 DIMM 插槽
　　(D) 獨立繪圖顯示卡內建 16GB VRAM 插在 SATA 插槽

(　) 13. 有關電腦軟體及其作用的附檔名何者配對**不正確**？
　　(A) Adobe Photoshop：PSD、JPG、TIF
　　(B) Windows Media Player：WAV、MP3、WMV
　　(C) Microsoft Edge：HTM、HTML、WMA
　　(D) Microsoft Office 2010：DOT、ODT、RTF

(　) 14. 小豪家中使用 ADSL 8M/512K 頻寬上網到 TCTE Server（雙向 4M/4M）下載今年統測考題共 2MB，並傳給小義，請問傳輸時間總共至少需要幾秒完成？
　　(A) 32 秒　　　　　　　　　　(B) 34 秒
　　(C) 36 秒　　　　　　　　　　(D) 38 秒

(　) 15. 下列有關藍牙、NFC、RFID 三種傳輸方式何者敘述**錯誤**？
　　(A) 三種皆為無線傳輸
　　(B) 藍牙的傳輸距離最遠，傳輸速度最快
　　(C) NFC 源自 RFID 的技術，可用在行動支付如 Apple pay、Line pay
　　(D) RFID 感應辨識 QR-CODE 行動條碼進行結帳扣款

(　) 16. 有關影像、聲音及視訊相關敘述何者正確？
　　(A) BMP、WAV、MPG 皆未壓縮過，佔空間較大
　　(B) GIF、FLAC、PNG 皆採非損失性壓縮過
　　(C) 若 8 百萬像素黑白影像存成 BMP 檔需要 8MB 空間
　　(D) RGB（50,50,50）與 RGB（200,200,200）皆為灰階，但前者比較亮

(　) 17. 有關智慧型手機相關敘述何者正確？
　　(A) 利用內建 GPS 可定位，配合 Google Map 可以導航，再加上 AGPS 可提昇定位速度
　　(B) 目前使用 iPhone 其內建瀏覽器為 Chrome
　　(C) 若採用 Android OS 則可以到 APP Store 下載 APPs 應用程式使用
　　(D) 若 Windows Phone OS 使用 ARM CPU 為複雜指令集技術

(　) 18. Microsoft Windows 發行數個版本，下列敘述何者正確？
　　(A) 曾經版本有 Windows 98、XP、7、8、9 及 10
　　(B) 若要啟動工作管理員可按 Ctrl + Shift + Esc
　　(C) 若要設定網路卡的中斷可至控制台中的網際網路選項
　　(D) Windows Defender 是要防止惡性程式入侵及電腦病毒防治

( ) 19. 有關加密法之敘述何者正確？

(A) Wi-Fi 利用 SSL 加密法，在瀏覽器上會出現鎖的圖示

(B) Wi-Fi 加密可用 WEP、WPA、WPA2，皆採非對稱式加密法

(C) 當上網時加入 https 表示啟動 SSL/TLS 加密，可確認傳送及接收方的身份

(D) 網路信用卡結帳付款時，可用 SSL 或 SET 機制，其中 SET 較安全

( ) 20. 在 EXCEL 中，若將選取 A1 到 D1 後，將右下角填滿控點往下拉到 D5 後，則下列儲存格內容何者**不正確**？

	A	B	C	D
1	May	星期日	EXAM01	3
2				
3				
4				
5				

(A) A2 儲存格為 June   (B) B3 儲存格為星期二

(C) C4 儲存格為 EXAM04   (D) D5 儲存格為 7

( ) 21. 執行下列 VB 程式運算結果何者**錯誤**？

(A) 若要產生 3,6,9,12,15 的隨機亂數程式碼為 3×INT(RND(1)×5+1)

(B) - 3 ^ 2 \ 4 + 8 MOD 3.5 其值為 -1

(C) 3 AND 10 其值為 5

(D) "1"& 2+3 & "1"+"3" 其值為 "1513"

( ) 22. 執行下列 VB 程式螢幕顯示結果為何？

```
Module Module1
    Sub Main()
        Dim x() As Integer = {1,5, 6, 8, 9, 11 , 13 , 15, 19}
        Dim n,search, high, low, mid As Integer
        search = 13
        low = 0
        high = 8
        mid = (low + high) \ 2 : n=n+1
        While (low <= high)
            If (x(mid) = search) Then
                MsgBox (n & "times found")
                Exit While
            ElseIf (x(mid) > search) Then
                high = mid - 1
            ElseIf (x(mid) < search) Then
                low = mid + 1
            End If
            mid = (low + high) \ 2 : n=n+1
        End While
        If (x(mid) <> search) Then
            MsgBox("Data not found!")
        End If
    End Sub
End Module
```

(A) 2 times found   (B) 3 times found

(C) 4 times found   (D) 5 times found

( ) 23. 小明設計 VB 程式，在宣告變數時，下列敘述何者不適合？
   (A) 平均成績計算小數到第 2 位，宣告時用 DIM Avg!
   (B) 學生姓名宣告時用 DIM Stu_Name as String
   (C) 出生年月日宣告時用 DIM Stu_Birth as Date
   (D) 計概原始分數 0~100 分宣告時用 DIM Bcc as Double

( ) 24. 執行下列哪一段程式的結果 S 的數值最小？

(A)
```
S=1:n=5
   For I=1 To n
    S=S*I
   Next I
 Print S
```
(B)
```
S=1:n=5
   For I=1 To n
    S=S+2*n
   Next I
 Print S
```

(C)
```
S=1:n=5
   For I=1 To n
    S=S*2
   Next I
 Print S
```
(D)
```
S=1;n=5
   For I=1 To n
    S=S+2*I
   Next I
 Print S
```

( ) 25. 下列自訂函數當 F(10) 時，則回傳值為多少？
```
Function F(X As Integer)
  If X=0 Then
    Return 1
  ElseIf X=1 Then
    Return 1
  Else
    Return F(X-2)+F(X-1)
  End If
End Functio
```
   (A) 34   (B) 55
   (C) 89   (D) 40

解答

1	2	3	4	5	6	7	8	9	10
D	C	D	D	A	A	A	A	A	D

11	12	13	14	15	16	17	18	19	20
B	D	C	C	D	B	A	B	D	D

21	22	23	24	25
C	A	D	D	C

解析

1. 5G 的速度可達 1000M=1Gbps，若下載 1GB 影片只要 8 秒，因為 1Byte = 8bits

3. 取樣頻率 22100Hz × 取樣解析度 16bit × 電話單聲道 ×1 = 22K×2Byte = 44KB

   燒錄至 DVD-9 燒錄片 8.5GB=8500MB/44KB=193182 秒約 3220 分鐘 = 約 53 小時

5. PowerPoint 可列印成講義，1 頁可印 1,2,3,4,6,9 張投影片

8. 某 IPv4 的 C 類（Class C）網路位址為 24bits，再向主機位址借 2bits 即 26bits，則網路遮罩為 11111111.11111111.11111111.11000000，轉成 10 進位即 255.255.255.192，主機位址有 6bits，擁有 26-2=62 個可用的主機位址

10. 傳輸層：資訊流

11. (A) 可以註冊多組網域名稱，網域名稱的主機名稱可以自行定義
    (C) WWW Server 不會使用動態 IP，一般為固定 IP
    (D) 向 TWNIC 註冊網域名稱通常是付費的

12. 獨立繪圖顯示卡內建 16GB VRAM 插在 PCI-E*16 插槽

13. Microsoft Edge 為瀏覽器可瀏覽網頁檔：HTM、HTML，但 WMA 為聲音檔無法開啟

14. 到 TCTE 下載時間 $= \dfrac{2MByte}{4Mbps} = 4$ 秒，上傳至小義時間 $= \dfrac{2MByte}{512Kbps} = 32$ 秒，共 36 秒

18. Windows 沒有 9。中斷到控制台／裝置管理員。Windows Defender 無法防病毒

19. (A) Wi-Fi 常看到利用 WPA-PSK/WPA2-PSK、WPA/WPA2、WEP 方式加密。
    (B) WEP 加密採對稱式加密法。
    (C) SSL 無法確認傳送或接收的身分。

20. D5 儲存格為 3

21. (B) -3 ^ 2 \ 4 + 8 MOD 3.5 = -2+8 MOD 3.5=-2+1=-1

22. 二分搜尋法找中間元素，Search = 13（目標）

    1，5，6，8，**9**，11，13，15，19

    ↓

    第 1 次尋找

    11，**13**，15，19

    ↓

    第 2 次尋找（**2 Times found**）

25. F(0)=1

    F(1)=1

    F(2)=F(0)+F(1)=1+1=2

    F(3)=F(1)+F(2)=1+2=3

    F(4)=F(2)+F(3)=2+3=5

    F(5)=F(3)+F(4)=3+5=8

    F(6)=F(4)+F(5)=5+8=13

    F(7)=F(5)+F(6)=8+13=21

    F(8)=F(6)+F(7)=13+21=34

    F(9)=F(7)+F(8)=13+21=55

    F(10)=F(8)+F(9)=34+55=89

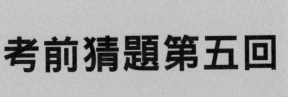

考前猜題第五回

51
考前衝刺

全國模擬考第 5 次範圍

全部範圍

Quiz & Ans

(　　) 1. 下列有關 AI 助理的相關敘述何者**錯誤**？
(A) Allo 是 Google 開發的一個即時通訊應用，其內建了一個虛擬助手 Google Assistant，還提供了「智慧型回覆」功能，允許用戶不用打字即可回覆訊息
(B) Amazon Echo 是亞馬遜公司所發售一款搭載智慧語音助理 Alexa 的智慧喇叭
(C) Microsoft Cortana 是微軟在推出的一款智慧型個人助理
(D) Siri（Speech Interpretation and Recognition Interface）是一款內建在蘋果 iOS 系統中的人工智慧助理軟體，使用機器語言處理技術

(　　) 2. 小義旅行時攜帶一支智慧型手機來拍照，其手機存空間為 16GB，手機拍照解析度設定為全彩 24bits，像素 3840×2160，請問旅行期間大約可以拍多少張未壓縮的照片？
(A) 333 張　　　　　　　　　　　(B) 67 張
(C) 667 張　　　　　　　　　　　(D) 3333 張

(　　) 3. 下列關於部落格的敘述，何者**不正確**？
(A) 部落格是一種讓網友可以隨時更新文章的日記型態網頁
(B) 網友可以透過 CSS 服務訂閱部落格訊息
(C) 網友可以在社群網站中建立部落格與其他網友互動
(D) 部落格上的網友可以分享與討論彼此的感想

(　　) 4. 下列為常見的工具軟體，其用途搭配是**錯誤**的？
(A) 瀏覽大量圖片：Xnview　　　　(B) 影片轉檔：Windows media player
(C) 擷取 MP3 片段：mpTRIM　　　(D) 檢視 PDF 文件：Adobe reader

( ) 5. 下列敘述何者**錯誤**？
(A) Thunderbolt 連接埠通常用來連接數位相機或顯示器
(B) 滑鼠、數據機（modem）等周邊裝置，大多透過 PS2 連接到主機上
(C) 印表機可透過 Wi-Fi、NFC、Bluetooth 介面與主機無線列印
(D) PCI EXPRESS 擴充槽可插具有 3D 影像顯示功能的顯示卡

( ) 6. 行動支付是指在不需使用現金、支票或信用卡的情況使用行動裝置進行付款的服務，下列有關敘述何者**錯誤**？
(A) 主要的行動支付方式共有四種類型：簡訊為基礎的轉帳支付、行動帳單付款、行動裝置網路支付（WAP）和非接觸型支付（NFC）
(B) 消費者在電子商務網站結帳時選擇以行動帳單付款。在經過密碼與一次性密碼（OTP）的雙重授權後，支付的款項將會計入消費者的行動服務帳單中收取
(C) 近場通訊（NFC）支付方式經常在實體商店或交通設施中使用，例如 Apple pay 或 Google wallet
(D) 電子商務金流如美國 Paypal、中國阿里巴巴支付寶皆為行動支付

( ) 7. 下列關於網路交友的敘述，何者最可能避免網路危險？
(A) 常收網友致贈的禮物
(B) 與網友單獨見面與金錢往來
(C) 方便的話就搭網友便車
(D) 時時注意個人基本資料保密

( ) 8. 下列敘述何者**錯誤**？
(A) 磁碟機讀寫頭移到正確磁軌所花的時間稱為資料傳輸速率（Data Transfer Rate）
(B) 「資料緩衝區（Data Buffer）」的作用為暫存資料，以做後續處理
(C) CPU 中的控制單元可進行解碼指令的動作
(D) 磁片中可用以辨識磁軌存放資料的起始位置為索引孔

( ) 9. 下列何者**非**「RFID」（無線射頻辨識系統）的適當應用？
(A) 7-11 用『I CASH 悠遊卡』自動感應扣款
(B) 超商購物時自動找零錢
(C) 在心愛的寵物身上植入『寵物晶片』，可進行身份識別
(D) 在大賣場買飲料用 "VISA WAVE" 信用卡感應付款

( ) 10. 若某一個人電腦之位址匯流排（Address Bus）共有 34 條位址線，則代表讓電腦最多可插上多大的記憶體？
(A) 4GB
(B) 8GB
(C) 16GB
(D) 32GB

( ) 11. 有關電腦種類的描述，下列何者正確？
(A) Apple i-Watch 要屬於迷你電腦
(B) 平板電腦具旋轉螢幕、數位筆手寫及觸控式輸入等特色
(C) 深藍（Deep Blue）曾在 1994 年 5 用曾擊敗國際象棋世界冠軍卡斯巴羅夫，這部電腦屬於大型電腦
(D) 裝置於資訊家電中，可監控、運算或網路連線者屬於迷你電腦

( ) 12. 為尊重軟體智慧財產權之使用，請指出下列何者屬於 **違法** 的行為？
    (A) 使用專利軟體，複製版的使用者應支付版權費給購買原版軟體者，才符合使用者付費原則
    (B) 將自己所購買之正版軟體合理複製一份，並放在家中予以保存
    (C) 自由軟體可藉由發佈通用公共授權的形式，對該軟體進行重製、散佈與修改
    (D) 大量複製共享軟體（Shareware）給同事使用，以增進工作效率

( ) 13. 下列敘述何者正確？
    (A) 著作人於著作完成後，必需先向經濟部智慧財產局登記，才可享有著作權
    (B) 小明使用點對點（P2P）軟體與他人分享合法版權之 Microsoft Office 程式，若傳輸時未經過主機伺服器則屬私人用途，並不犯法
    (C) 甲、乙、丙三人共同完成一個會計軟體，甲、乙兩人表決同意即可把軟體的著作財產權授權給丁
    (D) 創作 CC 是使創作者可以「保留部分權利」

( ) 14. 下列何者是資訊安全的正確措施？
    (A) 使用個人資訊，例如身分證號碼、生日或電話比較不會忘記的資料做為密碼使用
    (B) 在公開金匙密碼術中，需將私人鑰匙寄給收件者才可使用
    (C) 防火牆無法防止公司不肖員工對內部網路的侵害，對內仍需加強安全教育，並不定期做硬碟資料的備份
    (D) 安裝 P2P 軟體做為軟體下載工具，即可防止駭客從網路的侵害

( ) 15. 下列何種周邊裝置，市面上 **並無** 使用 USB 埠連接至主機的規格？
    (A) 無線網路卡   (B) 數位相機
    (C) 條碼閱讀機（Bar Code Reader）   (D) 快取記憶體（Cache）

( ) 16. 下列匯流排中，何者具備並列式 I/O 匯流排的功能？
    ① SCSI ② USB ③ IEEE1394 ④ LPT ⑤ SATA ⑥ IDE
    (A) ②、③、④   (B) ①、③、⑤
    (C) ①、④、⑥   (D) ②、③、⑤

( ) 17. 青少年因沉迷網路遊戲而暴斃的新聞時有所聞，下確的電腦操作觀念對於身心健康非常重要，請問下列何者為 **最不恰當** 的電腦操作姿勢及觀念？
    (A) 使用電腦 2 小時，需休息 3~5 分鐘，使眼睛及身體獲得充份的休息
    (B) 螢幕與眼睛距離不宜過近，最好能保持 60~70 公分為宜（以 14 吋螢幕為例）
    (C) 使用電腦會造成酸痛是因為 RSI（Repetitive strain injury）重複使力傷害，因為長時間操作電腦，只重複使用到小部份的肌肉，身體容易承受不住，造成酸痛
    (D) 使用電腦需常常變換姿勢，才可避免肌肉或筋骨僵硬

( ) 18. 在 EXCEL 中，若將工作表如下，則下列何者**不正確**？

	A	B	C	D	E	F	G
1	姓名	計概分數	排名	級分		原始分數	換算級分
2	小豪	100				72	11
3	豆豆	88				79	12
4	小蓉	38				86	13
5	小伊	98				93	14
6	小偉	78				100	15

(A) C2 儲存格公式 =RANK(B3,B$2:B$6) 則結果為 3
(B) D2 儲存格 =VLOOKUP(B2,$F$2:$G$6,2,TRUE) 則結果為 15
(C) D4 儲存格 =VLOOKUP(B4,$F$2:$G$6,2,TRUE) 則結果為 #N/A
(D) B7 儲存格 =Large(B2:B6,2) 則結果為 88

( ) 19. 統測後小豪利用 WORD 製作備審資料時，何者操作敘述**錯誤**？
(A) 插入 / 封面頁可製作備審資料封面
(B) 插入 / 目錄可製作目錄，利用 Ctrl 可跳到指定的標題頁
(C) 利用方程式可用 =SUM（left）計算左邊儲存格的加總
(D) 用儲存成 PDF 檔上傳至大學端，大學教授利用 WORD 開啟進行評分

( ) 20. 統測後小豪利用 PowerPoint 製作面試用簡報檔，何者操作敘述**錯誤**？
(A) 利用佈景主題選擇範本，再利用插入 / 頁首及頁尾在每張投影片左上角加入學校 LOGO
(B) 若第 2 張投影片標題改成紅色粗體字，再到投影片母片中標題改成藍色斜體字，則第 2 張標題為紅色粗體字，第 3 張標題為藍色斜體字
(C) 投影片動畫及切換皆可加入 WAV 音效
(D) 可將 5 張製作好的投影片儲存成 JPG 檔上傳至大學端，但要分成 5 個檔案

( ) 21. 執行下列 Visual Basic 片段程式後，輸出結果為？【PS. 陷阱題】

```
Dim A as Single
Dim C%,D%
Const B as Integer=5
REM B=B+3
C=20 \ 2.5 + B * 2
A= -C / 3
MsgBox "B+C=" & B+C & "  A=" & INT(A)
```

(A) B+C=25 A=-7   (B) B+C=25 A= -6
(C) B+C=28 A= -7   (D) B+C=28 A= -6.6666667

( ) 22. 執行下列 Visual Basic 四段片段程式後，輸出結果哪一段與其他結果不同？

(A)
```
Dim Sum,I as Integer
For I = 5 To 1
  Sum=Sum+I
Next I
MsgBox Sum
```

(B)
```
MsgBox SumDim Sum，I as Integer
For I = 1 To 5
  Sum=Sum+I
  I=I+1
Next I
MsgBox Sum
```

```
(C) Dim Sum,I as Integer
      Do
        Sum=Sum+I
        I=I+1
      Loop While I>=0
```

```
(D) Dim Sum,I as Integer
      Do Until I>=0
        Sum=Sum+I
        I=I+2
      Loop
      MsgBox Sum
```

( ) 23. 執行下列 Visual Basic 片段程式後，執行時直接按 Enter，則輸出結果為？

```
Dim Word,X,N,I
Word=InputBox(" 輸入一個單字 ?","VB","Exam")
For I=1 to Len(Word)
  X=Mid(Word , I , 1)
  N=Chr(Asc(X)+1) & N
Next
MsgBox Word & N
```

(A) ExamnbyF   (B) ExamMAXe

(C) ExammaxE   (D) ExameXAM

( ) 24. 執行下列 Visual Basic 片段程式後，執行後則 X 陣列元素何者不可能出現？

```
Dim A,B,I,J
A=Int(Rnd(1)*5)+1
B=Int(Rnd*3+1)*2
Dim X(A，B) as Integer
For I=1 to 10
  For J=1 to 10
    X(I,J)=10 / A
  Next J
Next I
```

(A) X(1,3)=10   (B) X(3,6)=5

(C) X(0,0)=0   (D) X(2,4)=6

( ) 25. 下列程式執行後，c 值為何？

```
Dim c, i, j As Integer
For i = 0 To 8
   For j = 0 To 8
      If (i \ 3 + j \ 3) Mod 2 = 1 Then
         c = c + 1
      End If
Next j, i
```

(A) 27   (B) 30

(C) 3   (D) 45

解答

1	2	3	4	5	6	7	8	9	10
D	C	B	B	B	D	D	A	B	C

11	12	13	14	15	16	17	18	19	20
B	A	D	C	D	C	A	D	D	A

21	22	23	24	25
A	B	A	D	C

📄 解析

1. (D) Siri 是利用自然語言

2. 一張未壓縮照片 $3840 \times 2160 \times 24$bit $= 4000 \times 2000 \times 3$Byte $= 24$MB
   16GB=16000MB 可存約 667 張

3. 需透過 RSS 服務訂閱部落格訊息，非 CSS。

4. (B) Windows Media Player 是媒體播放程式，影片轉檔可以利用格式工廠

5. 窄頻 Modem 早期接 COM 埠

6. (D) Paypal 與支付寶皆為第三方支付平台

8. (A) 磁碟機讀寫頭移到正確磁軌所花的時間，稱為找尋時間（Seek Time）

10. 34 條可定址 2^{34}Byte $= 24 \times 2^{30}$Byte $= 16$GB

11. (A) 為嵌入式電腦 (C) 超級電腦 (D) 嵌入式電腦

15. 快取通常在 CPU 內部

18. (D)
   ① large(B2:B6,2) 表示從 B2:B6 範圍中找第 2 大的數值，所以結果為 98。
   ② large 函數是用來取得整個資料範圍中第 K 大的數值；small 函數則用來取得整個資料範圍中第 K 小的數值。

19. PDF 要用 ACROBAT READER 閱讀程式開啟

20. 在每張投影片上加入圖片必須在投影片母片中插入

21. 變數 A 宣告為單精實數，變數 C、D 皆為整數，B 為常數 =5
   REM 是註解說明，所以 B=B+3 不會執行
   C=20 \ 2 + 5 × 2=20（求 \ 商時，有小數先 4 捨 5 入，2.5 奇入偶捨為 2）
   A= -20/3 = - 6.7777…
   B+C = 5+20 = 25   INT(A) = INT(-6.7777…) = -7

23. Word="Exam"

I	X=MID("Exam",I,1)	N=CHR(ASC(X)+1) & N
1	"E"	"F" & "" ="F"
2	"x"	"y" & "F" = "yF"
3	"a"	"b" & "yF"="byF"
4	"m"	"n" & "byF"="nbyF"
5	跳出迴圈	WORD & N="Exam" & "nbyF" = ExamnbyF

24. A 產生 1~5 隨機整數
   B 產生 2、4、6 隨機整數
   DIM X(A,B) 的二維陣列，經雙迴圈執行 10/A 可能產生 10、5、3、2，不可能出現 X(2,4)=6

25. 可將 i 與 j\3 再進行計算

全真統測模擬題

Quiz & Ans

(　　) 1. 有關 IP 位址的敘述，下列何者<u>錯誤</u>？
 (A) IPv4 與 IPv6 位址的各組數字，皆是以句點（"."）來隔開
 (B) 網域名稱伺服器可用來將網址轉換成 IP 位址
 (C) IP 位址 127.0.0.1 可用來測試本機電腦的 TCP/IP 環境是否正常
 (D) 172.20.102.105 是正確的 IP 位址，但無法通過防火牆至外部 INTERNET 流通

(　　) 2. 下列有關聲音格式的敘述，何者正確？
 (A) 『WAV』透過取樣方式將聲音記錄下來，支援串流功能
 (B) 『MP3』使用無失真性壓縮技術，支援串流功能
 (C) 『WMA』是由 Microsoft 所開發，支援串流功能
 (D) 『MIDI』支援真人音效與串流功能

(　　) 3. 下列對於網路設備的敘述何者<u>錯誤</u>？
 (A) 橋接器（Bridge）運作在資料鏈結層及實體層，可以將流量很大的 LAN 分割成數個子網路
 (B) 路由器提供資料封包最佳的傳送路徑，將 LAN 資料送到 WAN
 (C) 集線器（HUB）用來管理網路設備的最小單位，可以將網路設備集中管理，避免有問題的區段影響整個網路運作
 (D) 交換器與路由器一樣，具有提供資料封包最佳傳送路徑的功能

(　　) 4. 關於現在普遍使用的 IP 位址的敘述，下列何者正確？
 (A) IP 位址由四組字元串列組成，每組字元串列長度最長可達 3 個字元
 (B) 應用層服務 DNS，所使用的預設埠號碼（port number）是 43
 (C) 瀏覽器必須透過 ARP（位址解析協定域）將網址轉換成 IP 位址
 (D) 目前中華電信已推出 FTTH，速度達 100M/100Mbps，傳輸 100MB 資料最快 1 秒

( ) 5. 在下列電子商務活動的過程中,哪部分屬於「商流」?
(A) 透過線上付款機制來支付貨款
(B) 上網瀏覽並訂購商品
(C) 透過網路下載數位內容
(D) 付費購買商品後,所有權從商家移轉至消費者手上

( ) 6. 在 PowerPoint 中,下列關於音訊及視訊的敘述,何者**不正確**?
(A) 將音訊檔插入任一張投影片後,在播放簡報時,整個簡報就都會有音效
(B) 可以插入 wav 音訊格式
(C) 可以插入 wmv 視訊格式
(D) 將視訊檔案插入投影片後,可以設定該視訊檔案為循環播放

( ) 7. 依下表 Microsoft Excel 的函數執行結果何者**錯誤**?

	A	B	C	D	E
1	3	5	KISS	-2	
2	-1	A1		8	
3					

(A) 若 A3 儲存格 =SUM(A1:D1,A2,C2:D2) 執行結果為 13
(B) 若 A3 儲存格 =AVERAGEIF(A1:D2,"<0") 執行結果為 -1.5
(C) 若 A3 儲存格 =ABS($A1)*MIN(B$2:$C2) 執行結果為 0
(D) 若 A3 儲存格 =COUNTA(A1:D$2) 則複製公式至 B3 其結果為 7

( ) 8. 在 EXCEL 中,若 A1 儲存格值為 3,A2 為 6,A3 為 =A1+A$2,若選取 A1 到 A3 往下複製至 A4 到 A9,請問下列何者正確?
(A) A4 為 6
(B) A5 為 15
(C) A6 為 15
(D) A9 為 33

( ) 9. 在「IMAP、HTML、SMTP、FTP、POP3」中有幾項與內收郵件伺服器通訊協定有關?
(A) 4
(B) 3
(C) 2
(D) 1

( ) 10. 下列有關「Google 圖片」搜尋功能的敘述,何者**不正確**?
(A) 可以用特定字詞或詞組來搜尋圖片
(B) 可設定封鎖含有限制級內容的搜尋結果
(C) 無法以圖片來反向搜尋含有該圖片的網站
(D) 可以用圖片來搜尋外觀與該圖片相似的圖片

( ) 11. 下列哪一項網路設備適合用來建構無線區域網路?
(A) Access Point
(B) Router
(C) Gateway
(D) Bridge

( ) 12. 程式設計師小義受僱於快樂島公司,關於小義所寫的程式之所有權與著作權的敘述,下列哪一項正確?
(A) 小義所開發的程式之所有權和著作權皆屬於快樂島公司
(B) 小義所開發的程式之所有權屬於他自己
(C) 小義所開發的程式之所有權屬於快樂島公司,著作權屬小義的
(D) 小義所開發的程式之所有權和著作權皆屬於他自己

( ) 13. 在電子商務交易的安全機制中，下列敘述何者**不正確**？
(A) SSL 協定保護交易資料在網路傳輸過程中不被他人窺知
(B) SET 協定在於保障電子交易的安全，客戶端需有電子錢包
(C) 消費者透過 SSL 或 SET 交易均需事先取得數位憑證
(D) SSL 的英文全名為 Secure Socket Layer

( ) 14. 阿豪透過電子商務買了 5 箱蘋果，下列哪一種流程無法由電子平台完成？
(A) 金流　　　　　　　　　　(B) 物流
(C) 商流　　　　　　　　　　(D) 資訊流

( ) 15. 為了防止無線網路被不明人士盜用或竊聽，我們將無線網路加密，下列哪一種加密方式是較適合企業使用？
(A) WEP　　　　　　　　　　(B) WPA/WPA2 Enterprise
(C) WPA-PSK/WPA2-PSK　　　(D) RSA

( ) 16. 下列無線上網的方式，哪一項的傳輸距離最遠？
(A) Wi-Fi　　　　　　　　　　(B) WLAN
(C) WiMax　　　　　　　　　(D) LTE

( ) 17. 網路上看到 FB 有人貼文說留下 LINE ID、電話等送你免費 LINE 貼圖，結果信以為真的人附上 LINE ID 或電話，之後卻發現個人權益受損，這種網路犯罪觸犯哪一法令？
(A) 刑法　　　　　　　　　　(B) 電信法
(C) 著作權法　　　　　　　　(D) 民法

( ) 18. 在開放的網際網路上使用通過技術、加密、認證等安全技術，使之與專屬網路具有相同安全性，是下列哪一項網路安全防範設備？
(A) 防火牆（Firewall）
(B) 虛擬私有網路（VPN）
(C) 入侵防護系統（IPS）
(D) 負載平衡器（Load Balancer）

( ) 19. 隨著智慧型手機及行動裝置的普及，為獲得較佳的使用者網頁瀏覽體驗，逐漸導入響應式網頁設計（Responsive Web Design, RWD），下列關於 RWD 的描述哪一項正確？
(A) 在智慧型手機及行動裝置中必須安裝搭配的 App，才能獲得最佳的瀏覽效果
(B) 根據當時的的上網頻寬，提供最佳的網頁瀏覽解析度以提升瀏覽速度
(C) 依裝置的螢幕大小自動調整網頁版面，讓不同尺寸的裝置都可以取得最佳的瀏覽畫面
(D) 必須預先設計好幾款網頁頁面的佈局排版，才能確保不同尺寸的設備都可以連到相對應的網頁

( ) 20. 下列哪一個瀏覽器**不是**跨作業系統平台的瀏覽器？
(A) Mozilla Firefox　　　　　　(B) Internet Explorer
(C) Google Chrome　　　　　　(D) Opera

( ) 21. 小義有台轉速 12000RPM 的硬碟機，試問這台硬碟機每旋轉一圈需要多久時間？
(A) 8.33ms　　　　　　　　　(B) 4.17ms
(C) 0.5ms　　　　　　　　　　(D) 5ms

( ) 22. 下列有關各種周邊設備的介紹,何者**錯誤**?
(A) 印表機的解析度通常使用 DPI 來表示,解析度越高表示印刷的品質越好
(B) 雷射印表機的印刷原理和影印機相同,列印時宜在通風處
(C) 數據機的傳輸速度若以 bps 表示,代表一秒鐘所傳輸的 byte 數量
(D) 滑鼠是 Windows 作業系統中最常用的輸入設備

( ) 23. 下列有關螢幕的介紹,何者正確?
(A) 顯示器的尺寸是指顯示器的水平長度,目前 OLED 有機發光二極體是主流
(B) 螢幕採用 CMYK 四色分色模式達到全彩的顯示效果
(C) LED 型式的螢幕通常較 LCD 型式螢幕輻射高
(D) 顯示器解析度設定越高,螢幕桌面上的圖示會越小

( ) 24. 假設在搜尋蛋糕食譜時,指定的條件如下:甲、尋找「紅絲絨蛋糕」;乙、不要含有「麵包」的相關內容;丙、只在烘焙專業網域 (mycookie.idv.tw) 上找依照上述條件,下列哪一個 Google 的搜尋字串最為適切?
(A) 紅絲絨蛋糕 XOR 麵包 web:www.mycookie.idv.tw
(B) 紅絲絨蛋糕 - 麵包 site:mycookie.idv.tw
(C) 紅絲絨蛋糕 ~ 麵包 @mycookie.idv.tw
(D) (紅絲絨蛋糕 - 麵包)%www.mycookie.idv.tw

( ) 25. 下列有關磁碟存取時間 Access time 的敘述何者正確?
(A) 存取時間是讀寫頭將磁碟資料讀出俊送到 RAM 的時間
(B) 存取時間內含找尋時間、傳輸時間及旋轉時間
(C) 擷取時間是將磁碟指令擷取至 CPU 所花費的時間
(D) 旋轉時間是將讀寫頭移到磁柱所需的時間

解答

1	2	3	4	5	6	7	8	9	10
A	C	D	A	D	A	D	C	C	C

11	12	13	14	15	16	17	18	19	20
A	A	C	B	B	C	A	B	C	B

21	22	23	24	25
D	C	D	B	B

解析

1. IPv6 位址共 8 組 0000~ffff 組成,以 : 為分隔。

4. DNS 其埠號為 53,ARP 是將 IP 轉成 MAC 位址,100Mbyte/100Mbps = 8 秒。

6. 必須設定跨投影片播放。

7. =COUNTA(B2:E$2) 共有 7 個非空格資料。

8. 結果如下圖：

▲	A
1	3
2	6
3	9
4	9
5	12
6	15
7	15
8	18
9	21

(A) A4 為 9；(B) A5 為 12；(D) A9 為 21。

9. IMAP 與 POP3 內收郵件伺服器通訊協定有關。

10. Google 可透過利用反向圖片搜尋功能尋找相關圖片（https://images.google.com/）。

12. 只有著作人格權屬於小義。

14. 物流必須透過宅配業者運算實體物品（如 5 箱蘋果）到配送地點。

15. WPA2-PSK 是個人加密，WPA2 Enterprise 是企業用。

16. WiMAX 與 LTE 的比較：

項目	LTE (4G)	WiMax(806.11x)
標準制定單位	3GPP	由 Intel 等廠先提出，IEEE 制定通訊標準
歷史	改進 3G/3.5G 數據傳輸	在 Wi-Fi 基礎上提出新的無線網路傳輸
理想傳輸資料量	下載：100 Mbps 上傳：50 Mbps	下載：75 Mbps 上傳：75 Mbps
理想傳輸距離	3 Km	50 KM
應用	手機、電腦等無線終端設備	主要用於個人電腦

20. IE 是 Windows 使用在瀏覽器；Opera：可用於 Linux、Mac OS、Windows 等平台。

21. 每分鐘 12000 轉，每秒 200 轉，轉 1 圈 = 1/200 秒 = 5ms

22. bps 是每秒傳送位元（bit）。

23. 對角線指尺寸，螢幕是 RGB 色彩模型。

全真統測模擬題

Quiz
&Ans

( ) 1. Apple Pay 簡單易用,並能配合你的日常裝置一起使用。只要輕輕一觸,就能使用你的信用卡付款。在你使用 Apple Pay 時,你的卡片資料絕不會被洩露。因此,在你的 iPhone、Apple Watch、iPad 與 Mac 使用 Apple Pay 付款,是更安全且更能保障隱私的付款方式,請問你的裝置必須要有何者**才可使用**?
   (A) Near Field Communication   (B) Network Operation System
   (C) Nand Flash   (D) Visa Paypass

( ) 2. 微軟最新產品發表會上,發表了 HoloLens 眼鏡,引起了行業轟動。HoloLens 把現實世界與虛擬世界合併在一起,從而建立出一個新的環境以及符合一般視覺上所認知的虛擬影像,在這之中現實世界中的物件能夠與數位世界中的物件共同存在並且即時的產生互動,此**眼鏡為何者**?
   (A) 虛擬實境(VR)   (B) 混合實境(MR)
   (C) 擴增實境(AR)   (D) 4D 體感

( ) 3. 今年四技科大審查資料上傳請依各校要求項目分類,將備審資料依照學系指定項目分類製作成 PDF 檔案後上傳到指定位址,請問考生**無法**用哪一套軟體製作成 PDF ?
   (A) Microsoft PowerPoint   (B) OpenOffice.Writer
   (C) Microsoft Word   (D) Apple iTunes

( ) 4. 下列哪一種螢幕製造元件**不可能**用在智慧型手機?
   (A) CRT   (B) OLED
   (C) LCD-TFT   (D) Super AMOLED

( ) 5. 若將玩命關頭 8.MPG 影片檔從電腦傳輸視訊及音訊至智慧型電視,下列何者**無法完成**?
   (A) VGA   (B) HDMI
   (C) Miracast(Wi-Fi Direct)   (D) Thunderbolt

（　）6. 若兩顆硬碟，其中 1 顆規格為 CHS=4/32767/64，另一顆其 Nand Flash 晶片有 6 片，每片 64GB，請問若選擇 SSD 硬碟時，其容量為？
　　　(A) 4GB
　　　(B) 64GB
　　　(C) 384GB
　　　(D) 4TB

（　）7. 若甲影像是未壓縮之全彩影像，其長、寬各為 400 像素，乙影像是未壓縮之 256 色灰階影像，其長、寬各分別為甲影像的長、寬乘以 2，則下列何者為甲影像儲存空間與乙影像儲存空間之比？
　　　(A) 3：2
　　　(B) 3：4
　　　(C) 3：8
　　　(D) 1：4

（　）8. 如果我們要讓資料可以在不同通信協定的網路間互相傳遞，我們需要利用下列哪一種設備連接不同通信協定的網路？
　　　(A) 中繼器（Repeater）
　　　(B) 閘道器（Gateway）
　　　(C) 交換器（Switch）
　　　(D) 路由器（Router）

（　）9. 在 OSI 的七層架構中，下列哪一層的主要功能包含產生訊框（frame）？
　　　(A) 實體層
　　　(B) 資料鏈結層
　　　(C) 傳輸層
　　　(D) 網路層

（　）10. 網路卡標準的 MAC 位址若為 00:F8:B9:0B:A1:FB，是使用幾個位元組（Bytes）紀錄？
　　　(A) 6
　　　(B) 8
　　　(C) 12
　　　(D) 16

（　）11. 在通訊協定中，採用無連接服務的方式來傳遞資料，資料傳輸過程中，收送兩端不會進行資料送達確認，是下列哪一項通訊協定？
　　　(A) IP（網際網路協定）
　　　(B) UDP（用戶資料元協定）
　　　(C) ARP（位址解析協定）
　　　(D) TCP（傳輸控制協定）

（　）12. 假設有一網頁伺服器 (web server) 的 IP 是 192.168.3.10，透過 8080 埠號 (port) 提供網頁服務。若要請求這網頁伺服器的網頁服務，下列哪一個請求服務的格式是正確的？
　　　(A) http://192.168.3.10/8080/index.html
　　　(B) http://192.168.3.10+8080/index.html
　　　(C) http://192.168.3.10/index.html@8080
　　　(D) http://192.168.3.10:8080/index.html

（　）13. CPU 是電腦進行資料處理及運算的主要元件，也是整部電腦運作的核心。電腦處理速度的快慢，關鍵就在 CPU 的效能。下列哪一項**不是** CPU 內部的重要元件？
　　　(A) 控制單元
　　　(B) 暫存器
　　　(C) 算數 / 邏輯單元
　　　(D) 唯讀記憶體

（　）14. 下列哪一個網站服務**不屬於**社群網站？
　　　(A) Fackbook
　　　(B) Google+
　　　(C) LinkedIn
　　　(D) PChome

（　）15. 小美很喜歡電影，下列哪種行為最符合網路素養與倫理？
　　　(A) 在部落格推薦好看的電影，分享電影的觀看心得
　　　(B) 將院線電影剪輯成 5 分鐘小段並附上評論，放在 YouTube 供大家欣賞
　　　(C) 透過電子商務平台，販賣國外購買的光碟備份
　　　(D) 將電影內容自行改編成小說，讓大家付費觀看

( ) 16. 假設目前 Microsoft PowerPoint 的預設投影片標題字是「黑色，細明體」。依序操作下列甲→乙→丙的編輯步驟，步驟甲所新增的投影片，其標題字的顏色與字體為下列何者？甲、新增一頁「標題及物件」的投影片，並停留在這一頁；乙、在標題區輸入文字，並改變標題文字字體為「標楷體」；丙、編輯投影片母片，將整份投影片的標題字改為「紅色，微軟正黑體」，並離開母片編輯模式

(A) 紅色，微軟正黑體 　　　　　　　(B) 黑色，細明體

(C) 黑色，標楷體 　　　　　　　　　(D) 紅色，標楷體

( ) 17. 在 Microsoft PowerPoint 中欲一次列印含有兩頁的投影片共三份時，下列何種設定會讓所列印出來之頁次順序為 1 , 2 ,1 ,2 ,1 ,2 ？

(A) 自動分頁 　　　　　　　　　　　(B) 未自動分頁

(C) 從長邊翻頁 　　　　　　　　　　(D) 從短邊翻頁

( ) 18. 有關 Microsoft Word 相關敘述何者**錯誤**？

(A) 在 Word 中，按 Shift + Enter 鍵可強制分行

(B) 在 Word 中，若要設定第 1 頁的頁面大小為 A4，第 2 頁為 B4，請問 2 頁之間，應插入分頁符號

(C) Word 中，樣式功能是用來管理文件中的文字格式

(D) Word 中，利用公式計算表格中的資料後，若表格中的資料有更改，必須按 F9 按鍵，才能更新計算結果

( ) 19. Microsoft Excel 中若 A1~A4 儲存格為 1,-2,3,-4，請問下列公式計算何者正確？

(A) =A1+A2*ABS(A4) 其值為 -4

(B) =AVERAGE(A1+A2+A3+A4) 其值為 -0.5

(C) =SUMIF(A1:A4,">0") 其值為 4

(D) =Max(A1+A2,A3-A4) 其值為 3

( ) 20. Microsoft Excel 中利用哪一個功能限制使用者輸入的資料範圍？

(A) 小計 　　　　　　　　　　　　　(B) 資料篩選

(C) 資料驗證 　　　　　　　　　　　(D) 資料剖析

( ) 21. 班導師想利用一個二維陣列 S 來儲存班上同學第一次段考的各科成績（共 6 科），假設班上有 40 位學生，則他應使用下列哪個敘述來宣告陣列？

(A) Dim S(1 To 40) As Integer 　　　(B) Dim S(1 To 6) As Integer

(C) Dim S(39, 5) As Integer 　　　　 (D) Dim S(46, 1) As Integer

( ) 22. 下列 Visual Basic 語言片段程式執行後，下列哪一項是正確的？

```
a=1:b=2
If(a>1) Then
  a=a+1
Else
  b=b+2
End If
If(b>2) Then
  b=b+1
Else
  a=a+2
End If
```

(A) a=3 　(B) b=3 　(C) a=5 　(D) b=5

( ) 23. 下列 Visual Basic 語言片段程式，將資料 1、2、3、4、5 儲存到一個陣列中，然後將此資料依反序輸出 5、4、3、2、1，程式中的空白列為何？

```
Dim A(0 To 5) As Integer
Dim I As Integer
Dim Output As String
For I = 1 To 5
    _____
Next I
Output = ""
For I = 5 To 1 Step -1
  Output = Output & A(I) & ""
Next I
```

(A) A(I) = I　(B) A(I) = I + 1　(C) I = I + 1　(D) A(I) = 1

( ) 24. 一陣列包含下列六個元素：25,34,17,45,66,8。利用氣泡排序法由小到大排序（由左向右掃），第三回合（pass）排序後的結果為何？

(A) 8,17,34,25,45,66　　　　　　　　(B) 17,25,8,34,45,66

(C) 17,8,25,34,45,66　　　　　　　　(D) 8,25,17,34,45,66

( ) 25. 執行下列 Visual Basic 程式片段，輸出結果為何？

```
Sub Main()
    Console.WriteLine(F(2, 2))
End Sub
Function F(ByVal A, ByVal B) As Integer
    If (A > 0) And (B > 0) Then
        Return (F(A - 1, B) + F(A, B - 1))
    Else
        Return (A + B)
    End If
End Function
```

(A) 8　(B) 4　(C) 2　(D) 12

 解答

1	2	3	4	5	6	7	8	9	10
A	B	D	A	A	C	B	B	B	A
11	12	13	14	15	16	17	18	19	20
B	D	D	D	A	D	A	B	C	C
21	22	23	24	25					
C	D	A	B	A					

解析

1. (A) 近場通訊利用 RFID 無線辨識技術。

2. VR：都是假像，AR：真中帶假，MR：真假互動。

3. Apple iTunes 是影音平台。

4. CRT 陰極射線管，厚重不適合手機螢幕。

5. VGA 只能傳輸視訊，無法傳送音訊。

6. SSD 是固態硬碟，利用 FLASH ROM 晶片，所以 6 片×64GB = 384GB

7. 甲影像的儲存空間：(400×400×24bit)；
   乙影像的儲存空間：(800×800×8bit) → (400×400×24bit)/(800×800×8bit)=3:4

8. 閘道器＝協定轉換器

9. 位元→訊框→封包→區段＝資訊流→資料 (數據)→資料→資料

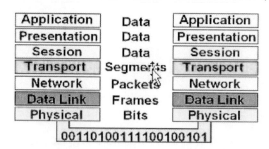

10. MAC 實體位址格式 00~ff 共 6 組佔 6Bytes=48bits

11. UDP 用在大量串流傳輸，不確認正確性，傳輸較快。

13. 唯讀記憶體 ROM 通常存 BIOS 在主機板上。

14. Pchome 主要為搜尋引擎，目前主攻網路購物，Linkedin 中文名為領英，是一款近似 Facebook 頁面的社群網路。完成註冊後會自動產生和帶入電子名片。面向為商業人士使用。

16. 投影片內容格式一旦被修改，則母片便無法再變更其修改部分；若投影片未修改，則依照母片所設計的。

17.

18. 版面重大變更時要插入分節符號。

19. (A) =1+-2*ABS(-4) 其值為 -7
    (B) =AVERAGE(1+-2+3+-4) 即 -2/1=-2
    (C) =SUMIF(A1:A4,">0") 有 1+3=4
    (D) =Max(1+-2,3--4) 即 -1 與 7 最大值為 7

25. F(2,2)=F(1,2)+F(2,1)=4+4=8

    F(1,2)=F(0,2)+F(1,1)=2+2=4   F(2,1)=F(1,1)+F(2,0)=2+2=4

    F(0,2)=0+2=2   F(1,1)=F(0,1)+F(1,0)=1+1=2

23. 空格填 A(I) = I 時

I	A(I)
1	A(1)=1
2	A(2)=2
3	A(3)=3
4	A(4)=4
5	A(5)=5

For I=5 to 1 Step -1 時 5 4 3 2 1

24. 氣泡排序採兩兩相鄰作比較
    25,34,17,45,66,8
    25,17,34,45,8,66 第 1 回合
    17,25,34,8,45,66 第 2 回合
    17,25,8,34,45,66 第 3 回合

全真統測模擬題

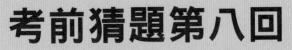

( ) 1. 下列何者不是工業 4.0 要發展的？
 (A) Cloud   (B) IoT
 (C) AI   (D) VR

( ) 2. 下列何者不是雲端硬碟？
 (A) Google Drive   (B) Microsoft Onedrive
 (C) Netflix   (D) iCloud

( ) 3. 下列何者**不是** PDF 檔案格式的優點？
 (A) 可利用免費的閱讀軟體觀看
 (B) 文件內容中文字與圖形的編排不會因不同閱讀軟體或作業系統而改變
 (C) 內容可設定列印權限，限制使用者只能觀看不能列印
 (D) 政府與學校不可提供 PDF 格式的表單文件供民眾下載，會觸犯智慧財產權

( ) 4. 有關暫存器與快取記憶體的敘述，下列何者正確？
 (A) 暫存器在微處理器內，快取記憶體在微處理器外
 (B) 暫存器儲存正在執行的指令，快取記憶體儲存下一個要執行的指令
 (C) 對微處理器而言，暫存器執行效能比快取記憶體還快
 (D) 暫存器與快取記憶體都是容量愈大，效能一定愈好

( ) 5. 有關電腦相關名稱的縮寫或解釋，下列何者**錯誤**？
 (A) BIOS：基本輸入輸出系統   (B) SSD：固態硬碟
 (C) SATA：序列式硬碟連接介面   (D) S/PDIF：視訊介面標準

( ) 6. 在 Word 中若想將輸入的文字顯示成波浪形狀，可使用何者功能？
 (A) 插入快取圖案   (B) 插入方程式
 (C) 插入圖表   (D) 插入文字藝術師

( ) 7. 想在一段影片中加入馬賽克的視覺效果，則下列哪一種軟體比較適合？
    (A) GIMP   (B) Movie Maker
    (C) PhotoShop   (D) DreamWeaver

( ) 8. 下列哪種軟體是 P2P 檔案交換軟體？
    (A) eMule   (B) Exchange
    (C) FileZilla   (D) RSS

( ) 9. 請問常見的 Wi-Fi 技術協定 IEEE 802.11g 是指工作在哪一頻段？最大的傳輸速率為多少？
    (A) 2.4G，11 Mbps   (B) 2.4G，54 Mbps
    (C) 5G，11 Mbps   (D) 5G，54Mbps

( ) 10. 在 HTML 文件中，<u>12</u><i>34<u>56</u>78</i> 可在網頁上顯示之效果為何？
    (A) <u>12</u>34<u>56</u>78   (B) <i>12</i>34<i>56</i>78
    (C) <u>12</u>345<u>6</u>78   (D) 12<u>34</u>56<u>78</u>

( ) 11. 以下何者是正確的 CSS 程式碼？
    (A) h1 {font-size=24px; color=red;}   (B) h1 {font-size:24px, color:red}
    (C) h1 {font-size:24px color:red}   (D) h1 {font-size:24px; color:red;}

( ) 12. 執行下列 Visual Basic 程式，輸出結果為何？

```
Dim A(3, 3),i,j As Integer
For i = 0 To 3
    For j = 0 To 3
        If (i Mod 2) = 1 Then
            A(i, j) = i * j
        Else
            A(i, j) = i + j
        End If
    Next
Next
For i = 1 To 3
    For j = 1 To 3
        A(i, j) = A(i-1, j) + A(i, j-1) + A(i-1, j-1)
    Next
Next
Console.WriteLine(A(3, 3))
```

    (A) 45   (B) 44   (C) 48   (D) 21

( ) 13. 執行下列 Visual Basic 程式片段，輸出結果為何？

```
Sub Main()
    Dim i, Sum
    Sum = 0
    For i = 1 To 3
        Sum = Fun(i) + Sum
    Next i
    Console.Write(Sum)
End Sub

Function Fun(ByVal X As Integer) AS Integer
    Fun = X ^ 2 + 2 * (X ^ 1) + 1
End Function
```

    (A) 14   (B) 23   (C) 29   (D) 30

( ) 14. 下列哪一項**不是**現今常見的生物辨識技術？
  (A) 虹膜辨識
  (B) 指紋辨識
  (C) 靜脈辨識
  (D) 唇紋辨識

( ) 15. UberEATS 和您所在城市上百家餐廳合作，集結當地最棒的美食。任何您想吃的美食，都可上 UberEATS 搜尋，從「立即送」選單挑選特色餐點，10 分鐘內就能大快朵頤。請問這種新興電子商務模式是：
  (A) O2O
  (B) B2C
  (C) C2B
  (D) U2U

( ) 16. 有一直接映成式的色彩 RGB 繪圖顯示系統，其解析度為 320×288，若其顯示記憶體的容量為 270K 位元組，則該系統最多可顯示多少種色階？
  (A) 2^{12}
  (B) 2^{24}
  (C) 12
  (D) 24

( ) 17. 在 Microsoft Word 中，移動圖 (三) 中箭頭所指之 ▽ 圖示，可以改變下列何種設定？
  (A) 左邊縮排
  (B) 右邊縮排
  (C) 首行縮排
  (D) 末行縮排

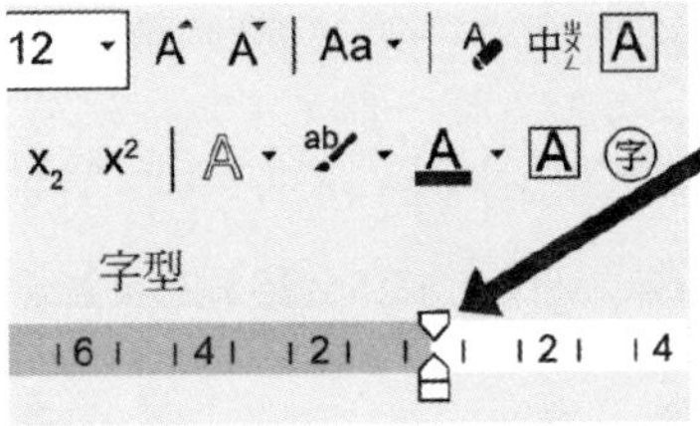

圖 (三)

( ) 18. 下列何種檔案格式，適合作為包含影像及音訊之視訊檔案格式？
  (A) .gif
  (B) .mpg
  (C) .tif
  (D) .jpg

( ) 19. 下列敘述何者**錯誤**？
  (A) 利用 GPS 可以產生地圖資訊系統，交通資訊系統
  (B) 利用 CAI 配合學生重覆練習，並立即獲得適當回饋
  (C) 利用 POS 可以讀取商品上的條碼，快速得知商品相關資訊與銷售狀況
  (D) 利用 ATM 可以方便使用者提款與轉帳

( ) 20. 小熊利用 iCash 到便利商店買東西，只要用卡片感應即可扣款，請問這是利用哪一種技術？
  (A) CAI
  (B) AI
  (C) IA
  (D) RFID

( ) 21. 下列關於 HTML 的敘述，何者正確？
  (A) <table cellpadding=...> 為調整表格的外框尺寸
  (B) <table border=...> 為調整表格欄位內元素與邊框間的距離
  (C) <hr> 為加入一條水平線
  (D) <body bgcolor=...> 為設定表格欄位背景顏色

( ) 22. 固態硬碟（Solid State Disk）係由哪一種記憶體製作而成？
  (A) 磁砲
  (B) 磁蕊
  (C) Flash Memory
  (D) SRAM Memory

(   ) 23. 程式沒有反應或者好像當機似的，須同時按下哪些鍵以啟動 Windows 工作管理員對話方塊？

    (A) Shift + Delete   (B) Ctrl + Shift + Delete

    (C) Ctrl + Alt + Delete   (D) Ctrl + Delete

(   ) 24. VB 6.0 版執行下列程式後，A 與 S 分別為何？

```
10   A=0:S=0
20   For I=1 To 3
30       For J=1 To I
40           A=A+1
50           S=S+J
60       Next J
70   Next I
80   Print A,S
```

    (A) A=6，S=10   (B) A=5，S=7

    (C) A=4，S=5   (D) A=3，S=4

(   ) 25. 某一個 C Class 網域要分為 16 個子網路，則網路遮罩應為下列何者？

    (A) 255.255.255.128   (B) 255.255.255.192

    (C) 255.255.255.224   (D) 255.255.255.240

 解答

1	2	3	4	5	6	7	8	9	10
D	C	D	C	D	D	B	A	B	A

11	12	13	14	15	16	17	18	19	20
A	A	C	D	A	B	C	B	A	D

21	22	23	24	25
C	C	C	A	D

 解析

1. (A) VR 不是工業 4.0 發展重點。

2. Netflix 是影音串流平台。

3. S/PDIF 是一種數位傳輸介面，可使用光纖或同軸電纜輸出，把音訊輸出至解碼器上，能保持高真的輸出結果。

8. eMule 是一個開源免費的 P2P 檔案分享軟體。

12. 二維陣列

第 1 次雙迴圈

A(I,J)	J=0	1	2	3
I=0	A(0,0)=0	A(0,1)=1	A(0,2)=2	A(0,3)=3
I=1	A(1,0)=0	A(1,1)=1	A(1,2)=2	A(1,3)=3
I=2	A(2,0)=2	A(2,1)=3	A(2,2)=4	A(2,3)=5
I=3	A(3,0)=0	A(3,1)=3	A(3,2)=6	A(3,3)=9

第 2 次雙迴圈

A(I,J)	1	2	3
I=1	A(1,1)=1	A(1,2)=4	A(1,3)=9
I=2	A(2,1)=3	A(2,2)=8	A(2,3)=21
I=3	A(3,1)=5	A(3,2)=16	A(3,3)=45

A(1,1) = A(0,0)+A(1,0)+A(0,1) = 0+0+1=1

：　：

A(3,3) = A(2,2)+A(3,2)+A(2,3) = 8+16+21 = 45

13. Fun(1) = 1+2+1 = 4
    Fun(2) = 4+4+1 = 9
    Fun(3) = 9+6+1 = 16
    所以 Sum = 4+9+16 = 29

15. 虛實整合 Online to Offline

16. $320 \times 288 \times n$ Byte = 270KB
    $=300 \times 300 \times n$ Byte = 270000Byte
    n = 3Byte = 24bit 可表示 2^{24} 色

19. (A) 應為 GIS（地理資訊系統）。

23. 啟動工作管理員時按 Ctrl + Shift + Esc 或 Ctrl + Alt + Del。

24. 雙迴圈解題技巧：

外迴圈 I	內迴圈 J	A=A+1(計次)	S=S+J
I=1	1 To 1	+1	+1
I=2	1 To 2	+1+1	+1+2
I=3	1 To 3	+1+1+1	+1+2+3
I=4 跳出		A=6	S=10

25. 16 個子網路需要借 4bit 給網路位址，故網路遮罩為：
    11111111.11111111.11111111.11110000 即 255.255.255.240

全真統測模擬題

Quiz
&Ans

(　　) 1. 每次月考結束後，老師需在一定時間內（如 5 天）將學生的月考成績上傳至校務行政系統，最後再由該系統一次處理全校的月考成績，請問這種資料處理是屬於下列哪一種型態？
(A) 即時處理 　　　　　　　　　　(B) 交談式處理
(C) 批次處理 　　　　　　　　　　(D) 分散式處理

(　　) 2. 下列哪種記憶體元件，通常當做筆記型電腦的輔助記憶體 (Auxiliary Memory)？
(A) DDR4 SDRAM（Double Data Rate Fourth-generation Synchronous Dynamic Random-access Memory）
(B) SSD（Solid-state Drive）
(C) SRAM（Static Random- access Memory）
(D) Cache

(　　) 3. 快取記憶體（Cache Memory）具有存取速度快、減少 CPU 對記憶體存取次數、增加電腦執行速度的特性，通常其組成的元件為下列何者？
(A) DRAM 　　　　　　　　　　　(B) SRAM
(C) Flash Memory 　　　　　　　　(D) 硬碟

(　　) 4. 某程式在記憶體內的位址範圍由 $AC20_{(16)}$ 到 $BC1F_{(16)}$，試問該程式所佔的記憶體空間大小為多少個位元組？
(A) 64 K 　　　　　　　　　　　　(B) 16 K
(C) 4 K 　　　　　　　　　　　　　(D) 1 K

(　　) 5. 把 CPU 的時間切割成許多小片段，輪流分配給每個使用者的每個工作，這個系統名稱為何？
(A) 分散式系統 　　　　　　　　　(B) 平行處理系統
(C) 批次系統 　　　　　　　　　　(D) 分時系統

(　　) 6. 網路拓樸 a. 環狀拓樸、b. 星狀拓樸、c. 匯流排拓樸，下列哪一些網路拓樸，**不會**因為一部電腦發生故障，就造成整個網路癱瘓？
(A) a、b、c
(B) a、b
(C) b、c
(D) a、c

(　　) 7. 下列哪種電腦病毒是隱藏於 Office 軟體的各種文件檔中所夾帶的程式碼？
(A) 電腦蠕蟲
(B) 開機型病毒
(C) 巨集型病毒
(D) 特特洛伊木馬

(　　) 8. 小明在家中使用 Windows 個人電腦，瀏覽器設定啟動快取功能且首頁設定為 https://www.google.com.tw/，當開啟首頁時，於搜尋欄位輸入 1.414 + 1.732 之後，按下 Enter 鍵。其輸出結果，下列何者不可能發生？
(A) 會出現網頁版本的計算機，並獲得兩個數字相加的答案 3.146
(B) 會出現 1.414 或 1.732 這兩個數字相關的網頁連結
(C) 會連線到 IP 位址 1.414 和 1.732 的電腦執行計算並獲得答案 3.146
(D) 出現「無法連線至此網頁」的錯誤訊息

(　　) 9. 下列哪一個運算式的執行結果與其他三個**不同**？
(A) NOT(18>15)
(B) (12<=11)OR(200>100)
(C) (12<=11)XOR(200>100)
(D) (18>15)AND(200>100)

(　　) 10. 下列哪一種技術，主要使用於網際網路中，讓多媒體影音播放器可以不用下載整個媒體檔案而可以播放影音？
(A) 加密（Encryption）
(B) 編譯（Compilation）
(C) 串流（Streaming）
(D) 解析度（Resolution）

(　　) 11. 所謂殭屍網路（BotNet）攻擊，是指下列何種對電腦的入侵？
(A) 程式中加上特殊的設定，使程式在特定的時間與條件下自動執行而引發破壞性的動作
(B) 經理與合法軟體極為類似的網頁，誘騙使用者在網站中輸入自己的帳號密碼
(C) 利用軟體本身在安全漏洞修復前進行攻擊
(D) 散佈具有遠端遙控功能的惡意軟體，並且集結大量受到感染的電腦進行攻擊

(　　) 12. 下列有關電腦網路的敘述，何者**錯誤**？
(A) TCP/IP 為用在 Internet 中的通訊協定
(B) 集線器（Hub）工作在 OSI 的實體層，通常是用來管理網路設備的最小單位
(C) 路由器（Router）主要工作在 OSI 的實體層，通常作為信號放大與整波之用
(D) 在 Windows 作業系統的電腦上，可以利用「ipconfig/all」指令查得本機在網路上的 MAC 位址編號、IP 位址等資訊

(　　) 13. 下列何者為 Google 所主導的智慧型手機作業系統？
(A) iOS
(B) Symbian OS
(C) Android
(D) Palm OS

(　　) 14. 一般所謂的 DPI（Dot Per Inch）規格，可以用來表示下列哪一種周邊設備的解析度？
(A) Mouse（滑鼠）
(B) Keyboard（鍵盤）
(C) CD（光碟）
(D) Scanner（掃描器）

( ) 15. 下列有關電腦處理影像圖形的敘述，何者**錯誤**？
    (A) 數位影像的格式主要分為點陣影像與向量影像
    (B) 向量影像放大後，邊緣會出現鋸齒狀的現象
    (C) 向量影像是透過數學運算，來描述影像的大小、位置、方向及色彩等屬性
    (D) PhotoImpact 影像處理軟體可以存檔成向量圖

( ) 16. 某些手機 APP 使用語音輸入功能前須先連上網路才能進行，下列何者是最可能的原因？
    (A) 為了在雲端進行語音辨識運算   (B) 連上網路後麥克風才能啟動
    (C) 為了在雲端將語音資料加密   (D) 為了在雲端將語音資料壓縮

( ) 17. 下列對於電腦系統中所使用到的匯流排（Bus）的敘述，何者**錯誤**？
    (A) 一般位址匯流排（Address Bus）可以定址的空間大小就是主記憶體的最大容量
    (B) 資料匯流排（Data Bus）的訊號流向通常是雙向的
    (C) 控制匯流排用來讓 CPU 控制其他單元，訊號流向通常是單向的
    (D) 位址匯流排（Address Bus）的訊號流向通常是雙向的

( ) 18. 關於直譯式程式語言，例如 Python，下列敘述何者正確？
    (A) 與編譯、組譯式程式相比，直譯式程式執行速度較慢，但程式偵錯與測試較方便
    (B) 必須用直譯器（Interpreter）將人類撰寫的程式讀取兩次以上才能完整翻譯
    (C) 因為採用直譯器（Interpreter）將高階語言逐行翻譯為機器語言指令，程式中不能有兩層以上的迴圈
    (D) 因為採用直譯器（Interpreter）將高階語言逐行翻譯為機器語言指令，程式中不能進行多個檔案的開啟或關閉

( ) 19. 某網站的網址為「https://www.ezuniv.com.tw」，這表示該網站使用了何種網路安全機制？
    (A) SET（Secure Electronic Transaction）
    (B) SSL（Secure Socket Layer）
    (C) SATA（Serial Advanced Technology Attachment）
    (D) 防火牆（Firewall）

( ) 20. 下列哪一個標籤是 HTML 語法中的註解標籤格式？
    (A) // 註解標籤   (B) /* 註解標籤 */
    (C) <!-- 註解標籤 -->   (D) <remark> 註解標籤 </remark>

( ) 21. 在 HTML 語法中，下列哪一個標籤不屬於結構標籤？
    (A) <head>...</head>   (B) <center>...</center>
    (C) <title>...</title>   (D) <body>...</body>

( ) 22. 執行下列 Visual Basic 程式片段，輸出結果為何？

```
Dim X As String
Dim Y(6) As Char
X="ABCDEF"
For I=0 To Len(X)-1
    Y(I)=Mid(X,I+1,1)
Next I
Console.WriteLine(Y(2) & Y(3))
```

    (A) BC   (B) CD   (C) ED   (D) DC

( ) 23. 執行以下 Visual Basic 程式片段，其結果為何？

```
Dim i,j As Integer
Dim A(,) As Integer={{1,2,3,4},{5,6,7,8},{9,10,11,12}}
Dim B(3,4) AS Integer
For i=0 To 2
    For j=0 To 3
        B(j,i)=A(i,j)
    Next j
Next i
Console.WriteLine(B(0,2))
```

(A) 2　(B) 3　(C) 5　(D) 9

( ) 24. 下列 Visual Basic 語言片段程式執行後，sum 的值為多少？

```
Dim k, sum, j As Integer
sum=1
For k=3 To 6 Step 2
  sum=sum+k
  For j=3 To 6
    sum=sum+j
  Next
Next
```

(A) 24　(B) 25　(C) 44　(D) 45

( ) 25. 下列 Visual Basic 語言片段程式執行後，下列哪一項是正確的？

```
Dim i, sum As Integer
i=1:sum=0
While((i<10) And (sum<100))
  If(i Mod 2=0) Then
    sum=sum+i*2
  Else
    sum=sum+i
  End If
  i=i+1
End While
```

(A) i=9　(B) i=10　(C) sum=99　(D) sum=100

💡 解答

1	2	3	4	5	6	7	8	9	10
C	B	B	C	B	D	C	C	A	C
11	12	13	14	15	16	17	18	19	20
D	C	C	D	B	A	D	A	B	A
21	22	23	24	25					
C	B	D	D	B					

📄 解析

8. $1.414 + 1.732$ 代表進行計算

25. $F(2,2)=F(1,2)+F(2,1)=4+4=8$

$F(1,2)=F(0,2)+F(1,1)=2+2=4$　　$F(2,1)=F(1,1)+F(2,0)=2+2=4$

$F(0,2)=0+2=2$　　　　　　　　$F(1,1)=F(0,1)+F(1,0)=1+1=2$

考前猜題第十回

全真統測模擬題

Quiz
&Ans

( ) 1. 下列哪一個套裝軟體可以用來編輯 HTML 格式的檔案？
   (A) PowerDVD (B) Nero
   (C) WinRAR (D) Microsoft Word

( ) 2. 在台灣，關於 IP 位址的分配工作，是由以下哪一個單位所負責？
   (A) 國家高速網路與計算中心
   (B) 台灣網路資訊中心
   (C) 中華民國電腦技能基金會
   (D) 工業技術研究院

( ) 3. 在網路通訊標準 - 開放系統連結（Open System Interconnection，OSI）七層分類中，最
   上層與 最下層分別是：
   (A) 最上層為應用層（Application Layer），最下層為實體層（Physical Layer）
   (B) 最上層為表達層（Presentation Layer），最下層為資料鏈結層（Data Link Layer）
   (C) 最上層為會議層（Session Layer），最下層為傳輸層（Transport Layer）
   (D) 最上層為實體層（Physical Layer），最下層為網路層（Network Layer）

( ) 4. 大部分當紅的手機對戰遊戲，為了使遊戲過程中畫面精緻且流暢，下列哪一項技術或手
   機零組件不是必須的？
   (A) APP 的程式設計技術 (B) 無線行動通訊技術
   (C) VISA 驗證技術 (D) 手機中的繪圖處理器（Graphic Processing Unit）

( ) 5. 某 URL 網址開頭為 https:// 這表示該網站使用了哪個安全規範？
   (A) VPN（Virtual Private Network）
   (B) SSL（Secure Sockets Layer）
   (C) SATA（Serial Advanced Technology Attachment）
   (D) RSS（Really Simple Syndication）

( ) 6. 有關電腦容量的計算敘述，下列何者最不正確？
(A) 4GB 的隨身碟大概可以存 800 首 5MB 的歌曲
(B) 1TB 的硬碟大概可以備份 125 個 8GB 的隨身碟內容
(C) 1000 個半形英文字母的文章存在記事本大概會有 1KB 的大小
(D) 8GB 的記憶卡大概可以存 1000 張 800KB 的相片

( ) 7. 下列有關快取記憶體（Cache Memory）的描述，何者正確？
(A) 是一種動態隨機存取記憶體（DRAM）
(B) 主要功能是做為電腦開機時，儲存基礎輸入輸出系統（BIOS）內的程式之用，以加速開機
(C) 是 EEPROM 的一種，存取速度高於一般 EEPROM，且電腦電源關閉之後，其內容仍然會被保存
(D) 在一般的個人電腦中，其存取的速度低於中央處理器內部暫存器的速度，但高於主記憶體的速度

( ) 8. 電腦入侵方式中的網路釣魚（Phishing），是指下列何者？
(A) 更改檔案的大小，讓使用者沒有感覺
(B) 偽造與知名網站極為類似的假網站，誘使用戶在假網站中輸入重要個資
(C) 蒐集常用來作為密碼的字串，以程式反覆輸入這些字串來入侵電腦
(D) 散佈具有遠端遙控能力的惡意軟體，並且集結大量受到感染的電腦進行攻擊

( ) 9. 一般巨集型病毒（Macro Virus）是以 VBA（Visual Basic Application）所撰寫的巨集程式來攻擊下列哪一種型態的檔案？
(A) Microsoft Office 的檔案，例如副檔名為 doc、docx、xls、xlsx
(B) Windows 作業系統下之副檔名為 exe 類型檔案
(C) DOS 系統之開機檔案
(D) 圖片檔案，例如副檔名為 bmp、jpg、png

( ) 10. 下列對於網際網路協定 IP（Internet Protocol）的描述何者正確？
(A) 全世界的 IP 位址可以分為 A、B、C、D 四種等級（Class）
(B) IPv 4 為 16 位元組成的位址，IPv 6 為 32 位元組成的位址
(C) IPv 4 位址包含了網路位址（Network ID）與主機位址（Host ID）
(D) IP 位址與網域名稱（Domain Name）的對應是透過閘道器（Gateway）來協助

( ) 11. 下列關於編譯器（Compiler）的敘述，何者正確？
(A) 主要功能是協助作業系統進行應用程式的分類管理
(B) C++ 程式設計後，需使用編譯器編譯為目的程式
(C) 主要功能是將高階語言翻譯成組合語言
(D) 執行 BASIC 語言的程式前必須先透過編譯器將程式翻譯成二進位機器語言

( ) 12. 下列對於網路的拓墣（Topology）的描述，何者**錯誤**？
(A) 匯流排（Bus）結構適合廣播（Broadcast）的方式傳遞資料
(B) 樹狀（Tree）的結構，可以形成封閉性迴路
(C) 環狀（Ring）結構網路上的節點依環形順序傳遞資料
(D) 星狀（Star）的結構，經常需要一個集線器（HUB）

( ) 13. 下列敘述，何者**有誤**？
(A) GPS 是透過微波來傳遞訊號
(B) Facebook、維基百科、YouTube 皆屬於 Web 2.0 概念的網站
(C) 掌紋解鎖是屬於「體感技術」的應用
(D) 二維條碼的「回」字圖樣是用來定位，讓條碼不論從任何角度掃瞄皆可辨識

( ) 14. 資訊時代中的許多工作能透過各式電腦來進行操控，下列何者與嵌入式電腦（Embedded Computer）的應用最不相關？
(A) 行動電話晶片   (B) 智慧型冰箱
(C) 氣象預測與分析的電腦   (D) 汽車的 ABS 煞車系統

( ) 15. 一般傳統硬碟的轉速高低與緩衝區（Buffer）大小是影響硬碟存取效能的重要因素，下列對於緩衝區的描述何者正確？
(A) 緩衝區是用來減緩硬碟受到外力震盪的區域
(B) 緩衝區是用來記錄硬碟中壞軌的區域
(C) 緩衝區是用來存放常用資料的一個暫時性記憶體區域
(D) 緩衝區是用來記錄開機磁區的記憶體區域

( ) 16. 一般在桌上型個人電腦主機板上面的主記憶體（MainMemory，MM），大多是使用動態記憶體（DRAM）而不用靜態記憶體（SRAM），這主要是因為：
(A) 一般 DRAM 比 SRAM 還省電
(B) 可以善用 DRAM 記憶體需要更新（Refresh）的特性
(C) DRAM 晶片密度較大，所以相同單位面積的晶片內可以有比較大的記憶體儲存空間
(D) 為了讓關機的時候資料可繼續保存在 DRAM 中

( ) 17. 下列關於資訊安全的敘述，何者正確？
(A) 某網站網址（URL）若以 https 開頭，表示該網站主要以 SET 作為安全機制，會將使用者的資料加密
(B) FTP 為一種電子安全交易的標準，可以提供網路線上刷卡交易時的保障
(C) 六種創用 CC 授權條款中，都包含有姓名標示（Attribution）要素
(D) 一般文字檔（*.txt）容易感染電腦蠕蟲（Worm）

( ) 18. 下列對於 QR Code 之敘述，何者**錯誤**？
(A) QR Code 的 QR 是 Quality Regulation 的縮寫
(B) QR Code 是一種二維條碼
(C) QR Code 之容錯性與抗損性均優於 Barcode
(D) QR Code 圖上的定位圖案，可讓使用者不需準確的對準掃描，仍可正確讀取資料

( ) 19. 請問圖（十八）的 Visual Basic 程式碼執行完後，變數 x 的值為何？
(A) 1001
(B) 55
(C) 641
(D) 89

```
Sub Main()
  Dim i, x, x1, x2 As Integer
  x = 1000
  x1 = 1
  x2 = 0
  For i = 1 To 10
    x = x1 = x2
    x2 = x1
    x1 = x
  Next
  Console.WriteLine(x)
End Sub
```

圖（十八）

（　）20. 下列關於開放式系統互連（Open System Interconnection，OSI）參考模型的描述，何者**錯誤**？
(A) 該模型是由 ISO 組織制定，是一個用來規範不同電腦系統之間進行通訊的原則
(B) 該模型中的傳輸層（Transport Layer）負責工作包含「決定封包傳送的最佳傳輸路徑」
(C) 該模型中的資料連結層（Data Link Layer）負責工作包含「錯誤偵測及更正」
(D) 該模型中的實體層（Physical Layer）相對應的設備包含有中繼器（Repeater）、集線器（Hub）

（　）21. 下列通訊網路相關的標準中，何者常被歸類為無線區域網路（WLAN）？
(A) RS 485
(B) RS 232
(C) IEEE802.11
(D) IEEE802.3

（　）22. 下列關於雲端運算以及服務的敘述，何者**不適當**？
(A) 雲端運算是一種分散式運算技術的運用，由多部伺服器進行運算和分析
(B) Gmail 是由 Google 公司提供的一種郵件服務，它會自動將網際網路中的郵件快速儲存到個人電腦中，以提供使用者離線（Off-line）瀏覽所有郵件內容
(C) 雲端服務可以提供一些便利的服務，這些服務包含多人可以透過瀏覽器同時進行文書編輯工作
(D) 使用智慧型手機在臉書上發佈多媒體訊息時，會使用到雲端服務

（　）23. 若要在執行下列程式後，使 Label1 標籤顯示由星號（＊）組成 5 列，每列 4 顆 ＊ 的長方形，則空格處應填入？

```
Label1.Text = ""
For i = 1 To ____
  For j = _____
    Label1.Text &= "*"
  Next
  Label1.Text &= vbCrLf
Next
```

(A) 5， 1 To 4
(B) 4，1 To 5
(C) 5，1 To i
(D) 5，i To 4

（　）24. 執行以下程式後，sum 的值為何？

```
Dim i, j, sum As Integer
i = 1 : j = 1
While i < 5
  While j < 5
    j = j + 2
  End While
  i = i + 2
End While
sum = i + j
```

(A) 10
(B) 9
(C) 8
(D) 14

( ) 25. 執行下列程式後，A(0) ～ A(5) 的值為何？

```
Dim i , b As Integer
Dim a(5) As Integer={3,2,1,6,5,4}
For i = 0 To 2
    b = a(i)
    a(i) = a(5 - i)
    a(5 - i) = b
Next i
```

(A) 4 5 6 1 2 3   (B) 1 2 3 4 5 6

(C) 6 5 4 3 2 1   (D) 3 2 6 1 4 5

 解答

1	2	3	4	5	6	7	8	9	10
D	B	A	C	B	D	D	B	A	C
11	12	13	14	15	16	17	18	19	20
B	B	A	C	C	C	C	A	D	V
21	22	23	24	25					
C	B	A	A	A					

解析

6. 8GB 的記憶卡大概可以存 10000 張 800KB 的相片，8×1000×1000/800 KB=10000 張

14. 氣象預測與分析的電腦：此電腦屬於超級電腦不是嵌入式電腦

18. QR Code 的 QR 是 Quick Response Code 的縮寫

19.

I	X	X2	X1
	1000	0	1
1	0+1=1	1	1
2	1+1=2	1	2
3	1+2=3	2	3
4	2+3=5	3	5
5	3+5=8	5	8
6	5+8=13	8	13
7	8+13=21	13	21
8	13+21=34	21	34
9	21+34=55	34	55
10	34+55=89	55	89
11	exit		

25.

i	SUM
1	0+1=1
2	1+2*2=5
3	5+3=8
4	8+4*2=16
5	16+5=21
6	21+6*2=33
7	33+7=40
8	40+8*2=56
9	56+9=65
10 跳出	

全真統測模擬題

Quiz
&Ans

( ) 1. 下列關於電腦硬體中記憶單元的敘述何者正確？
   (A) 當今固態硬碟（Solid-State Drive）主要靠磁場的狀態來表示所 儲存的資訊
   (B) 快取記憶體（Cache Memory）常以快閃記憶體（Flash Memory）的積體電路（IC）來實現
   (C) DDR 記憶體指的就是倍數非同步隨機存取記憶體（Double Data Rate Asynchronous DRAM）
   (D) 個人電腦的記憶單元種類中，CPU 內的暫存器總儲存空間是最小的

( ) 2. 關於影像、影片、或者聲音檔案格式，下列何者**錯誤**？
   (A) MPEG-1、MPEG-2、MPEG-4 都是動態影像的壓縮標準，其壓縮率以 MPEG-4 最高
   (B) 以 mp4 為副檔名的音樂檔案遵循 MPEG 所製定的 MPEG-4 影音格式來進行編碼，可以用 QuickTime 播放
   (C) 以 mp3 為副檔名的音樂檔案遵循 MPEG 所製定的 MPEG-3 影音格式來進行編碼，可以做到無失真壓縮
   (D) 影片檔案壓縮時，若採用失真的壓縮格式並不一定會導致播放影片時的影像解析度降低

( ) 3. 下列關於 D-Sub、DVI、HDMI 螢幕連接埠的訊號傳輸形式的敘述，何者為真？
   (A) D -Sub、DVI、HDMI 均是以類比形式傳輸
   (B) D-Sub、DVI、HDMI 均是以數位形式傳輸
   (C) D -Sub 是以類比形式傳輸，DVI、HDMI 是以數位形式傳輸
   (D) D -Sub、DVI 是以類比形式傳輸，HDMI 是以數位形式傳輸

( ) 4. 關於程式的翻譯，下列何者正確？
(A) C 語言程式經過編譯器編譯之後產生機器語言指令，再經過組譯器進行連結產生執行檔
(B) Java 程式的每一行敘述都是先經過直譯器翻譯成機器語言指令之後才能執行
(C) C++ 程式先經過直譯器翻譯成 C 語言，然後編譯器再進行第二次編譯之後才可以產生執行檔
(D) 執行 BASIC 程式時，電腦會將程式逐行翻譯成機器語言，並立即執行

( ) 5. 若一張全彩影像，每一個像素（Pixel）都用三元素（RGB) 的強度來表示該像素的顏色，每個原色的強度都用 16 位元表示。則若要儲存 6 萬張大小為 1920×1080 的無壓縮影像，至少共需要下列多大容量的儲存裝置才存得下？
(A) 1TB
(B) 10GB
(C) 100MB
(D) 1000KB

( ) 6. 關於套裝軟體之功能，下列敘述何者錯誤？
(A) 以 Microsoft Word 排版的檔案，可以另外儲存成 HTML 格式的網頁檔案
(B) 在 Microsoft PowerPoint 中，可以插入超連結（Hyperlink），以利連結到 YouTube 網站中的影片
(C) 使用 PhotoImpact 調整照片的整體亮度時，常常使用焦距變焦的編修工具來進行調整
(D) 使用 Microsoft Movie Maker 可以匯入 JPG 格式的靜態圖片檔作為素材

( ) 7. 若已知網際網路中 A 電腦之 IP 為 192.168.127.38，且子網路遮罩（Subnet Mask）為 255.255.248.0，下列哪一 IP 與 A 電腦不在同一個子網路（網段）？
(A) 192.168.128.11
(B) 192.168.126.22
(C) 192.168.125.33
(D) 192.168.124.44

( ) 8. 有一 Windows 磁碟中的目錄結構如圖 (一) 所示。其中，A、C、D、F 是資料夾，B、E、G、H 是檔案。假設使用者目前的工作資料夾是 F，若想要使用相對路徑存取 D 資料夾中的檔案 H，下列路徑標示何者最正確？
(A) A \D\H
(B) .. \A\D\H
(C) .. \ .. \D\H
(D) . \ . \D\H

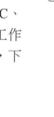

圖 (一)

( ) 9. 下列何者不是滑鼠傳輸資料的技術？
(A) USB
(B) PS / 2
(C) 藍牙
(D) SATA

( ) 10. 下列何者最符合「特洛伊木馬」惡性程式之特性？
(A) 會偽裝成特殊程式，吸引使用者下載並隱藏於系統中
(B) 會寄生在可執行檔或系統檔上，當執行時便會常註記憶體內，並感染其他的程式檔案
(C) 當開啟 Microsoft Office 時，會自動啟動某些巨集，藉以危害系統安全
(D) 會透過網路自行散播

( ) 11. 下列何種創用 CC（Creative COmmons）授權條款，採用如圖（十八）之授權標誌？

    (A) 姓名標示－相同方式分享

    (B) 姓名標示－禁止改作

    (C) 姓名標示－禁止改作－相同方式分享

    (D) 姓名標示－非商業性

圖（十八）

( ) 12. 網路霸凌（Cyberbullying）是利用網路社群、討論區等現代網路技術，斯凌他人的行為。有此，則下列何者**不屬於**常見之網路霸凌行為？

    (A) 發布令人難堪的網路留言

    (B) 上網欺凌受害者的影片

    (C) 傳送電子郵件散播不實訊息，使受害者和受害者身邊的親友不勝其擾

    (D) 入侵他人電腦竊取資料

( ) 13. 下列何者不屬於智慧財產權之範圍？

    (A) 商品標誌或圖形   (B) 網站設計

    (C) 電腦程式著作   (D) 電腦主機之硬體設備

( ) 14. 關於 Radio Frequency IDentification（RFID）無線傳輸技術現有應用之情境，下列何者**尚未**被廣泛應用？

    (A) 賣場的商品販售

    (B) 電子票證如捷運悠遊卡和一卡通

    (C) 無人圖書館的書籍借閱與歸還

    (D) 金融卡自 ATM 自動提款機提取現金

( ) 15. 有關電腦硬體介面之敘述，下列何者正確？

    (A) SATA 可支援熱拔插（Hotswap）的功能

    (B) 一個 USB 最多只可連接一個周邊設備

    (C) PCI 介面採串列傳輸

    (D) PCI Express 介面不可用於顯示卡

( ) 16. 提供將 IP 位址換成 MAC 位址的服務是何種通訊協定功能？

    (A) ARP 協定   (B) DNS 協定

    (C) DHCP 協定   (D) TCP 協定

( ) 17. 小義在家以 MS-WORD2016 製作了一份新產品的專題報告作業存檔時 .docx 為檔案類型存檔。隔天到公司後發現需要修正，用公司的舊電腦 MS-WORD 2003 開啟時發現無法開啟。針對上述情形，下列敘述何者**錯誤**？

    (A) .docx 為開放式（ODF，Open DocumentFormat）文件 .doc 為封閉式文件

    (B) 加裝 MSoffice 增益集，即可開啟，並可另存為 .pdf

    (C) docx 檔案較 doc 為小

    (D) MS WORD 2010 的範本檔格式為 .dotx

( ) 18. MS PowerPoint 若要改變投影片出現的動畫及秒數可利用下列哪一項功能？

    (A) 切換   (C) 設計

    (B) 動畫   (D) 投影片放映

( ) 19. MS Excel 中若儲存格內容為 35000000，但寬度不夠顯示，則該儲存格內容會呈現？

(A) @@@@@   (B) 3.5E+07

(C) 35000   (D) 35000000

( ) 20. 有關勒索病毒之敘述，下列何者**錯誤**？

(A) 病毒從網路下載金鑰，加密中毒電腦內的檔案造成檔案無法開啟

(B) 常利用社交工程郵件誘使使用者中毒

(C) 可以請防毒軟體公司提供金鑰，解開加密檔案

(D) 防毒軟體保持最新病毒碼，有助於防止已發現的勒索病毒感染

( ) 21. 下列為 Visual Basic 之片段程式，若希望程式執行後 B 的值為 106，則 N 應輸入多少？

```
N=InputBox("TheNumber is：")
A=0：B=1：C=1
Do While A<=N
    B=B*10
    A=A+1
Loop
```

(A) 4   (B) 5

(C) 6   (D) 10

( ) 22. 下列 Visual Basic 的程式碼，文字方塊名為「Textbox1」，按鈕名為「Button1」，試問按下「Button1」後，在文字方塊中不可能出現哪個數字？

```
Public Class Form1
Private Sub Button1_Click( )
  Dim x，y
  x=Rnd()*10
  y=lnt(x*10+0.5)/10
  TextBox1.Text=y
EndSub
EndClass
```

(A) 1.6   (B) 0

(C) 12.8   (D) 9.9

( ) 23. 執行下列程式後，A(1, 2) 的值為何？

```
Dim A(,) = {{2, 5, 4}, {6, 7, 3},{1, 0, 8}}
For i = 0 To 2
    For j = 0 To 2
        A(i, j) = A(j, i)
    Next j
Next i
```

(A) 0   (B) 1

(C) 2   (D) 3

( ) 24. 執行以下程式後，表單中的標籤控制項共顯示幾個星號？

```
For I = 10 To 14
    For J = 100 To 103
        Label1.Text &= "*"
    Next J
    Label1.Text &= "**" & vbCrLf
Next I
```

(A) 20

(B) 25

(C) 30

(D) 40

( ) 25. 執行以下程式後，訊息交談窗顯示的結果為何？

```
Dim A(10, 10), i, j As Integer
For i = 1 To 5
    For j = i To 5
        IF i<j then
A(i, j) = i * j
        Else
            A(i, j)= i + j
        End if
    Next j
Next i
MsgBox(A(1, 1) + A(3, 4)+A(2,6))
```

(A) 12

(B) 14

(C) 16

(D) 18

解答

1	2	3	4	5	6	7	8	9	10
D	C	C	D	A	C	A	C	D	A

11	12	13	14	15	16	17	18	19	20
B	D	D	D	A	A	D	A	B	C

21	22	23	24	25
B	C	B	C	B

解析

8. 「..」表示上一層。

9. SATA：是硬碟的介面。

17 Word 2010 其範本為 .dot。

18 動畫是針對投影片中的物件。

19

▲	A	B	C
1	35000000	3.5E+07	#####
2			

20 勒索病毒通常要求要支付贖金，否則不給金鑰解開加密檔案。

22. x=Rnd()*10 即產生 0~9.99999.. 之間的隨機亂數，

y=lnt(x×10+0.5)/10 將 X 產生的 0~9.99999.. 四捨五入取到小數第 1 位。

58 考前衝刺

考生混淆題型及重點最後提醒

混淆題型	解析
問題 1： VR、AR 與 MR 如何分辨？	VR 都是假的，虛擬的場景及物件 AR 是真實場景加入虛擬物件產生互動 MR：真與假互動
問題 2： Cache 與 Flash 差異在哪？	Cache= 快取是 SRAM，提昇 CPU 存取速度 Flash= 快閃是可存取的 ROM，快、省電、小
問題 3： 會計資訊系統、資料庫管理系統是系統軟體嗎？	不是有系統就是系統軟體，應為應用軟體
問題 4： CMOS 與 BIOS 差異在哪？	CMOS 是 RAM 的一種，記錄系統資訊 BIOS 是 ROM 的一種，開機系統檢測
問題 5： RSS 與 CSS 如何分辨？	RSS 是訂閱程式，主動更新文章 CSS 是美化網頁的串列樣式表
問題 6： B2C 與 C2B 如何分辨？	B2C 是指網購，客戶向公司購買 C2B 是指團購，多位客戶揪團向公司購買
問題 7： iPhone 內建 3G 及 128G 是指？	3GB 是指主記憶體 RAM 128GB 是指儲存空間即輔助記憶體採用 SSD（固態硬碟）其元件為 Flash ROM
問題 8： Linux 的檔案在 Windows 可以執行嗎？	Linux 使用 ext 的檔案系統不相容於 Windows 的 NTFS、exFAT 的檔案系統
問題 9： MID、Right、Left 三個函數替代語法？	Mid(X,1,m)=Left(X,m)= 取 X 字串左邊 m 個 Mid(X,Len(X)-m+1,m)=Right(X,m)= 取 X 字串右邊 m 個 Mid("APPLE",3,2)=Left(Right("APPLE",3),2) 　　　　　　　　=Right(Left("APPLE",4),2)
問題 10：For 不適當 Next 與 Do...Loop	前測迴圈： (1)For 先判斷超過終值才跳出迴圈 　Next 加增值後回到 For (2)Do While...Loop / Do Until...Loop (3)While...End While 後測迴圈： (1)Do...Loop While (2)Do...Loop Until

混淆題型	解析
問題11： CRT、LCD-TFT、OLED 差異？	自發光：CRT、OLED 靠背光：LCD-TFT 可彎曲螢幕：OLED
問題12： USB 3.1 與 Thunderbolt3 ？	目前最新主流連接埠皆可使用 USB TYPE C 接頭，正反皆可插： 表格如下

問題12 表格：

I/O Port	USB3.1	Thunderbolt3
傳輸率	10Gbps	40Gbps
可充電	✓	✓
熱插拔	✓	✓
傳輸方式	序列	序列
傳輸內容	數據資料	數據及影音
應用	普遍使用	Apple Mac、微軟 Surface 等

混淆題型	解析
問題13： countif( )、countifs( )、count( ) 與 counta( ) 之間的差異？	countif( )：是一個可以依照判斷條件來計算個數的函數。 countifs( )：COUNTIFS 可以接受多個資料範圍與判斷條件，在每一條判斷條件都符合時，才會將資料計入（and 運算）。 如：=COUNTIFS(C2:C10," 火車 ",A2:A10,">2017/7/1") count( )：是用來計算在一個範圍中數字儲存格的數量。 counta( )：在一個範圍或是陣列中 計算出裡面含有資料 (文字、數字等) 的儲存格數量。
問題 14： average(A1:A4)、average(A1,A2,A3, A4) 與 average(A1+A2+A3+A4) 的差異？	1. average(A1:A4)=average(A1,A2,A3,A4)，結果是一樣的。 2. average(A1+A2+A3+A4)，其結果為括號內 4 個數字相加後，再除以 1，便是結果，與 average(A1:A4) 所得結果不同。
問題 15： 員工受雇於公司並所撰寫的程式或完成的作品，要如何區分所有權、著作權及人格權？	作品的所有權及著作權歸公司所有，但人格權屬作者所有。

( ) 1. 在時間單位中，下列哪一種表示法和 10 μs 的百萬分之一的意義相同？
  (A) 10 ts
  (B) 0.1 ms
  (C) 1000 ns
  (D) 10 ps

( ) 2. 下列哪一種駭客攻擊方式，是在瞬間發送大量的網路封包，癱瘓被攻擊者的網站及伺服器？
  (A) 阻斷服務攻擊
  (B) 無線網路盜連
  (C) 網路釣魚
  (D) 電腦蠕蟲攻擊

( ) 3. 如果大雄要用 Google 搜尋引擎找出含有完整關鍵字「資訊科技」之網頁，並且剔除含「公司」兩字之網頁，下列哪一項關鍵字搜尋指令較適合？
  (A) " 資訊科技 no 公司 "
  (B) " 資訊科技 " ！ =" 公司 "
  (C) " 資訊科技 "not " 公司 "
  (D) " 資訊科技 "-" 公司 "

( ) 4. 在 IPv 4 的位址中，一個 B 級（Class B）的網路系統可管轄的 IP 位址個數，和下列何者最接近？
  (A) 2^8 個
  (B) 2^{12} 個
  (C) 2^{16} 個
  (D) 2^{20} 個

( ) 5. 下列敘述何者**錯誤**？
  (A) SET 安全機制需要憑證管理中心驗證憑證
  (B) 以 https 開頭的網頁就是有採用 SET 安全機制的網頁
  (C) SSL 採用公開金鑰辨識對方的身份
  (D) SET 的安全性比 SSL 高

( ) 6. 下列敘述何者**錯誤**？
  (A) Microsoft Word 合併列印的資料來源可以是 Microsoft Word 資料檔
  (B) Microsoft Word 合併列印的資料來源可以是 Microsoft Excel 資料檔
  (C) .odt 是 Microsoft Word 預設的範本格式
  (D) Microsoft Word 文件可以另存新檔成 rtf 格式

( ) 7. 若用 Microsoft Word 軟體編輯一份文件時，希望第 1 頁之頁面方向採直向，而其之後的頁面方向都採橫向。應該在第 1 頁末尾插入什麼符號，再設定前後頁的直向 / 橫向？
  (A) 分行符號
  (B) 分節符號
  (C) 分頁符號
  (D) 分欄符號

( ) 8. Microsoft Word 提供下列哪一種定位點的對齊方式？
(A) 左右　　　　　　　　　　(B) 小數點
(C) 分離線　　　　　　　　　(D) 分散

( ) 9. 下列何者為創用 CC（Creative Commons）之「姓名標示」標章？

(A) 　　　　　　　(B)

(C) 　　　　　　　(D)

( ) 10. 大雄家中網路下載／上傳的速率為 6 Mbps／2 Mbps，他從教育部網站下載一個 12 M Bytes 的檔案後，立刻將該檔案上傳給小明同學。下載與上傳該檔案資料總共約需要多少的資料傳輸時間？
(A) 8 秒　　　　　　　　　　(B) 32 秒
(C) 64 秒　　　　　　　　　 (D) 96 秒

( ) 11. 使用 Microsoft PowerPoint 簡報軟體，若在投影片母片中設定標題文字為紅色，接著在第 5 張投影片中設定標題文字為白色，最後又在投影片母片中設定標題文字為黑色，完成以上設定後的第 5 張投影片中標題文字為哪種顏色？
(A) 紅色　　　　　　　　　　(B) 白色
(C) 黑色　　　　　　　　　　(D) 灰色

( ) 12. 在 Microsoft Excel 表格中，A1 儲存格內的數值為 25，B2 儲存格內的公式為「= IF (MOD (A1,3) = 1, 10, 20)」，B2 的運算結果為何？
(A) 1　　　　　　　　　　　(B) 10
(C) 20　　　　　　　　　　　(D) 30

( ) 13. 在表（一）的 Microsoft Excel 表格中，如果儲存格 C1 中存放公式「= MIN (SUM (A1：A2) , AVERAGE (A2：B2))」，則儲存格 C1 的公式計算值為何？
(A) 30　　　　　　　　　　　(B) 45
(C) 51　　　　　　　　　　　(D) 75

	A	B	C
1	12	30	
2	18	72	

表（一）

( ) 14. 在表（二）的 Microsoft Excel 表格中，我們在選取 A1：B4 後，將排序條件設定如下：首要的排序方式為「依照欄 B 的值由最小到最大排序」，次要的排序方式設為「依照欄 A 的值由最大到最小排序」，則在排序後的結果中，下列敘述何者正確？
(A) A1 的值為 60
(B) A2 的值為 30
(C) A3 的值為 5
(D) B3 的值為 30

	A	B
1	30	20
2	60	10
3	40	20
4	5	30

表（二）

( ) 15. 掃描器以解析度 300 dpi 的 256 灰階模式掃描一張 4 英吋×5 英吋的文件，請問掃描後之 文件影像共有多少 Bytes？
(A) 6,000
(B) 1,536,000
(C) 1,800,000
(D) 460,800,000

( ) 16. 影像處理軟體中常有消除「紅眼」的功能，下列何者是產生「紅眼」的主要原因？
(A) 拍照時相機晃動
(B) 拍照時色彩飽和度不夠
(C) 拍照時使用閃光燈
(D) 拍照時解析度設定太低

( ) 17. 在聲音的類比訊號轉換成數位訊號的過程中，下列敘述何者**錯誤**？
(A) 取樣的頻率愈高，則取樣次數越多
(B) 取樣的頻率愈高，則取樣所得的檔案越大
(C) 取樣的頻率愈高，則取樣所得的聲音品質越好
(D) 取樣的頻率愈高，則取樣的壓縮比越大

( ) 18. 3D 列印（3D Printing）技術，是透過電腦軟體的協助，將材料以層層疊加的方式來產出物品，具有快速成形的優點，這是屬於下列何種型態的電腦應用？
(A) 電腦輔助教學
(B) 電腦輔助製造
(C) 辦公室自動化
(D) 資訊家電

( ) 19. 下列敘述何者正確？
(A) 靜態隨機存取記憶體需要隨時充電
(B) 12 倍速 DVD 光碟機的資料讀取速度，比 12 倍速藍光光碟機的資料讀取速度快
(C) 固態硬碟的讀寫速度較傳統硬碟快
(D) CPU 都有內建快閃記憶體（Flash）以提高執行效能

( ) 20. 下列敘述何者正確？
(A) Windows Media Player 可以播放 RMVB 檔案
(B) MIDI 是一種視訊格式
(C) AAC 的壓縮率勝過 MP 3，但音質較 MP 3 差
(D) WMA 是一種網路串流音訊格式

( ) 21. 執行下列 Visual Basic 程式片段後，變數 C 的值為何？

```
Dim A(3), B(3) as Integer
A(0)=1:A(1)=3:A(2)=0:A(3)=2
B(0)=2:B(1)=1:B(2)=3:B(3)=0
C=A(B(A(2)+1)+1)
```

(A) 0
(B) 1
(C) 2
(D) 3

( ) 22. 下列哪一個 Visual Basic 程式片段的程式邏輯與圖（一）流程圖一致？

(A)
```
If A > B Then
   If A > C Then
     M = A
   End If
Else
   M = C
End If
```

(C)
```
If A > B Then
   If A > C Then
     M = A
   End If
M = C
End If
```

(B)
```
If A > B Then
   If A > C Then
     M = A
   End If
End If
M = C
```

(D)
```
If A > B Then
   If A > C Then
     M = A
   Else
     M = C
   End If
End If
```

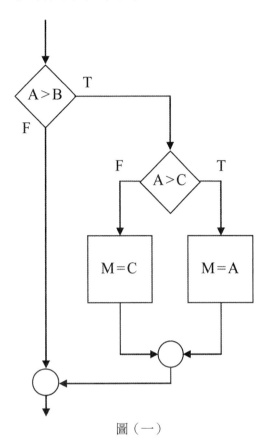

圖（一）

( ) 23. 執行下列 Visual Basic 程式片段後，變數 Sum 的值為何？

```
Dim X , Y , Sum
Sum = 0
For X = 1 To 10 Step 2
  For Y = X To 1 Step - 1
    Sum = Sum+ X
  Next Y
Next X
```

(A) 1 (B) 95
(C) 165 (D) 385

( ) 24. 執行下列 HTML 檔案內容，則網頁的輸出結果為何？

```
< html >
< table border = " 1 " >
< tr >< td > 小美 </ td ></ tr >< tr >< td > 小明 </ td ></ tr >
</ table >
</ html >
```

(A) | 小美 小明 |

(B) | 小美 |
    | 小明 |

(C) | 小美 | 小明 |

(D) | 小美 | 小美 |
    | 小明 | 小明 |

( ) 25. 在 Windows XP 作業系統上，若要使用內建之搜尋工具搜尋檔案，來找出檔案名稱的 第二個字元為 A，而且副檔名包含 " xls " 字串的所有檔案，應採用下列何種搜尋條件？

(A) * A * . xls *　　　　　　　　　　　(B) ?A * . xls *

(C) * A?. * xls *　　　　　　　　　　　(D) ?A * . * xls *

解答

1	2	3	4	5	6	7	8	9	10
D	A	D	C	B	C	B	B	A	C
11	12	13	14	15	16	17	18	19	20
B	B	A	A	C	C	D	B	C	D
21	22	23	24	25					
A	D	C	B	D					

解析

1. ① μs=10-6，百萬分之一 =10^{-6}。

   ② 所以 $10\mu s$ 的百萬分之一 =$10\times10^{-6}\times10^{-6}=10^{-11}=10\ ps$

2. 阻斷服務攻擊是在某段期間內透過大量且密集的封包至特定伺服器，導致網路用戶無法連上該伺服器而被阻絕在外，而該伺服器因無法即時處理大量封包而停滯或當機即阻斷服務。

3. 可利用「-」刪除不必要的查詢結果。

4. Class B 的網路位元與主機位元各佔 16 bit，所以網路系統可管轄的 IP 位址個數為 2^{16} 個。

5. 以 https 開頭的網頁就是有採用 SSL 安全機制的網頁。

6. dot 是 Microsoft Word (2003) 預設的範本格式；.dotx 是 Microsoft Word (2010) 預設的範本格式。

7. 不同節有不同的頁碼、版面設定。

8. 有靠左對齊、置中對齊、靠右對齊、對齊小數點、分隔線。

9. ：姓名標示

   ：非商業性

   ：禁止改作

   ：相同方式分享

10. ① 下載所需時間：12 Mbytes/6 M bit=(12×8)/6 = 16 秒

    ② 上傳所需時間：12 Mbytes/2 M bit=(12×8)/2 = 48 秒

    ③ 16+48=64 秒

11. 「母片」中設定標題文字顏色，皆依「母片」所設定之格式，若有單獨更，則依其更改之格式。

12. = IF (MOD (A1,3) = 1, 10, 20)，若餘數為 1，則 10，否則為 20，其結果餘數為 1，所以結果 10。

13. ① SUM (A1:A2)=30

    ② AVERAGE (A2:B2)=45

    ③ = MIN (SUM (A1:A2) , AVERAGE (A2:B2) =MIN(30,45)=45

14. ①「依照欄 B 的值由最小到最大排序」，次要的排序方式設為「依照欄 A 的值由最大到最小排序」，表示若遇到 A 欄值相同時，才依 B 欄的值由最小到最大排序。

    ② 因此 A1 的值無需改變，為 60

15. ① $256=2^8$，表示每個像素有 8 位元。

    ② $(300\times4)\times(300\times5)\times8/8$=1800000 Bytes

16. 紅眼主要是因為閃光燈而產生。

17. 取樣的頻率愈高，越接近原音，則取樣的壓縮比越小。

18. 3D 列印用於製造成之建模。

19. (A) 動態隨機存取記憶體才需要隨時充電。

    (B) 同倍數，藍光讀取的速度較快（DVD 1.35 MB/s，藍光 4.5 MB/s）。

    (C) CPU 是內建 SRAM，不是 Flash

20. (A) Windows Media Player 不可以播放 RMVB 檔案

    (B) MIDI 是一種音訊格式

    (C) AAC 的壓縮率雖比 MP3 高，但音質較 MP3 佳

21. C = A (B (A (2) + 1) + 1) = A (B (0+ 1) + 1)= A (1+ 1)= A (2)=0

22. 先判斷是否 A>B，若條件成立，則再判斷是否 A>C，若條件成立，則 M=A，不成立則 M=C。

23. Sum=0+1+（3X3）+（5X5）+（7X7）+（9X9）=165

24. ① 一組 \<tr\> \</tr\> 代表一列，二組則會產生二列

    ② \<tr\>
        \<td\> 小美 \</td\>
      \</tr\>
    說明：代表一列裡只有 1 個儲存格。如 (B)。

    ③ \<tr\>
        \<td\> 小美 \</td\>
         \<td\> 小明 \</td\>
      \</tr\>
    說明：代表一列裡只有 2 個儲存格，如 (C)。

25. 第 2 個字元為 A，只有 (B)、(D)。

    因副檔名包含 " xls " 字串的所有檔案，所以先後皆要有萬用字元（＊）：*xls*

(　) 1. 要能表示 A~Z 及 a~z 的英文字母，最少需要幾個位元（bit）？
(A) 3
(B) 4
(C) 5
(D) 6

(　) 2. 某硬碟的轉速（rotationalspeed）為 10,000RPM，平均搜尋時間（seektime）為 9ms，資料傳輸率（datatransferrate）為 200MB/s。若使用者欲存取連續儲存於同一磁柱內的 1MB 資料，且已知讀寫頭必須移動，則平均而言，下列何者占存取時間（accesstime）的最大部分？
(A) 搜尋時間（seektime）
(B) 旋轉時間（rotationtime）
(C) 傳輸時間（datatransfertime）
(D) 解碼時間（decodetime）

(　) 3. 下列有關電腦傳輸介面、連接埠的敘述，何者**錯誤**？
(A) 利用 HDMI 可將畫面傳送至電視播放
(B) 利用 USB 可連接鍵盤
(C) 利用 RJ-45 可連接網路
(D) 利用音源輸入（linein）可連接外接式硬碟

(　) 4. 下列有關個人電腦作業系統的敘述，何者**錯誤**？
(A) 應用軟體必需在作業系統載入後才能執行
(B) MicrosoftWindows 作業系統通常是儲存於唯讀記憶體（ROM）內
(C) 管理記憶體資源是作業系統的功能之一
(D) 作業系統通常會提供方便操作的使用者介面

(　) 5. 下列何者為簡報檔的開放格式？
(A) .odt
(B) .ods
(C) .odp
(D) .odg

(　) 6. 當透過電腦網路下載檔案至個人電腦時，下列何種方式，最有可能會使下載者的個人電腦在邏輯上同時扮演用戶端（client）與伺服器端（server）的角色？
(A) HTTP 下載
(B) FTP 下載
(C) SMTP 下載
(D) P2P 下載

(　) 7. 下列何者最適合用來連接 LAN（LocalAreaNetwork）與 Internet，並能根據 IP 位址來傳送封包？
(A) 路由器（Router）
(B) 中繼器（Repeater）
(C) 集線器（Hub）
(D) 瀏覽器（Browser）

( ) 8. IPv6 所能表示的 IP 位址數量是 IPv4 所能表示 IP 位址數量的多少倍？
(A) 4 　　　　　　　　　　　　(B) 24
(C) 96 　　　　　　　　　　　 (D) 296

( ) 9. 下列有關 CSS（CascadingStyleSheet）的敘述，何者正確？
(A) CSS 樣式只能內嵌於 HTML 中，無法自行獨立存檔
(B) CSS 未被廣泛接受，幾乎沒有瀏覽器支援 CSS
(C) 使用 CSS 的網頁具有加密的功能
(D) CSS 屬純文字形式，可以設定網頁的外觀

( ) 10. 下列哪一項 HTML 標籤可以用來設定網頁的標題？
(A) <title>...</title> 　　　　　　(B) <table>...</table>
(C) <body>...</body> 　　　　　　(D) <html>...</html>

( ) 11. 使用者甲與使用者乙約定藉由非對稱加密（asymmetricencryption）進行溝通，假設使用者甲先以甲的私密金鑰（privatekey）加密原始訊息，再以乙的公開金鑰（publickey）加密前一步驟所得之加密訊息，並將所得之結果傳送給使用者乙，則使用者乙要如何才能讀取原始訊息？
(A) 先以甲的公開金鑰解密，再以乙的私密金鑰解密
(B) 先以乙的公開金鑰解密，再以甲的私密金鑰解密
(C) 先以甲的私密金鑰解密，再以乙的公開金鑰解密
(D) 先以乙的私密金鑰解密，再以甲的公開金鑰解密

( ) 12. 以 Microsoft Word 對齊段落時，如欲使段落中的文字，不論是否為最末一行，在呈現上均是同時對齊左右邊界，則應選擇下列何種對齊方式？
(A) 靠左對齊 　　　　　　　　　(B) 置中對齊
(C) 左右對齊 　　　　　　　　　(D) 分散對齊

( ) 13. 在 Microsoft Word 中執行下列哪一項動作，與按 Ctrl+V 快速鍵具有相同的效果？
(A) 剪下 　　　　　　　　　　　(B) 貼上
(C) 複製 　　　　　　　　　　　(D) 全選

( ) 14. Microsoft PowerPoint 播放簡報時，可將滑鼠指標變成畫筆，進行標註。在簡報結束時，PowerPoint 會如何處理筆跡標註？
(A) 自動儲存為註解 　　　　　　(B) 自動儲存為備忘稿
(C) 簡報者可選擇是否保留筆跡 　 (D) 自動儲存成 JPG 檔

( ) 15. 在 Microsoft Excel 中，下列公式之結果為何？
=INT(ROUND(16.59,-1)+ROUND(5.26,1)+ROUND(-27.63,-1))
(A) -7 　　　　　　　　　　　　(B) -6
(C) -5 　　　　　　　　　　　　(D) -4

( ) 16. 在 Microsoft Excel 裡，下列何者最適合用來將單欄中的資料，利用分隔符號或固定寬度，切割至多個欄位中？
(A) 資料剖析 　　　　　　　　　(B) 自動篩選
(C) 資料驗證 　　　　　　　　　(D) 取消群組

( ) 17. 在右表的 Microsoft Excel 工作表中，若清除儲存格 A4 的內容並輸入公式「=$A1+A$2-$A$3」，繼而複製儲存格 A4，將公式貼到儲存格 B4，則儲存格 B4 的公式計算值為何？

	A	B
1	20	50
2	30	70
3	60	100
4		

(A) -10
(B) 20
(C) 30
(D) 60

( ) 18. 經由手機或數位相機所拍得的 JPG 檔，是屬於下列何者？
(A) 向量圖
(B) 無壓縮圖
(C) 非破壞性壓縮圖
(D) 點陣圖

( ) 19. 能表現出 256 種灰階的灰階影像，是以多少個位元（bit）來表示一個像素（pixel）？
(A) 1 個位元
(B) 4 個位元
(C) 8 個位元
(D) 24 個位元

( ) 20. 音訊檔案的品質或立體感，與下列何者無關？
(A) 聲道數量
(B) 取樣頻率
(C) 錄製時間長度
(D) 取樣大小（取樣解析度）

( ) 21. 執行下列 Visual Basic 程式片段後，a(0) 與 a(1) 之值依序為何？

```
Dim i,j,k,s,a(10) As Integer
i=0
For j=1to1000
S=0
  For k=1Toj-1
If j Mod k=0 Then
    s=s+k
End If
Next
  If s=j Then
  a(i)=j
    i=i+1
End If
Next
```

(A) 2,26
(B) 4,18
(C) 5,23
(D) 6,28

( ) 22. 執行下列 Visual Basic 程式片段後，變數 S 的值為何？

```
Dim K As Integer
Dim S As String
S="0"
  For K=1 To 3
    S="("&K&","&S&")"
Next K
```

(A) (((1,0),2),3)
(B) (1,(2,(3,0)))
(C) (((3,0),2),1)
(D) (3,(2,(1,0)))

( ) 23. 執行下列 Visual Basic 程式片段後，變數 s 的值為何？

```
Dim r,s As Integer
r=3
Select Caser
  Case 1,3
    s=r
  Case 4,6
    s=r*r
  Case Is>=5,Is<=0
    s=0
  Case 3
    s=-r
End Select
```

(A) -3   (B) 0

(C) 3   (D) 9

( ) 24. 執行下列 Visual Basic 程式片段後，變數 MyVal 的值為何？

```
Dim MyVal As Integer
MyVal=0
  Do
    MyVal=MyVal+2
  Do
    MyVal=MyVal+1
      If MyVal>4 Then Exit Do
  Loop
      If MyVal >8 Then Exit Do
Loop
```

(A) 4   (B) 8

(C) 11   (D) 12

( ) 25. 執行下列 Visual Basic 程式片段後，變數 B(5) 的值為何？

```
Dim K,A(6),B(6) As Integer
A(1)=1:A(2)=2
B(1)=1:B(2)=2
For K=3 To 5
  A(K)=A(K-1)+A(K-2)-1
  B(K)=A(K)-B(K-1)
Next K
```

(A) 0   (B) 1

(C) 3   (D) 4

💡 解答

1	2	3	4	5	6	7	8	9	10
D	A	D	B	C	D	A	D	D	A

11	12	13	14	15	16	17	18	19	20
D	D	B	C	C	A	C	D	C	C

21	22	23	24	25
D	D	C	C	B

解析

1. L 位元最多可編 2^L 的符號，L=6 位元。

2. 平均搜尋時間 =9ms
   平均轉速時 =3ms
   平均傳輸時 =1/200=5ms

3. 連接外接式硬碟通常用 USB 或 eSATA。

4. 所有要執行的軟體時會先載入 RAM（主記憶體）。

5. .odp 為 OPENOFFICE.Impress 簡報軟體檔案格式。

6. P2P 為對等式即用戶端互相下載。

7. 利用 IP 找最佳傳輸路徑。

8. IPv4 有 2^{32}
   IPv6 有 2^{128}
   $2^{128}/2^{32}=2^{96}$

9. 串接樣式表可以內部嵌入，也可以外部 CSS 檔案，但沒有加密的功能，是純文字以設定網頁的外觀。

10. 標題放在 <HEAD>...</HEAD> 中，以 <Title>...</Title> 設定。

11. 先以乙的私密金鑰解密後，再以甲的公開金鑰解密。

12. 分散對齊其左右邊界無論那一行，字少或字多，一定會分散到左右邊界。

13. 剪下 = Ctrl + X
    複製 = Ctrl + C
    全選 = Ctrl + A

14. 簡報者可選擇是否保留筆跡。

15. 取到小數 1 位
    ROUND(16.59,-1)=20
    4 捨 5 入取到 -1 位即十位數 6 進位為 20
    ROUND(5.26,1)=5.3
    取到小數 1 位，即 5.3
    ROUND(-27.63,-1)=-30
    4 捨 5 入取到 -1 位即十位數 6 進位為 -30
    INT(20+5.3-30)=INT(-4.7)=-5

16.

1050501		

1 個儲存格剖成 3 格

105	05	01

17. B4=$A1+B$2-$A$3
    =20+70-60=30

18. JPG 是破壞性壓縮點陣圖。

19. 2^8=256 種，即 8 位元。

20. 雙聲道即立體聲

　　取樣頻率 44.1Khz（CD）、96Khz（DVD）

　　取樣大小 24>16>8bit

21.

I	j	s	k
0	1	0	1TO0
	2	0 1	1TO1
	3	0 1	1TO2
	4	0 1 3	1TO3
	5	0 1	1TO4
	6	0 1 3 6	1TO5
s=j 時，a(0)=6			

22. K=1S=(1,0)

　　K=2S=(2,(1,0))

　　K=3S=(3,(2,(1,0)))

　　K=4 結束

23. r=3 執行 Case1，3 則 s=3

　　先符合即執行，多擇 1 執行

24. MyVal

　　0

　　2

　　3

　　4

　　5

　　7

　　8

　　10

　　11

25.

K	A(K)	B(K)
3	2+1-1=2	2-2=0
4	2+2-1=3	4-0=4
5	3+2-1=4	4-4=0

(　　) 1. 若希望手機具備無線感應付款功能，則手機規格必須能支援：
(A) VR（Virtual Reality）
(B) AR（Augmented Reality）
(C) NFC（Near Field Communication）
(D) GPS（Global Positioning System）

(　　) 2. 下列敘述何者正確？
(A) CISC 複雜指令集，通常是透過多個簡化指令，共同完成一項工作
(B) CPU 中的暫存器，通常是使用快閃記憶體（Flash Memory）來設計
(C) 隨身碟是一種使用快閃記憶體（Flash Memory）來儲存資料的可攜式儲存裝置
(D) 目前的智慧型手機，都是使用單點式的觸控裝置

(　　) 3. 下列敘述何者正確？
(A) Unix 是一種單人單工的作業系統
(B) Windows 8 是一種多人多工的作業系統
(C) Windows Server 2008 是一種專為智慧型手機設計的作業系統
(D) Linux 是一種開放原始碼的作業系統

(　　) 4. 下列哪一種檔案格式不屬於國際標準的開放格式？
(A) HTML（Hyper Text Markup Language）網頁超文件標記語言檔案
(B) OOXML（Office Open XML）辦公室軟體檔案如 .docx 文件檔或 .xlsx 試算表檔
(C) PDF（Portable Document Format）可攜式文件檔案格式
(D) PhotoImpact 的 .ufo 或是 Photoshop 的 .psd 等特定影像檔案格式

(　　) 5. 對於雲端服務的敘述，下列何者**錯誤**？
(A) 將資料傳送到網路上處理，是未來發展的重點趨勢，透過網路伺服器服務的模式，可視為一種雲端運算
(B) 通常都是由廠商透過網路伺服器，提供龐大的運算和儲存的服務資源
(C) 雲端伺服器可以提供某些特定的服務，例如網路硬碟、線上轉檔與網路地圖等
(D) 目前仍然無法透過雲端服務線上直接編修文件，必須在本地端的電腦上安裝辦公室軟體（Office Software）才能夠編輯

(　　) 6. 下列敘述何者正確？
(A) IEEE 802.11 是一種無線區域網路的標準
(B) TCP 是一種網路層的協定
(C) POP 3 負責郵件伺服器間郵件的傳送
(D) SMTP 負責郵件伺服器與用戶端之間的電子郵件下載

（　）7.　網路 OSI 模型第二層的交換器（Switch）設備，依據下列哪種位址來轉換及傳送訊框（Frame）？
(A) 實體位址（MAC）　　　　　　　(B) 網路位址（IP）
(C) 電腦名稱（Hostname）　　　　　(D) 群組名稱（Groupname）

（　）8.　在 HTML 標籤語法中，下列哪一項包含超連結的功能？
(A) <h1 href=" 網址 ">...</ h1>
(B) <a href=" 網址 ">...</ a><img src="Picture.BMP">
(C) <font href=" 網址 ">...</ font>
(D) <hyperlink href=" 網址 ">...</ hyperlink>

（　）9.　執行下列 HTML 標籤語法，則網頁輸出的結果為何？

```
<html>
<table border="1">
<tr><td><u> 金榜 </ u></ td><td> 題名 </ td></ tr>
</ table>
</ html>
```

(A)

金榜	題名

(B)

<u>金榜</u>	題名

(C)

金榜
題名

(D)

<u>金榜</u>
題名

（　）10.　對於數位簽章的敘述，下列何者**錯誤**？
(A) 傳送前透過雜湊函數演算法，將資料先產生訊息摘要
(B) 以傳送方的私鑰將訊息摘要進行加密產生簽章，再將文件與簽章同時傳送
(C) 收到資料後，使用接收方的公鑰對數位簽章進行運算，再比對訊息摘要驗證簽章的正確性
(D) 加密和解密運算，都是使用非對稱式加密演算法

（　）11.　不當蒐集或使用他人的姓名、生日或病歷等隱私資料，主要是違反哪一種法律？
(A) 個人資料保護法　　　　　　　(B) 商標法
(C) 著作權法　　　　　　　　　　(D) 藥事法

（　）12.　下列何者不屬於文書處理軟體 Microsoft Word 表格工具的功能？
(A) 合併或分割儲存格
(B) 依照設定的條件，進行資料篩選
(C) 將表格的資料內容，依照某一個欄位排序
(D) 在某一儲存格中加入公式，計算平均值

（　）13.　已經準備好考生的姓名、成績和地址等欄位的資料清單，如果要製作每一位同學個別的成績通知單，並且套印信封標籤，最適合採用 Microsoft Word 文書處理軟體的哪一項功能？
(A) 表格建立　　　　　　　　　　(B) 合併列印
(C) 追蹤修訂　　　　　　　　　　(D) 表單設計

(   ) 14. 在 Microsoft PowerPoint 的「列印」設定中，哪一種「列印項目」不會將投影片上的圖片列印出來？
         (A) 講義（每頁 3 張投影片）   (B) 講義（每頁 9 張投影片）
         (C) 備忘稿   (D) 大綱模式

(   ) 15. 在 Microsoft Excel 試算表中的 A1、B1、A2 和 B2 四個儲存格中，分別輸入 5、4、3、2 的數值，然後在 C1 儲存格中輸入「=$A$1*B1」的公式，再將 C1 的內容複製並且貼上到 C1：D2 範圍的儲存格中，那麼 D2 儲存格呈現的值為何？
         (A) 12   (B) 20
         (C) 50   (D) 100

(   ) 16. 在 Microsoft Excel 中，下列哪一項正確？
         (A) 公式「=5-7*3」的結果為 -6   (B) 公式「=5*3<-10」的結果為 FALSE
         (C) 公式「=4^3<=12」的結果為 TRUE   (D) 公式「=123&456」的結果為 579

(   ) 17. 使用 Microsoft Excel 時，在 A1 儲存格內輸入公式「=SUM(B4:C5,D2,E1:E3)」，請問 A1 共加總幾個儲存格的資料值？
         (A) 5   (B) 6
         (C) 7   (D) 8

(   ) 18. 在 Windows 系統中，擷取電腦螢幕畫面後，再用 PhotoImpact 軟體存成 JPG 格式的檔案，下列對該檔案之敘述，何者正確？
         (A) 該檔案內的圖是屬於向量圖
         (B) 該檔案中的圖檔內容會隨著電腦螢幕畫面更換而自動更新
         (C) 該螢幕畫面被儲存成為 JPG 格式的圖檔，是屬於非破壞性壓縮的檔案型態
         (D) 該檔案的圖可以用影像軟體重新開啟、修改再儲存

(   ) 19. 下列敘述何者正確？
         (A) 全彩影像最多可記錄 24 種顏色
         (B) 黑白影像每個像素點可以使用 1 個位元來記錄顏色
         (C) 印表機是以 RGB 三種顏色的顏料來產生色彩
         (D) 手機螢幕是透過 CMYK 四原色來呈現色彩

(   ) 20. 下列何者不是串流影音資料格式的特性？
         (A) 各公司所發展的影音串流格式，都遵循唯一標準，市面上各種播放軟體，都可以執行每一種串流格式的檔案
         (B) 可以透過網際網路傳遞影音視訊
         (C) 不須完全下載全部的檔案即可播放，播放結束後，也不會將檔案儲存在電腦中
         (D) 影音資料不易被複製，有助於智慧財產權的保護

(   ) 21. 用電腦錄音時，若將取樣頻率設定為 44100Hz，則下列敘述何者正確？
         (A) 取樣的聲音頻率範圍為 0 ～ 44100Hz
         (B) 對聲音每秒取樣 44100 次取樣
         (C) 錄音完成後的音檔內聲音頻率為 44100Hz
         (D) 電腦用 44100 位元來記錄聲音頻率

(   ) 22. 下列 Visual Basic 的自訂函數，主程式執行 S(4) 傳回的值為何？

```
Function S(K As Integer) As String
  If K=0 Then
    Return "a"
  ElseIf K=1 Then
    Return "b"
  Else
    Return S(K-2)&S(K-1)
  End If
End Function
```

(A) abbab

(B) ababb

(C) babba

(D) babab

(   ) 23. 執行下列 Visual Basic 程式片段，變數 Result 的值為何？

```
Dim Height, Weight, BMI As Single
Dim Result As String
Height=150:Weight=55
BMI=Weight/(Height/100)^2
Select Case BMI
  Case Is>=27
    Result=" 肥胖 "
  Case 24 To 27
    Result=" 過重 "
  Case 18.5 To 24
    Result=" 正常 "
  Case Else
    Result=" 過輕 "
End Select
```

(A) 過輕

(B) 正常

(C) 過重

(D) 肥胖

(   ) 24. 執行下列 Visual Basic 程式片段，變數 Sum 的值為何？

```
Dim I, S, Sum As Integer
Sum=0:I=0
Do
  I=I+10
  S=I^2*2
  Sum=2*Sum+S
Loop While I<30
```

(A) 200

(B) 1200

(C) 1800

(D) 4200

( ) 25. 執行下列 Visual Basic 程式片段，變數 Total 的值為何？

```
Dim X, Y, Total, A(8, 4) As Integer
Total=0
For X=1 To 8 Step 2
  For Y=1 To 4 Step 3
    If X>Y Then
      Total=Total+1
    Else
      Total=Total-1
    End If
    A(X, Y)=Total
  Next Y
Next X
Total=Math.Abs(Int((A(1, 1)+A(3, 1)+A(5, 1))/Total))
```

(A) 0 　　　　　　　　　　　(B) 1

(C) 2 　　　　　　　　　　　(D) 4

解答

1	2	3	4	5	6	7	8	9	10
C	C	D	D	D	A	A	B	A	C

11	12	13	14	15	16	17	18	19	20
A	B	B	D	C	B	D	D	B	A

21	22	23	24	25
B	A	C	D	C

解析

1. 行動支付：使用行動裝置進行付款的服務，有簡訊為基礎的轉帳支付、行動帳單付款、行動裝置網路支付（WAP）和非接觸型支付（NFC= 近場通訊）即利用智慧型手機輕觸接收機進行小額付款或繳費，例如 APPLE PAY、GOOGLE WALLET。

2. CISC 是由特殊指令完成工作，暫存器通常使月 SRAM 來設計，智慧型手機採多點觸控。

3. Unix 是一種多人多工的作業系統，Windows 8 是一種單人多工的作業系統，Windows Mobile/ Phone 是一種專為智慧型手機設計的作業系統。

4. PhotoImpact 的 .ufo 或是 Photoshop 的 .psd 為封閉影像檔案格式，保護其智慧財產權。

5. 雲端運算（Cloud Computing）是一種基於網際網路的分運式運算方式，透過這種方式，共享的軟硬體資源和訊息可以按需求提供給電腦和其他裝置。例如 Google 文件、Office 365，直接多人線上共同編輯，在本地端無須安裝辦公室軟體。

6. TCP 是一種傳輸層的協定，POP 3 負責郵件伺服器間郵件的接收，SMTP 是傳送。

7. 第 2 層是以 MAC 傳送訊框，第 3 層是以 IP 傳送封包。

8. 本題是兩個語法，其中包含超連結 <a href=" 網址 ">...</ a><img src="Picture.BMP"> 是超連結後插入一張 Picture.BMP 圖片。

9. <tr> 代表 table row 即表格列，只有一對，所以呈現 1 列，<td> 代表儲存格，有兩對，所以呈現 2 格，而在金榜文字前加入 <u>，代表 underline 底線。

10. 公開金鑰加密法（非對稱式加密法）：每個使用者有兩組獨特的 Key，即公 Key 及私 Key。

應用時機	傳送端—加密	接收端—解密
數位簽章	傳送端自己私密金鑰（Private Key）	傳送端的公開金鑰（Public Key）

12. 資料篩選是 Excel 功能，WORD 無此功能。

13. 郵件中執行合併列印，可利資料庫檔（.mdb、.dbf）、Excel、Word 表格 TXT、HTML 做為來源資料來套印製作大量信封標籤、客戶信件。

14. 大綱模式針對簡報中層級標題印出，不會印出圖片。

15. 本題是考相對及絕對位址轉換
C1 儲存格 =$A$1*B1 複製到 D2
D2 儲存格 ==$A$1*C2，而 A1 為 5，C2 為 =$A$1*B2 即 5*2=10，故 D2=5*10=50

16. (A) 為 -16，(C) 為 FALSE，(D) 為 123456

17. 加總 B4+B5+C4+C5+D2+E1+E2+E3 共 8 個。

18. JPG 是破壞性壓縮的點陣圖，已擷取螢幕畫面就不會隨著電腦螢幕畫面更換而自動更新。

19. 全彩可記錄 224 種顏色，印表機是 CMYK 列印四原色，螢幕採光學原理採 RGB 光的三原色。

20. ① 串流（Streaming）：指在網路上邊傳輸邊播放的下載技術（即緩衝處理），如 YouTube
② 串流通訊協定：RTSP：// 或是 MMS：//
③ 常見檔案如下，互不相容：
   (1) Windows Media Player：.wma 串流聲音、.asf 及 .wmv 串流影音
   (2) RealPlayer：.ra 串流聲音、.ram 及 rmvb 串流影音
   (3) Qucik Time：.mov（Apple 串流影音）

21. 取樣是將聲波切割成相等時間間隔的樣本並擷取及儲存，每秒取樣的次數稱為取樣頻率，例如 CD 或 MP3 為 44100 Hz，愈高音質愈好。

22. 本題為自訂函數之遞迴呼叫：

S(0)="a"

S(1)="b"

S(2)=S(0)& S(1)="a" & "b"="ab"

S(3)=S(1) & S(2)= "b" & "ab"="bab"

S(4)=S(2) & S(3)= "ab" & "bab"="abbab"

23. BMI=55/（150/100）^2=24.44，介於 24 To 27，Result= 過重

24. 此題為後測迴圈

I	S	Sum
00		
0+10=10	10^2*2=200	2*0+200=200
10+10=20	20^2*2=800	2*200+800=1200
20+10=30	30^2*2=1800	2*1200+1800=4200

26. 此題為雙迴圈，X 控制列，Y 控制欄

X	Y=1	Y=4
1	Total=0-1=-1 A(1,1)=-1	Total=-1-1=-2 A(1,4)=-2
3	Total=-2+1=-1 A(3,1)=-1	Total=-1-1=-2 A(3,4)=-2
5	Total=-2+1=-1 A(5,1)=-1	Total=-1+1=0 A(5,4)=0
7	Total=0+1=1 A(7,1)=1	Total=1+1=2 A(7,4)=2

Total=ABS(INT((-1+-1+-1)/2)

Total=ABS(INT(-3/2))

Total=ABS(INT(-1.5))

Total=ABS(-2)

Total=2

( ) 1. 要防備筆電感染到電腦病毒,使用下列何項機制最有效?
(A) 時常瀏覽防毒宣導網頁
(B) 使用即時保護的防毒軟體
(C) 只閱讀學校寄送的 E-mail
(D) 從網站下載的檔案先儲存在隨身碟後再執行

( ) 2. 下列有關電腦記憶體的敘述,何者正確?
(A) 固態硬碟是一種輔助記憶體
(B) 暫存器是一種主記憶體
(C) 記憶卡通常使用快取記憶體儲存資料
(D) ROM 屬於揮發性記憶體

( ) 3. 下列有關 CPU 中央處理單元的敘述,何者正確?
(A) bps(bits per second)是一種 CPU 時脈頻率的單位
(B) CPU 通常內建快閃記憶體用來暫時存放要處理的指令資料
(C) CPU 的一個機器週期包括擷取、解碼、執行、運算四個主要步驟
(D) RISC 精簡指令集比 CISC 複雜指令集較適用於智慧型手機

( ) 4. 在 Android、iOS、Linux、Mac OS、Windows 8、Windows Phone 等作業系統中,有多
少種是屬於開放原始碼的作業系統?
(A) 1 (B) 2
(C) 3 (D) 5

( ) 5. 下列何者能將學生寫的高階語言 C 程式翻譯成機器語言後在電腦上執行?
(A) 編譯器(Compiler) (B) 編輯器(Editor)
(C) 直譯器(Interpreter) (D) 組譯程式(Assembler)

( ) 6. 下列有關 abc@mail.com.tw 電子郵件地址的敘述,何者正確?
(A) .com.tw 為使用者帳號 (B) abc@mail 為使用者帳號
(C) @mail 為郵件傳輸協定 (D) mail.com.tw 為郵件伺服器位址

( ) 7. 下列有關瀏覽器(Browser)的敘述,何者正確?
(A) 瀏覽器可以將全部的網域名稱(Domain Name)轉換成為相對的 IP 位址
(B) 瀏覽器是一項網路流量控制設備
(C) 不同瀏覽器對同一網站的網頁均能呈現完全相同的效果
(D) 瀏覽器能同時呈現文字、圖片、超連結等網頁內容

（　　）8. 下列有關 OSI（Open System Interconnection，開放系統連結）的敘述，何者正確？
(A) TCP（Transmission Control Protocol）的功能是對應 OSI 七層架構中的網路層（Network Layer）
(B) IP（Internet Protocol）的功能是對應 OSI 七層架構中的傳輸層（Transport Layer）
(C) 在 OSI 七層架構中，應用層（Application Layer）負責資料格式的轉換
(D) 在 OSI 七層架構中，實體層（Physical Layer）負責將資料轉換成傳輸媒介所能傳遞的電子信號

（　　）9. 網頁程式中 <TITLE>107 學年度四技二專 </TITLE> 標籤，會將「107 學年度四技二專」顯示在瀏覽視窗的下列哪一個位置？
(A) 工具列
(B) 標題列
(C) 狀態列
(D) 視窗內文的最上面

（　　）10. 下列有關電子商務模式的敘述，何者正確？
(A) 企業和企業間透過網際網路進行採購交易是一種 C2C 電子商務模式
(B) 網路拍賣是一種 C2B 電子商務模式
(C) 團購是一種 C2C 電子商務模式
(D) 網路書店提供書籍讓消費者購買是一種 B2C 電子商務模式

（　　）11. 在 Microsoft Word 中，當段落中有文字大小超過行高時，下列何種行距設定會使文字無法完整顯示？
(A) 最小行高
(B) 單行間距
(C) 固定行高
(D) 多行

（　　）12. 下列何者不是 Microsoft Word 文件的檢視模式？
(A) 備忘稿
(B) 草稿
(C) 大綱模式
(D) Web 版面配置

（　　）13. 有關 Microsoft PowerPoint 簡報軟體的操作，下列敘述何者**錯誤**？
(A) 在 Microsoft Word 中進行字串複製後，可以直接在 Microsoft PowerPoint 中貼上
(B) 每張投影片可以設定不同的自動播放時間
(C) 簡報時必須依投影片順序來播放
(D) 簡報中的圖片可以設定超連結

（　　）14. 在 Microsoft Excel 中，當我們要使用資料小計時，必須先將要分組的欄位進行下列何種處理？
(A) 存檔
(B) 搜尋
(C) 加總
(D) 排序

（　　）15. 在 Microsoft Excel 中，A3 儲存格為「電子」、A4 儲存格為「試算表」、A5 儲存格為「軟體」，要使 A1 儲存格顯示「電子試算表軟體」，則 A1 儲存格的輸入公式必須為下列何項？
(A) = A3&A4&A5
(B) = A3:A4:A5
(C) = A3+A4+A5
(D) = A3#A4#A5

( ) 16. 在 Microsoft Excel 中，A1 儲存格的數值為 50，若在 A2 儲存格中輸入公式「= IF(A1>80,A1/2,IF(A1/2>30,A1*2,A1/2))」，則下列何者為 A2 儲存格呈現的結果？
(A) 25
(B) 50
(C) 80
(D) 100

( ) 17. 在 Microsoft Excel 中，儲存格 A1、A2、A3、A4、A5 中的數值分別為 5、6、7、8、9，若在 A6 儲存格中輸入公式「= SUM(A$2:A$4,MAX($A$1:$A$5))」，則下列何者為 A6 儲存格呈現的結果？
(A) 23
(B) 28
(C) 30
(D) #VALUE ！

( ) 18. 在 Microsoft Word 中，若欲列印第 3、4、5、6、10、11 頁時，可在「列印」對話方塊的「頁面：」後輸入下列何者？
(A) 3~6:10~11
(B) 3-6,10,11
(C) 3~6,10~11
(D) 3:6;10,11

( ) 19. 假設我們有三個未經壓縮的影像檔 A、B、C，A 是一張全彩影像，大小為 800×600 像素，B 是一張 256 色影像，大小為 1024×768 像素，C 是一張灰階影像，大小為 1600×1200 像素，則下列有關這三張影像所佔用儲存空間大小的比較，何者正確？
(A) A > B > C
(B) C > A > B
(C) B > C > A
(D) C > B > A

( ) 20. 執行下列 Visual Basic 程式片段後，變數 X 的值為何？

```
Dim X, Y As Integer
X=4
Y=Math Sqrt(X)
Select Case Y
Case 1, 3
  X=Fix(Y/5)
Case 2, 4
  X=Math Sign(Y)
End Select
```

(A) 0
(B) 1
(C) 2
(D) 4

( ) 21. 執行下列 Visual Basic 程式片段後，變數 Total 的值為何？

```
Dim n, Total As Integer
n=16
Total=0
Do While n>1
  n=n/2
  If n <> 2 Then
    Total = Total + n
  End If
Loop
```

(A) 8
(B) 12
(C) 13
(D) 15

(　　) 22. 執行下列 Visual Basic 程式片段後，變數 Sum 的值為何？

```
Dim Sum, Maximum, i As Integer
Sum=0: Maximum=5
Do While Maximum>0
  For i=Maximum To 5 Step 2
    Sum=Sum+1
  Next i
  Maximum=Maximum-1
Loop
```

(A) 4　　　　　　　　　　　　(B) 6
(C) 9　　　　　　　　　　　　(D) 12

(　　) 23. 在 Visual Basic 中，假設我們有以下一個使用者自訂函數 A，若主程式呼叫 A(5)，則回傳的值為何？

```
Function A(ByVal K As Integer) As Integer
  If K<4 Then
    Return K
  Else
    Return A(K-1)-A(K-2)+A(K-3)
  End If
End Function
```

(A) 1　　　　　　　　　　　　(B) 3
(C) 5　　　　　　　　　　　　(D) 11

(　　) 24. 執行下列 Visual Basic 程式片段後，陣列元素 A(3) 的值為何？

```
Dim X, Y As Integer
Dim A(6) As Integer
For X=1 To 6
  A(1)=1
  A(X)=0
  For Y=X-1 To 2Step-1
    A(Y)=A(Y-1)+A(Y)
  Next Y
Next X
```

(A) 3　　　　　　　　　　　　(B) 4
(C) 6　　　　　　　　　　　　(D) 10

(　　) 25. 執行下列 HTML 標籤語法，則網頁輸出的結果為何？

```
<html>
  <table border="1">
    <tr><td> 永保 <br> 安康 </td></tr>
  </table>
</html>
```

(A) 　　　　(B)
(C) 　　　　(D)

解答

1	2	3	4	5	6	7	8	9	10
B	A	D	B	A	D	D	D	B	D

11	12	13	14	15	16	17	18	19	20
C	A	C	D	A	A	C	B	B	B

21	22	23	24	25
C	C	A	C	C

解析

2. 暫存器屬於 CPU；記憶卡通常使用快閃記憶體；ROM 屬於非揮發性。

3. CPU 時脈頻率為 GHz；CPU 通常內建暫存器、快取記憶體；CPU 的一個機器週期包括擷取、解碼、執行、儲存四個主要步驟。

4. Android、Linux 為開放原始碼的作業系統。

6. abc@mail.com.tw，abc 為使用者帳號，mailto 為郵件傳輸協定，mail.com.tw 為郵件伺服器位址。

7. DNS Server 網域名稱轉換成為相對的 IP 位址。

8. TCP 對應到傳輸層；IP 為繞路層；展示層負責資料格式的轉換。

9. Title 放在 <Heac>...</Head> 中，瀏覽視窗標題列位置。

10. 企業和企業是一種 B2B
    網路拍賣是一種 C2C
    團購是一種 C2B

11. 固定行高 18PT，若文字或圖片高度大於 18PT 會截斷。

12. 備忘稿是 PowerPoint 中檢視模式。

13. 依演講者手動調整或自動播放。

14. 先分組排序才能小計。

15. & 代表串接。

16. 判斷 A1=50>80 為 FALSE
    再判斷 A1/2=25>30 為 FALSE
    執行 A1/2 即 25

17. 加總 A2 到 A4 即 6，7，8 及 A1 到 A5 的最大值為 9=30

19. A：800*600*24bits=480K*3Byte=1440KB
    B：1024*768*8bits=768K*1Byte=768KB
    C：1600*1200*8bits=1920K*1Byte=1920KB

20. X=4
    Y=2
    選擇 Y=2
    X=Sign(Y) 即 1

21.

n	Total
16	0
8	+8
4	+4
2	X
1	+1

22.

i	Sum	Maximum
	0	5
5 to 5 step 2	+1	4
4 to 5 step 2	+1	3
3 to 5 step 2	+1+1	2
2 to 5 step 2	+1+1	1
1 to 5 step 2	+1+1+1	0

23. A(5)=A(4)-A(3)+A(2)=2-3+2=1
A(4)=A(3)-A(2)+A(1)=3-2+1=2

24.

X	A(X)	Y
1	A(1)=1 A(1)=0	Y=0 TO 2 STEP -1 不執行
2	A(1)=1 A(2)=0	Y=1 TO 2 STEP -1 不執行
3	A(1)=1 A(3)=0	Y=2 TO 2 STEP -1 A(2)=A(1)+A(2)=1
4	A(1)=1 A(4)=0	Y=3 TO 2 STEP -1 A(3)=A(2)+A(3)=1 A(2)=A(1)+A(2)=2
5	A(1)=1 A(5)=0	Y=4 TO 2 STEP -1 A(4)=A(3)+A(4)=1 A(3)=A(2)+A(3)=3 A(2)=A(1)+A(2)=3
6	A(1)=1 A(6)=0	Y=5 TO 2 STEP -1 A(5)=A(4)+A(5)=1 A(4)=A(3)+A(4)=4 A(3)=A(2)+A(3)=6 A(2)=A(1)+A(2)=4

25. TR 為 1 列；TD 為 1 格；BR 為換行。

( ) 1. 小青要從有統計圖表的 PowerPoint 檔案中印一份沒有圖表的簡報資料給老闆，小青開啟
該 PowerPoint 檔案後，按「檔案」、「列印」，再來請你幫小青選擇以下哪一個圖案來
完成此任務。

(A) 　　(B)  　　(C) 　　(D)

( ) 2. 下列哪一種電腦介面是連接螢幕且採用數位訊號傳輸？
(A) D - SUB 　　　　　　　　　　(B) HDMI
(C) RJ - 45 　　　　　　　　　　(D) PS / 2

( ) 3. 有關自然人憑證卡的敘述，下列何者**錯誤**？
(A) 由財政部核發
(B) 用來證明個人在網路上的身分
(C) 使用該憑證卡可進行網路報稅
(D) 經由網路及該憑證卡可查詢個人健保資料

( ) 4. 有關 OSI（open system interconnection）模型之敘述，下列何者**錯誤**？
(A) OSI 模型的第四層稱為傳輸層
(B) OSI 模型一共有七層
(C) OSI 模型是由國際標準組織（ISO）所提出的網路參考模型
(D) HTTP 協定屬於 OSI 模型中的實體層協定

( ) 5. 用 HTML 標籤來建立一個 1 列 2 欄的表格 [... | ...]，<table border ="1"> 與 </table> 之
間的標籤應為下列何項？
(A) <td><tr> ... </tr><tr> ... </tr></td>
(B) <tr><td> ... </td><td> ... </td></tr>
(C) <td>< tr> ... </tr></td><td><tr> ... </tr></td>
(D) <tr>< td> ... </td></tr><tr><td> ... </td></tr>

( ) 6. 有關 Microsoft Word 定位點的說明，下列何者**不正確**？
(A) 在尺規之置中定位點的符號為 ⊥
(B) 在尺規之分隔線定位點的符號為 ｜
(C) 在文件編輯區中定位點之間的編輯標記為
(D) 在文件編輯區中要將文字放在所設定的定位點位置，要按 Tab 鍵移動插入點

( ) 7. 在電子商務交易的安全機制中，下列敘述何者**不正確**？
    (A) SSL 協定保護交易資料在網路傳輸過程中不被他人窺知
    (B) SET 協定在於保障電子交易的安全，客戶端需有電子錢包
    (C) 消費者透過 SSL 或 SET 交易均需事先取得數位憑證
    (D) SSL 的英文全名為 Secure Socket Layer

( ) 8. 有關 PC 上 BIOS 的敘述，下列何者**不正確**？
    (A) 它所存放的元件位於主機板上
    (B) 是開機程序的控制程式
    (C) 全名為 Binary Input / Output System
    (D) 對電腦設備進行一系列的檢查與測試

( ) 9. 將 Microsoft Excel 儲存成開放文件格式（ODF）的檔案，其副檔名為下列何者？
    (A) .odxl   (B) .odx
    (C) .ods   (D) .odt

( ) 10. Class A 等級的 IP 位址從 10.0.0.251 至 10.0.1.5 共有幾個 IP 位址？
    (A) 10 個   (B) 11 個
    (C) 12 個   (D) 13 個

( ) 11. 在設定網頁超連結時，可透過 target 屬性設定目標網頁顯示的位置，下列敘述何者正確？
    (A) target ="_self " 在超連結的相同頁框（frame）中顯示要連結的目標網頁
    (B) target ="_blank" 在超連結的相同頁框中顯示空白的網頁
    (C) target ="_parent" 開啟另一新視窗以全畫面顯示要連結的網頁
    (D) target ="_top " 回到上一頁網頁

( ) 12. 在 PhotoImpact 中將需要的影像框選留下，刪除其他的部分，是指下列何項操作？
    (A) 剪下   (B) 剪裁
    (C) 放大   (D) 刪減

( ) 13. 下列何項操作不適合使用 Microsoft Word 文書處理軟體來完成？
    (A) 將照片中的人物套索出來   (B) 撰寫書本的心得報告
    (C) 依格式繕打會議記錄   (D) 編寫修改個人履歷表

( ) 14. 執行以下 Visual Basic 的程式片段後，S 的結果為何？

```
Dim dataA(3) As Integer : dataA(0) = 3 : dataA(1) = 4 : dataA(2)= 5
Dim S As Integer : S = 0
Dim idx As Integer
For idx = 10 To 12
 S = S+ idx Mod dataA(idx - 10)
Next idx
```

    (A) 5   (B) 6
    (C) 7   (D) 8

( ) 15. 下列何項是屬於 CLASS C 等級的 IP 位址？
    (A) 10.16.1.1   (B) 172.16.1.1
    (C) 192.168.1.1   (D) 255.255.255.0

( ) 16. 在網路上散播惡意軟體致生損害於他人者，會有觸犯下列何項法律之嫌？
    (A) 電信法   (B) 著作權法
    (C) 刑法   (D) 個人資料保護法

( ) 17. 下列 Visual Basic 程式片段執行後，S 的值為何？

```
Dim i, S, Maximum As Integer
S = 0 : Maximum = 5
Do While Maximum> 0
  For i = 1 To Maximum
    S = S+ 1
  Next i
Maximum= Maximum - 1
Loop
```

    (A) 0   (B) 6
    (C) 12   (D) 15

( ) 18. 若在 Microsoft Excel 的 A1 儲存格中輸入 = AND (6 < 7,NOT (FALSE)) ，則 A1 儲存格呈現的結果為下列何者？
    (A) TRUE   (B) FALSE
    (C) TRUE , FALSE   (D) FALSE , TRUE

( ) 19. 有一視訊長 20 秒、其畫面為 300 × 200 像素 (pixels) 、每個像素以 3 Bytes 來存放、每秒 20 個畫面，請問不壓縮該視訊所需儲存的資料量為何？
    (A) 60,000 Bytes   (B) 180,000 Bytes
    (C) 3,600,000 Bytes   (D) 72,000,000 Bytes

( ) 20. Microsoft Excel 中，在 E2 儲存格輸入 = B2 + C2 & " 元 "，而 B2 及 C2 儲存格的內容分別為 20 及 30，則 E2 儲存格顯示為何？
    (A) 50 元   (B) 2030 元
    (C) # REF!   (D) # VALUE !

( ) 21. Windows 7、10 作業系統支援長檔名，檔名命名時一些特殊字元也可以使用，下列何項字元能用於檔名中？
    (A) /   (B) \
    (C) | (D) !

( ) 22. 在 PhotoImpact 工具箱中，提供多種繪圖相關工具，下列敘述何者**錯誤**？
    (A) 路徑繪圖工具用來繪製實心且封閉的圖形物件
    (B) 輪廓繪圖工具所繪製的圖形內部可以填色
    (C) 線條與箭頭工具能繪製直線並可以選擇端點箭頭形式
    (D) 路徑編輯工具可以編輯現有圖形物件的路徑

( ) 23. 下列哪一項 Visual Basic 運算式執行後的輸出為 4 ？
    (A) Debug. Print (10 - 6 = 4)
    (B) Debug. Print (10 / 3 + 10 Mod 3)
    (C) Debug. Print ("2"+"2")
    (D) Debug. Print (10 \ 3 + 3 ^ 0)

( ) 24. 下列 Visual Basic 程式片段執行後,S 的值為何?

```
Dim S As Integer : S = 0
For k = 9 To 16 Step 2
  S = S+ k
Next k
```

(A) 0   (B) 24

(C) 48   (D) 96

( ) 25. 若要在 " 活頁簿 1" 中的 A1 儲存格設定參照 " 活頁簿 3 工作表 3" 中的 B3 儲存格,則下
列何者為 A1 儲存格內的正確格式?

(A) = 活頁簿 3. xlsx @ 工作表 3 & B3

(B) =[活頁簿 3. xlsx] 工作表 3 ! B3

(C) =(活頁簿 3. xlsx) 工作表 3 # B3

(D) ={ 活頁簿 3. xlsx } 工作表 3 @ B3

解答

1	2	3	4	5	6	7	8	9	10
C	B	A	D	B	A	C	C	C	B

11	12	13	14	15	16	17	18	19	20
A	B	A	B	C	C	D	A	D	A

21	22	23	24	25
D	B	D	C	B

解析

1. 大綱模式:沒有顯示尺規,適合對整份文件進行階層式編排,但不會顯示邊界、頁首及頁尾、圖形、背景。

2. HDMI:數位訊號傳輸,可同時傳輸影像及聲音。

3. 自然人憑證卡是由內政部核發。

4. HTTP 協定屬於 OSI 模型中的應用層協定。

5. 一組 <tr> …</tr> 代表一列,一組 <td>…</td> 代表一欄。

6. 在尺規之小數點對的符號為 ⬛

7. SSL 不需事先取得數位憑證

8. 基本輸入輸出系統(Basic Input Output System, BIOS)。

9. 常見的開放文件格式種類:文書處理(Writer)檔案:.odt、處理試算表(Calc)檔案:.ods、處理簡報(Impress)檔案:.odp、處理繪圖(Draw)檔案:.odg、處理資料庫(Base)檔案:.odb、可攜式文件(PDF)檔案:.pdf

10. 共有 11 個,10.0.0.251、10.0.0.252、10.0.0.253、10.0.0.254、10.0.0.255、10.0.1.0、10.0.1.1、10.0.1.2、10.0.1.3、10.0.1.4、10.0.1.5

11. target ="_ self ":在目前網頁上開啟連結目標,亦取代目前瀏覽的頁面。

14.

idx	S= S+ idx Mod dataA(idx - 10)
10	S=0+10 Mod dataA(10 - 10) = 0+10 Mod dataA(10 - 10) =0+10 Mod 3=0+1=1
11	S= 1+11 Mod dataA(11 - 10) =1+11 Mod dataA(1) =1+3=4
12	S= 4+ 12 Mod dataA(12 - 10) = 4+ 12 Mod dataA(2) = 4+ 12 Mod 5=4+2=6

15　Class A：0~127、Class B：128~191、Class C：192~223

16. 散播惡意軟體致生損害於他人者，屬刑法。

17.

i	S	Maximum
	0	5
1 → 5	S 加 5 次 1 → S=5	5-1=4
1 → 4	S 加 4 次 1 → S=5+4=9	4-1=3
1 → 3	S 加 3 次 1 → S=9+3=12	3-1=2
1 → 2	S 加 2 次 1 → S=12+2=14	2-1=1
1 → 1	S 加 1 次 1 → S=14+1=15	1-1=0 → exit

18. = AND (6 < 7,NOT (FALSE)) → AND (TRUE,TRUE) → TRUE

19. $300 \times 200 \times 24=20$ → $300 \times 200 \times 24$ → $300 \times 200 \times 24/8=180{,}000$ Bytes

21. 不可含有 < > " / \ | : * ? 等 9 個字元。

22. 輪廓繪圖工具與路徑繪圖工具相同，但只能繪製外框。

23. Debug. Print ("2"+"2") → 22；Debug. Print (10 \ 3 + 3 ^ 0) → 3+1=4

24. 9 → 11 → 13 → 15；S=9+11+13+15=48

魔訓 9 週--計概滿分秘笈

作　　者：豪義工作室

企劃編輯：溫珮妤

文字編輯：王雅雯

設計裝幀：張寶莉

發 行 人：廖文良

發 行 所：碁峰資訊股份有限公司

地　　址：台北市南港區三重路 66 號 7 樓之 6

電　　話：(02)2788-2408

傳　　真：(02)8192-4433

網　　站：www.gotop.com.tw

書　　號：AER051900

版　　次：2019 年 08 月初版

建議售價：NT$420

國家圖書館出版品預行編目資料

魔訓 9 週：計概滿分秘笈 / 豪義工作室著. -- 初版. -- 臺北市：
碁峰資訊, 2019.08
　　面；　公分
　　ISBN 978-986-502-055-2(平裝)
　　1.電腦
312　　　　　　　　　　　　　　　　　　108001782